H.-Ch. Steinhausen (Hrsg.)

Hirnfunktionsstörungen und Teilleistungsschwächen

Mit 32 Abbildungen und 41 Tabellen

Springer-Verlag Berlin Heidelberg GmbH

Professor Dr. Dr. Hans-Christoph Steinhausen
Psychiatrische Universitäts-Poliklinik
für Kinder und Jugendliche
Freiestraße 15
8028 Zürich, Schweiz

ISBN 978-3-540-54772-3   ISBN 978-3-642-77072-2 (eBook)

DOI 10.1007/978-3-642-77072-2

CIP-Titelaufnahme der Deutschen Bibliothek
Hirnfunktionsstörungen und Teilleistungsschwächen / H.-Ch. Steinhausen. – Berlin;
Heidelberg; New York; London; Paris; Tokyo; Hong Kong; Barcelona; Budapest: Springer,
1992
  ISBN 3-540-54772-X
NE: Steinhausen, Hans-Christoph [Hrsg.]

Satz: Reproduktionsfertige Vorlage vom Autor
25/3145 – 543210 – Gedruckt auf säurefreiem Papier

Vorwort

Die Kinder- und Jugendpsychiatrie hat mit ihrem Interesse an der Entwicklung und Reifung des Kindes von jeher Fragen nach den Auswirkungen frühkindlicher Belastungen vielfältiger Art besondere Aufmerksamkeit gewidmet. Traditionsgemäss hat dabei die Beschäftigung mit der Entwicklung des zentralen Nervensystems und dabei besonders der Beziehung von Risikofaktoren und Hirnreifung, einschliesslich ihrer Folgen für Befinden, Verhalten und Leistungen, eine besondere Rolle gespielt. Frühe Modelle und Lehrmeinungen über die Spezifität organischer Psychosyndrome sind im Prozess der Wissenserweiterung und nicht unerheblich beeinflusst von erweiterten Erkenntnissen der neurobiologischen Grundlagenfächer sowohl klinisch wie wissenschaftlich einer Revision unterzogen worden. In der Konsquenz musste der Begriff der frühkindlichen Hirnschädigung bzw. des psychoorganischen Syndroms erheblich eingeschränkt und revidiert werden. Gleichzeitig trat das Konzept der frühkindlich erworbenen Hirnfunktionsstörungen - bzw. einer Reihe von Synonymen - deutlich in den Vordergrund. Dieses Konzept steht als eine Bezeichnung für nicht exogen bedingte, also nicht auf umschriebene Noxen bezogene Reifungsvarianten zentralnervöser Funktionen, die klinisch mit einer Reihe von Auffälligkeiten im Verhalten sowie in Leistungsbereichen assoziiert sind.

Mit der Differenzierung von einerseits noxenspezifischen organischen Psychosyndromen - z.B. nach Schädel-Hirn-Traumen - und andererseits entwicklungsabhängigen Hirnfunktionsstörungen verband sich zugleich die notwendige Differenzierung zwischen morphologischen Substratschädigungen einerseits und neuropsychologischen bzw. neurophysiologischen Funktionsabweichungen andererseits. In diesem Prozess einer zunehmenden Betonung des Interesses an der Funktion entstand im deutschsprachigen Raum unter dem Einfluss der Neuropsychologie der Begriff der Teilleistungsschwäche. Seine Attraktivität dürfte nicht unwesentlich auf der Klammerfunktion für klinische Kinder- und Jugendpsychiatrie, Neuropsychologie und Sonderpädagogik beruhen, zumal er voraussetzungsfreier als der Begriff der Hirnfunktionsstörungen und eher phänomenologisch orientiert die schwierige Frage nach der Ätiologie weitgehend ausgrenzt.

In den letzten Jahren ist - teilweise angeregt durch die angloamerikanische Forschung - im deutschsprachigen Bereich eine rege Forschungsaktivität zu den Hirnfunktionsstörungen und Teilleistungsschwächen des Kindesalters zu beobachten gewesen. Die erhobenen Befunde sind geeignet, die Diskussion fachübergreifend anzuregen und vor allem die Praxis in Klinik, Rehabilitation und Pädagogik nachhaltig zu beeinflussen. Mit dem vorliegenden Band verbindet sich daher die Absicht, diesen Zielen durch geeignete Information in komprimierter Form zu dienen. Namhafte Forscher und Kliniker wurden daher gebeten, zu jeweils zentralen Themen dieser wichtigen Debatte auf der Basis ihrer Forschung und besonderen Erfahrungen Stellung zu nehmen. Ihnen gilt mein besonderer Dank, in den ich Frau Barbara Fechtig einschliessen möchte, welche für die aufwendige Umsetzung der Manuskripte in den Druck sorgte.

Zürich, im November 1991   Hans-Christoph Steinhausen

Inhaltsverzeichnis

Autorenverzeichnis

Dr. med. Dipl. Psych. Michael Bzufka
Klinik und Poliklinik für Psychiatrie und Neurologie
der Medizinischen Fakultät (Charité) der
Humboldt-Universität zu Berlin
Schumannstr. 20/21
D-1040 Berlin

Priv.-Doz. Dr. phil. Günther Deegener
Abteilung für Kinder- und Jugendpsychiatrie
der Universitäts-Nervenklinik
D-6650 Homburg/Saar

Dr. sc. hum. Dipl. Psych. Manfred Döpfner
Klinik für Kinder- und Jugendpsychiatrie
der Universität zu Köln
Robert-Koch-Strasse 10
D-5000 Köln 41

Dr. phil. habil. Günter Esser
Kinder- und Jugendpsychiatrische Klinik
am Zentralinstitut für seelische Gesundheit, J 5
D-6800 Mannheim 1

Prof. Dr. phil. Alex F. Kalverboer
Laboratory for Experimental Clinical Psychology
University of Groningen
Grote Kruisstraat 2/1
NL-9712 TS Groningen

Prof. Dr. med. Dipl. Psych. Gerd Lehmkuhl
Klinik für Kinder- und Jugendpsychiatrie
der Universität zu Köln
Robert-Koch-Strasse 10
D-5000 Köln 41

X

Prof. Dr. sc. med. Klaus-Jürgen Neumärker
Klinik und Poliklinik für Psychiatrie und Neurologie
der Medizinischen Fakultät (Charité) der
Humboldt-Universität zu Berlin
Schumannstr. 20/21
D-1040 Berlin

Dr. phil. Gerhard Niebergall
Klinik und Poliklinik für Kinder-
und Jugendpsychiatrie der Philipps-Universität
Hans-Sachs-Strasse 6
D-3550 Marburg

Dr. med. Herbert Nödl
Abteilung für Kinder- und Jugendpsychiatrie
der Universitäts-Nervenklinik
D-6650 Homburg/Saar

Prof. Dr. med. Dr. phil. H. Remschmidt
Klinik und Poliklinik für Kinder-
und Jugendpsychiatrie der Philipps-Universität
Hans-Sachs-Strasse 6
D-3550 Marburg

Prof. Dr. med. Dr. rer.nat. M. Schmidt
Kinder- und Jugendpsychiatrische Klinik
am Zentralinstitut für seelische Gesundheit, J 5
D-6800 Mannheim 1

Prof. Dr. med. Dr. phil. Hans-Christoph Steinhausen
Psychiatrische Universitäts-Poliklinik
für Kinder und Jugendliche
Freiestrasse 15, Postfach
CH-8028 Zürich

Dipl. Psych. Walburga Thoma
Hauptstrasse 133
D-6701 Friedelsheim

Prof. Dr. med. Dipl. Psych. Andreas Warnke
Klinik und Poliklinik für Kinder-
und Jugendpsychiatrie der Philipps-Universität
Hans-Sachs-Strasse 6
D-3550 Marburg

Dr. med. Dipl. Päd. Michael von Aster
Psychiatrische Universitäts-Poliklinik
für Kinder und Jugendliche
Freiestrasse 15, Postfach
CH-8028 Zürich

Einleitende Anmerkungen zum Konzept von Hirnfunktionsstörungen und Teilleistungsschwächen

H.-C. Steinhausen

Im Kontext der psychischen Entwicklung von Kindern und Jugendlichen war in der Kinder- und Jugendpsychiatrie das Interesse an der normalen und abweichenden Hirnreifung von jeher groß. Betrachtet man diese Tradition rückblickend, so beeindrucken die dynamische Weiterentwicklung früher Konzepte, die Aufnahme neuer Grundlagenerkenntnisse aus Psychologie, Anatomie, Biochemie und Physiologie sowie die Ausstrahlungen dieser sich wandelnden Konzepte auf andere Bereiche wie z.B. die Pädagogik. In diesem Prozeß der Entwicklung theoretischer Konstrukte und klinischer Diagnosen wurden immer wieder Revisionen und Rekonzeptualisierungen erforderlich. Einige dieser Schritte will diese Einführung nachzeichnen, um zugleich den Boden für die folgenden Beiträge einer Darstellung neuerer Erkenntnisse und kritischen Aufarbeitung des Wissens zu bereiten.

Bei der historischen Herleitung des Begriffs der frühkindlichen Hirnfunktionsstörungen wird gemeinhin auf das Pionierwerk von Strauss u. Lehtinen (1947) hingewiesen, wenngleich Neumärker (1990) zu Recht festgestellt hat, daß erste psychopathologische Bezüge bereits von Thiele (1926) im Kontext der Encephalitis epidemica und von Kramer u. Pollnow (1932) in ihrer Beschreibung der hyperkinetischen Erkrankung im Kindesalter hergestellt wurden. Strauss und Lehtinen definierten das sog. hirngeschädigte Kind als „ein Kind, das vor, während oder nach der Geburt eine Verletzung oder eine Infektion des Hirns erlitten hat. Als Resultat einer derartigen organischen Beeinträchtigung können Defekte des neuromotorischen Systems vorliegen oder fehlen. Jedoch kann ein derartiges Kind Störungen in der Wahrnehmung, im Denken und im emotionalen Verhalten entweder einzeln oder in Kombination zeigen" (S. 4).

Von Strauss u. Lehtinen stammt also die Konzeption eines hirnorganischen Störungsbildes im Kindesalter mit umfassender Symptomatik in den Bereichen von Neuromotorik, Perzeption und Verhalten und prä-, peri- oder postnataler Genese. Das Pionierwerk dieser Autoren enthält vielfältige klinische wie auch therapeutisch-heilpädagogische Einsichten, die teilweise von großer Aktualität geblieben sind. So schlugen die Autoren beispielsweise einen spezifischen neurologischen Untersuchungsgang für ein Gruppenscreening vor und verlangten für die vollständige Diagnose einer leichten Hirnschädigung das Vorliegen der folgenden 4 Kriterien: 1. eine für ein Trauma oder eine Infektion positive Anamnese, 2. leichte für eine Hirnläsion hinweisende neurologische Zeichen, 3. bei schweren Fällen mit Intelligenzminderung eine negative Familienanamnese sowie 4. bei fehlender geistiger Behinderung das Vorliegen von Störungen in qualitativen psychologischen Tests für Wahrnehmung und Konzeptbildung. Letztere waren aus neueren Entwicklungen der Gestaltpsychologie für Strauss u. Lehtinen verfügbar geworden.

Die Auswirkungen dieses Werks einschließlich einer weiteren Monographie (Strauss u. Kephart 1955) blieben nicht auf die USA beschränkt, sondern fanden sich auch im deutschsprachigen Bereich in der 50er und 60er Jahren wieder. Der Begriff der frühkindlichen Hirnschädigung tauchte hier erstmalig in der Monographie von Göllnitz (1954) auf, der „eine spezielle kindliche Form der Hirnleistungsschwäche als Achsensyndrom aller auf dem Boden einer frühkindlichen Hirnschädigung entstandenen Persönlichkeits- und Intelligenzabweichungen und Entwicklungsrückstände" herausarbeitete und das Charakteristische in der Tatsache sah, daß der „jeweilige Altersfaktor des Kindes ... für den Symptomreichtum und die Symptomfärbung verantwortlich sind" (S. 107). Dieses hirnorganische Achsensyndrom mit intellektuellen und affektiven Ausfallserscheinungen sei durch erhöhte Ermüdbarkeit, verminderte Fixierbarkeit, motorische Unruhe oder ungewöhnliche Langsamkeit sowie Verminderung der Aufnahmefähigkeit und der Gedächtnisleistungen gekennzeichnet. Zugleich bestünden affektive Labilität, erhöhte Reizbarkeit und Neigung zu dysphorischen Verstimmungen. Gestaute und schlecht verarbeitete Affekte würden in Form von Nägelbeißen, Dranghandlungen, Aggressionen und delinquenten Handlungen abreagiert. Nach Göllnitz ist dieses psychopathologische Achsensyndrom einheitlich bei den unterschiedlichsten Noxen und unabhängig von der Art und Lokalisation der Schädigung des Hirns zu beobachten. Den Schwerpunkt der ärztlich-therapeutischen Tätigkeit legte Göllnitz auf „Entwicklung und Durchführung einer gezielten motorischen Behandlung, die verbunden mit bestimmten Medikamenten wie Glutaminsäure, das im Augenblick schnellste, durchschlagenste und optimale Behandlungsresultat ergab" (S. 108).

Mit deutlichem Bezug auf die Arbeit von Göllnitz beschäftigte sich Corboz (1958) mit der Psychiatrie der Hirntumoren bei Kindern und Jugendlichen und stellte in diesem Zusammenhang die Frage, ob das psychische Hirnschadensyndrom des Kindes mit dem organischen Psychosyndrom des Erwachsenen wesensverwandt ist. Dabei betonte er in der Tradition von E. und M. Bleuler die Ähnlichkeit hinsichtlich Beeinträchtigungen von Konzentration und Gedächtnis, Gedankengang und affektiven Störungen, aber auch hinsichtlich der Anfälligkeit für meteorologische und klimatische Belastungen. Corboz schlug angesichts der von ihm konstatierten Verwandtschaft beider organischer Psychosyndrome den Begriff des infantilen bzw. juvenilen organischen Psychosyndroms vor, der in der Fassung des sog. psychoorganischen Syndroms (POS) in der Schweiz bis heute Verwendung findet. Corboz hat dieses Konzept in seinem Werk über mehr als 2 Jahrzehnte als ein Syndrom von psychomotorischen und sprachlichen Störungen sowie Fehlregulationen von ZNS-Funktionen beibehalten. In einer späteren Fassung, die von Bloomingdale in die englische Terminologie der „minimal brain dysfunction" übersetzt wurde (Corboz 1980), sah er in psychopathologischer Hinsicht die Schwerpunkte in den Bereichen intellektueller und emotionaler Störungen. Zugleich bestehe häufig ein sog. sekundärer Infantilismus und eine Überlagerung durch neurotische Störungen.

In Deutschland erschien mit der Monographie von Wewetzer (1959) eine für die damaligen Verhältnisse in der Psychologie noch wenig selbstverständliche experimentelle Untersuchung, in der in einem Kontrollgruppenvergleich hirngeschädigter und hirngesunder Kinder die Leistungsfähigkeit erfaßt wurde. Wewetzer zeigte, daß hirngeschädigte Kinder in einer Reihe von Tests, die wiederum stark gestaltpsychologisch konzipiert waren und vornehmlich visuelle Perzeptionsfaktoren wie die Figur-Hintergrund-Differenzierung erfaßten, deutlich schlechter abschnitten. Dabei zeigten sie aber keine totalen Ausfälle und keine isolierten Beeinträchtigungen. Darüber hinaus stellte Wewetzer die Beeinträchtigungen im affektiven Verhalten im Sinne geringerer Verarbeitungs-, Steuerungs- und Aktivierungsfähigkeit heraus. Auch er verneinte eine noxenspezifische Ausprägung und betonte die Allgemeingültigkeit seiner Feststellung für alle Formen von kindlicher Hirnschädigung.

Von nachhaltigem Einfluß war dann das Werk von Lempp: Frühkindliche Hirnschädigung und Neurose (1964), in dem der Autor zeigte, daß in einer umfangreichen Stichprobe mit sog. milieureaktiven Verhaltensauffälligkeiten oder Neurosen bei 1/3 mit hinreichender Sicherheit und bei 2/3 mit einer gewissen Wahrscheinlichkeit die Diagnose einer frühkindlichen Hirnschädigung gestellt werden konnte. Wesentlich auf Lempp ging in Deutschland dann das über Jahrzehnte wirksame Konzept der frühkindlichen Hirnschädigung zurück, unter dem dieser die Folgen aller exogenen Noxen verstand, die zwischen dem Beginn des 6. Schwangerschaftsmonats und dem Ende des 1. Lebensjahres auf das Kind eingewirkt haben. Mit dieser Definition verband sich zugleich die Vorstellung eines einheitlichen und spezifischen psychopathologischen Syndroms, das neben der Störung der Figur-Hintergrund-Differenzierung durch Reizüberempfindlichkeit, persistierende unwillkürliche Aufmerksamkeit, Distanzunsicherheit, verringerte Kommunikationsfähigkeit bei gelegentlich erhöhter Kontaktfähigkeit, gestörtes Sozialgefühl und verminderte Angstbildung gekennzeichnet sei. Lempp bezeichnete diese Symptomkonstellation als „frühkindliches exogenes Psychosyndrom" und postulierte zugleich, daß mit diesen psychopathologischen Veränderungen eine erhöhte Neurosegefährdung einhergehe, da die betroffenen Kinder wegen ihrer Reizüberempfindlichkeit vulnerabler seien und ihre Umwelt unangepaßt auf sie reagiere. Psychotherapie mit Betonung von Milieutherapie und „abreagierender Spieltherapie" müßte daher den Kern der Behandlung ausmachen.

Die wenige Jahre später publizierte Monographie von Müller-Küppers (1969) wurde hinsichtlich ihrer teilweise kontrastierenden und zugleich sehr aktuellen Aussagen erstaunlicherweise weniger nachhaltig rezipiert. Müller-Küppers wies in einem sorgfältigen Kontrollgruppenvergleich u.a. auf die mangelnde Zuverlässigkeit anamnestischer Angaben von Angehörigen, die mangelnde Spezifität von Befindens- und Verhaltensstörungen und die häufige schulische Fehlplazierung hirngeschädigter Kinder hin. Einige dieser Feststellungen nehmen bereits kritische Argumente vorweg, die erst in der jüngsten Vergangenheit z.B. zur psychopathologischen Spezifität von Hirnschadensyndromen formuliert wurden.

Während sich in den 60er Jahren im deutschsprachigen Raum die Konzepte der frühkindlichen Hirnschädigung zunehmend etablierten, begann in den angelsächsischen Ländern eine deutliche Absetzbewegung von dem bis dahin etablierten Begriff des „minimal brain damage". Angesichts des fehlenden Nachweises anatomischer Substratsschädigungen und der oft „leeren" Anamnese von Kindern mit Perzeptions- und Lernstörungen empfahlen Bax u. McKeith (1963) den Begriff der „minimal brain dysfunction". Damit wurde einerseits der Funktionsbegriff statt des Schädigungsprinzips als eines ätiologischen Konzeptes mit ungewisser Gültigkeit in den Vordergrund gerückt und andererseits das Prinzip des Kontinuums zum Ausdruck gebracht: Leichte oder minimale Störungen liegen mit schweren traumatischen Hirnschädigungen auf einem Kontinuum. Diese begriffliche Fassung der Minimal brain dysfunction wurde in der angelsächsischen Literatur über Jahrzehnte bestimmend (vgl. Nichols u. Chen 1981; Rie u. Rie 1980; Clements u. Peters 1972; Wender 1971; Clements 1966) und fand später als minimale zerebrale Dysfunktion (MCD) auch Eingang in den deutschsprachigen Raum (vgl. Berger 1977).

Die Annahme des Kontinuums wurde von Rutter (1982) in ihren Grundzügen bei einer kritischen Sicht der vorhandenen Belege bestätigt. Zugleich wies Rutter aber darauf hin, daß aus subklinischen Hirnschädigungen zwar Folgen für kognitive Funktionen und Verhalten entstehen können, für diese Folgen aber eher relativ schwere Noxen notwendig sind, so daß Zusätze wie „leicht" und „minimal" in den Diagnosen sicherlich ebenso unangemessen wie eine häufige Zuschreibung sind. Darüber hinaus muss ein homogenes oder spezifisches psychopathologisches Syndrom in Frage gestellt werden. Die im deutschsprachigen Raum üblich gewordene Ableitung eines als pathognomonisch erachteten Psychosyndroms aufgrund einer hypothetisch angenommenen Hirnschädigung geriet damit zunehmend unter Kritik. Studien in den 80er Jahren mit epidemiologischen (Esser u. Schmidt 1987) oder klinischen Ansätzen (s. Beitrag Lehmkuhl u. Thoma, in diesem Band; Steinhausen 1982) nahmen sich dieser Thematik an. Die mehrheitlich kritisch-distanzierenden Feststellungen stießen auf die Gegenkritik derjenigen, die die tradierten Konzepte eher bewahren und Diagnosen wie „frühkindliche Hirnschädigung" oder „MCD" anstelle des von Esser u. Schmidt propagierten Konzeptes der Teilleistungsschwächen als klinische Diagnosen vorziehen (Lempp 1988; Breiden 1989).

Das Konzept der Teilleistungsschwächen ist deutlich jüngeren Ursprungs und kommt dem Begriff der spezifischen Entwicklungsstörungen in den internationalen Klassifikationssystemen wie der ICD oder dem DSM nahe. Zugleich ist der Begriff der Teilleistungsschwäche aber wie der im angloamerikanischen Sprachraums- insbesondere in Psychologie und Sonderpädagogik - gebräuchliche Begriff der spezifischen Lernstörungen theoretisch ambitiöser (vgl. Steinhausen 1988, s. Beitrag Steinhausen in diesem Band). Der Begriff der Teilleistungsschwäche beinhaltet nicht nur, dass entsprechende Störungen in der Entwicklungsperiode entstehen, sondern orientiert sich theoretisch an neuropsychologischen Funktionsmodellen einschließlich ihrer Störungen. Teilleistungsschwächen sind demnach relativ isoliert auftretende Defizite oder Verzögerungen von Funktionen, die von der Reifung des ZNS abhängen. Sie können bestenfalls auch lediglich Teilmengen eines als Schirmdiagnose verwendeten Konstrukts zerebraler Funktionsstörungen im Sinne der alten MCD-Definition sein. Zugleich müssen sie gegenüber globalen Leistungsminderungen, wie Lern- oder geistiger Behinderung, und erworbenen Defekten der Werkzeugstörungen, wie Apraxie oder Aphasie, abgegrenzt werden, die im Rahmen hirnorganischer Psychosyndrome nach einer zunächst normal verlaufenden Entwicklung z.B. traumatisch auftreten.

Der Begriff der Teilleistungsschwäche geht auf den Tübinger Psychologen Graichen zurück, der sie als „Leistungsminderungen einzelner Faktoren oder Glieder innerhalb eines größeren funktionellen Systems, das zur Bewältigung einer bestimmten komplexen Anpassungsaufgabe erforderlich ist", definierte (Graichen 1973). Der Autor nahm zugleich explizit Bezug auf Arbeiten der russischen Neuropsychologen Luria und Vygotski und dabei insbesondere auf Theorien halbautonomer Teilfunktionen oder Subsysteme des ZNS. Von diesen Vorstellungen sind auch moderne neuropsychologische Prozeßmodelle der Informationsverarbeitung beeinflußt, die Störungen in den Bereichen von Orientierung, Aufnahme, Speicherung, Integration und Expression berücksichtigen und damit die dem „Inputsystem" für rezeptive und integrative Prozesse und dem „Outputsystem" für Planungs- und Ausführungsprozesse von Luria (1970) verwandt sind.

Der Bezugsrahmen für die Klassifikation von Teilleistungsschwächen ist aber nicht nur dieser Ebene theoretisch abgeleiteter Konstrukte verpflichtet, die zu einer Vielzahl gestörter Teilfunktionen führen und deren empirische Validierung gefordert werden muß, wenn entsprechende Vorschläge nicht rein formal und für die Praxis weitgehend bedeutungslos bleiben sollen (vgl. Schmidt 1985, 1988). Nachdem sich hirnlokalisatorische Ansätze der Zuordnung bestimmter Funktionen im ZNS ebenfalls als wenig überzeugend erwiesen haben, ist gegenwärtig die Klassifikation auf der Basis komplexer alltäglicher Leistungen für die Praxis eher am wichtigsten. Sie findet sich unter der Bezeichnung spezifischer bzw. umschriebener Entwicklungsstörungen sowohl in der ICD-10 wie im DSM-III-R und gliedert sich in 3 Schwerpunkte:

1. Umschriebene Entwicklungsstörungen des Sprechens und der Sprache (Artikulationsstörungen, Störungen der expressiven Sprache und Störungen der rezeptiven Sprache);
2. umschriebene Entwicklungsstörungen der schulischen Fertigkeiten (Leseschwäche, Rechtschreibschwäche und Rechenschwäche) und
3. umschriebene Entwicklungsstörungen motorischer Funktionen.

Diese in der psychiatrisch-psychologischen und pädagogischen Praxis wichtigsten Teilleistungsschwächen treten im Entwicklungsverlauf nicht notwendigerweise voneinander isoliert auf. Zugleich kovariieren sie mit verschiedenen klinisch-psychiatrischen Bildern, die im Rahmen einer multiaxialen Diagnostik angemessen erfaßt werden können. Diese Verbindung bedarf weiterer Aufklärung, hinsichtlich der Frage, inwieweit es sich auch um Komorbiditäten handelt, wie z.B. bei der Verknüpfung der Lese-Rechtschreib-Schwäche mit Störungen des Sozialverhaltens. Begriffe wie „sekundäre Neurotisierung" mögen in diesem Zusammenhang vielleicht einen gewissen Erklärungswert für die Alltagspraxis haben, können jedoch nur wenig zur notwendigen theoretischen Klärung beitragen.

Die Beiträge dieses Bandes gliedern sich schwerpunktmässig in 4 Bereiche. In einem 1. Teil werden in den Beiträgen von Schmidt, Kalverboer sowie Lehmkuhl und Thoma neuere Erkenntnisse zu den Konstrukten der Hirnfunktionsstörungen und Teilleistungsschwächen vorgelegt. Die aufgrund umfangreicher empirischer Studien notwendigen Revisionen vorhandener Konzepte dürften bedeutsame Implikationen für die Praxis der Identifikation und Rehabilitation betroffener Kinder und Jugendlicher haben. Im 2. Teil wird in den Beiträgen von Döpfner, Neumärker sowie Nödl u. Deegener die Ebene des diagnostischen Vorgehens einerseits problematisiert und andererseits durch neuere Entwicklungen der Testdiagnostik konkretisiert. Im 3. Teil werden von Niebergall, Warnke, Remschmidt sowie von Aster Erkenntnisse zu spezifischen Teilleistungsschwächen zusammengetragen und dabei auch unter dem Aspekt der Behandlung erörtert. Die Beiträge schließen mit einem kritischen Resümee über Therapie und Verlauf von Hirnfunktionsstörungen durch Steinhausen sowie einem Forschungsbericht über den langfristigen Verlauf von Teilleistungsschwächen von Esser.

Literatur

Bax M, McKeith RM (1963) Minimal cerebral dysfunction. Lavenham Press, Lavenham

Berger E (1977) Minimale cerebrale Dysfunktion bei Kindern, Huber, Bern

Breiden U (1989) MCD klinisch irrelevant? Ungläubige Anmerkungen. Z Kinder und Jugendpsychiatr 17:158-159

Clements SD (1966) Minimal brain dysfunction in children. NINDB Monograph No. 3, U.S. Dept. of Health, Education and Welfare, Washington/DC

Clements SD, Peters JE (1972) Minimal brain dysfunction in children: Concepts and categories. World Med J 19:54-56

Corboz RJ (1958) Die Psychiatrie der Hirntumoren bei Kindern und Jugendlichen. Springer, Wien

Corboz RJ (1980) Psychiatry of early childhood minimal brain dysfunction. Psychiatr J Univ Ottawa 4:307-314

Esser G, Schmidt M (1987) Minimale cerebrale Dysfunktion - Leerformel oder Syndrom? Enke, Stuttgart

Göllnitz G (1954) Die Bedeutung der frühkindlichen Hirnschädigung für die Kinderpsychiatrie. Thieme, Leipzig

Graichen J (1973) Teilleistungsschwächen, dargestellt an Beispielen aus dem Bereich der Sprachbenutzung. Z Kinder Jugendpsychiatr 1:113-143

Kramer F, Pollnow H (1932) Über eine hyperkinetische Erkrankung im Kindesalter. Monatsschr Psychiatr Neurol 82:1-40

Lempp R (1964) Frühkindliche Hirnschädigung und Neurose. Huber, Bern Stuttgart

Lempp R (1988) Ist die MCD tatsächlich nur eine Leerformel? Ein wissenschaftstheoretisches Problem. Z Kinder Jugendpsychiatr 16:31-36

Luria AR (1970) Die höheren kortikalen Funktionen des Menschen und ihre Störungen bei örtlichen Hirnschädigungen. Deutscher Verlag der Wissenschaften, Berlin

Müller-Küppers M (1969) Das leicht hirngeschädigte Kind. Hippokrates, Stuttgart

Neumärker KJ (1990) Minimale cerebrale Dysfunktion - selten oder häufig? In: Helmchen H, Hippius H (Hrsg) Psychiatrie für die Praxis 11. MMW Medizin, München

Nichols PL, Chen TC (1981) Minimal brain dysfunction. A prospective study, Erlbaum, Hillsdale/NJ

Rie HE, Rie ED (1980) Handbook of minimal brain dysfunctions. Wiley, New York

Rutter M (1982) Syndromes attributed to „minimal brain dysfunction" in childhood. Am J Psychiatry 139:21-33

Schmidt M (1985) Umschriebene Entwicklungsrückstände und Teilleistungsschwächen. In: Remschmidt H, Schmidt M (Hrsg) Kinder- und Jugendpsychiatrie in Klinik und Praxis, Bd 2. Thieme, Stuttgart, S 248-267

Schmidt M (1988) Teilleistungsstörungen aufgrund von Entwicklungsstörungen. In: Kisker KP, Lauter H, Meyer J-E, Müller C, Strömgren E (Hrsg) Psychiatrie der Gegenwart, Bd 7 Kinder- und Jugendpsychiatrie. Springer, Berlin Heidelberg New York Tokyo, S 215-233

Steinhausen H-C (1983) Leichte frühkindlich entstandene Hirnfunktionsstörungen. München Med Wochenschr 43:958-962

Steinhausen H-C (1988) Psychische Störungen bei Kindern und Jugendlichen. Lehrbuch der Kinder- und Jugendpsychiatrie. Urban & Schwarzenberg, München

Strauss AA, Kephart NC (1955) Psychopathology and education of the brain-injured child, vol II. Grune & Stratton, New York

Strauss AA, Lehtinen L (1947) Psychopathology and education of the brain-injured child. Grune & Stratton, New York

Thiele R (1926) Zur Kenntnis der psychischen Residuärzustände nach Encephalitis epidemica bei Kindern und Jugendlichen, insbesondere der weiteren Entwicklung dieser Fälle. Monatsschr Psychiatr Neurol [Beiheft] 36:1-100

Wender PH (1971) Minimal brain dysfunction in children. Wiley, New York
Wewetzer K-H (1959) Das hirngeschädigte Kind. Thieme, Stuttgart

Klinische und pathogenetische Bedeutung undifferenzierter und umschriebener Hirnschädigungen

M.H. Schmidt

Ableitung der Fragestellung

Die Forschung über leichte Hirnfunktionsstörungen entwickelte sich aus den Arbeiten von Strauss über die Folgen prä- und perinataler Hirnschädigungen (z.B. Strauss u. Lehtinen 1947). Strauss beschrieb neben infantilen Zerebralparesen und Intelligenzminderungen ein Syndrom von Verhaltensauffälligkeiten als Folge frühkindlicher Hirnschädigungen, das besonders dann häufig unentdeckt bleibe, wenn die motorischen Systeme des Gehirns nicht betroffen seien. Er beschrieb weiter Veränderungen von Wahrnehmung, Denken und emotionalem Verhalten. Anfang der 60er Jahre wurde im Zuge des Abrückens von der Bezeichnung Hirnschädigung für nicht nachgewiesene Läsionen der Begriff der Hirnfunktionsstörung eingeführt (Bax u. McKeith 1963). Förster wies im deutschen Sprachraum 1974 auf diese Bezeichnungsproblematik hin, während Lempp 1974 in Fortführung der Arbeiten von Strauss ein frühkindlich exogenes Psychosyndrom ausführlich beschrieben hatte, parallel zu ihm Corboz in der Schweiz (z.B. 1976).

Wesentlich an diesen Arbeiten ist, daß sie eine zerebrale Dysfunktion oder minimale zerebrale Dysfunktion (MCD) - also eine leichte Hirnfunktionsstörung - aus Verhaltensauffälligkeiten ableiteten, ohne daß eine Hirnschädigung anhand irgendwelcher Folgen nachweisbar sein mußte, während symptomlose Zustände nach offensichtlich stattgehabten Hirnschädigungen nicht als Widerspruch zu diesem Konzept wahrgenommen wurden. Das Konzept beschrieb ein scheinbar spezifisches psychopathologisches Bild mit Reizüberempfindlichkeit, Affektlabilität, verminderter Angstbildung, Hyperaktivität, Hypermotorik und Distanzstörungen, z.T. auch mit umschriebenen Leistungsschwächen (Poustka 1979). Wie die Verhaltensauffälligkeiten wurden auch die Leistungsstörungen den durch die Hirnschädigung beeinträchtigten Wahrnehmungsvorgängen zugeschrieben.

Bereits 1937 beschrieb Bradley bei seiner Darstellung der Amphetaminwirkung auf hyperkinetische Kinder jenes Störungsbild, das Laufer u. Denhoff (1957) unter dem Begriff der hyperkinetischen Verhaltensstörung als Untergruppe von Hirnschädigungsfolgen darstellten. Diese Vermischung ist trotz zahlreicher Arbeiten über die Eigenständigkeit des Syndroms (zusammenfassend Taylor 1986) bis heute nicht überwunden (vgl. das Lehrbuch von Eggers et al. 1989, das davon ausgeht, daß es keine grundsätzliche Trennung zwischen hyperkinetischem Syndrom und minimaler zerebraler Dysfunktion gibt).

In der gleichen Tradition werden in dem zitierten Lehrbuch auch Teilleistungsstörungen bzw. umschriebene Entwicklungsrückstände unter die hirnorganischen Psychosyndrome subsumiert (Lempp 1989). Die klinischen Erscheinungen beschrieb Myklebust bereits 1973 als eher unspezifische Folgen, Graichen (1972) nahm die Konzeption in Anlehnung an Luria vor. Die Ausdifferenzierung stammt teilweise aus der Legasthenieforschung, teilweise aus Arbeiten zur minimalen zerebralen Dysfunktion (Schmidt 1977).

Konzeptionell war damit die Voraussetzung dafür geschaffen, Hirnfunktionsstörungen als Ausdruck von Entwicklungsverzögerungen und nicht als Ausdruck stationärer Defekte zu betrachten. Diese Vorstellung liegt auch verschiedenen entwicklungsphysiologisch orientierten Interventionsmethoden zugrunde (Übersicht bei Poustka 1990). Die streng ätiologischen Vorstellungen prä- und perinatal bedingter Hirnläsionen sind heute aufgeweicht. Black (1981) hält auch metabolische Störungen oder Mangelernährung als Ursache von Hirnfunktionsstörungen für möglich. Ochroch (1981) unterscheidet aber weiterhin im Rahmen eines MCD-Syndroms hypokinetische Kinder von hyperkinetischen sowie von solchen mit Teilleistungsschwächen und spricht von 85 % Mischformen und einem Knaben-Mädchen-Verhältnis von 4:1. Noch 1988 sagt Ruf-Bächtiger, Kinder mit Teilleistungsstörungen ohne minimale Zerebralparese seien nicht beobachtet worden. Small hatte 1982 nochmals bekräftigt, es sei erlaubt, eine Ätiologie zu unterstellen, wenn sie nicht belegt werden könne, da Hirnfunktionsstörungen mit einer Prävalenz von 3 - 10 % die häufigste psychiatrische Diagnose im Kindesalter seien.

Angesichts dieser Unklarheiten konzipierten wir 1978 eine Untersuchung, die die syndromhafte Verbindung von Symptomen im Sinne eines MCD-Syndroms, die darin enthaltene spezifische Psychopathologie, die einheitliche Ätiologie und die Überschneidung des Syndroms mit kinderpsychiatrischer Morbidität im Sinne von „Sekundärneurotisierungen" überprüfen sollte. Ohne kritische Auseinandersetzung war die scheinbar hohe Prävalenz dieses leicht zu diagnostizierenden Konzeptes mit hohem Erklärungswert und günstiger Prognose nicht zu erschüttern. Auch die Hinweise auf unterschiedliche Prävalenzraten (Strunk u. Faust 1967) und die Kritik an dem Konzept der Verdünnungsreihe (Rutter 1982) sowie an der hohen Basisrate und den vielfältigen Interkorrelationen der als spezifisch angesehenen Merkmale hatten dies nicht vermocht; auch nicht der Hinweis, daß das Störungsbild von anderen kinderpsychiatrischen Erkrankungen nur schwer abgrenzbar sei (Poustka 1979).

Stichprobe und Methodik

Um den zahlreichen Zirkelschlüssen auszuweichen, die bei der Untersuchung klinischer Populationen naheliegen, wählten wir ein epidemiologisches Vorgehen, d.h. wir untersuchten eine Feldstichprobe von 399 damals 8jährigen Mannheimer Kindern, von denen 216 eine Zufallsstichprobe darstellten. Die übrigen waren mittels eines Screenings für Lehrer und Eltern als besonders verhaltensauffällig beurteilt worden (um auf diese Weise die Stichproben mit auffälligen Kindern anzureichern). Ausgeschlossen waren Kinder mit schweren chronischen Erkrankungen, Behinderungen, ausländischer Nationalität und einem IQ unter 85. Parallel dazu untersuchten wir 96 Inanspruchnahmepatienten, das sind alle 8jährigen, die die Mannheimer Kinder- und Jugendpsychiatrische Klinik zwischen Oktober 1979 und November 1981 ambulant oder stationär konsultierten. Falldefinitionen und Fallidentifikationen wurden dabei getrennt und die Instrumente in einer eigenen Vorstudie erprobt (Esser u. Schmidt 1987). In einigen Bereichen wurden die Untersuchungen auch auf Kinder mit einem IQ von 70 bis 85 ausgedehnt.

Voruntersuchungen (z.B. Werry 1968) machten die Dimensionierung MCD-konstituierender Merkmale nach Merkmalsebenen wahrscheinlich. Entsprechend diesem Konzept wurden die Merkmale der seriösen MCD-Diagnostik einer neurophysiologischen (neurologische Auffälligkeiten, EEG-Besonderheiten), einer neuropsychologischen (Reaktionszeiten, feinmotorische Leistungen) und einer Verhaltensebene (Untersuchung von Reflexivität /Impulsivität, Konzentration, Visuomotorik, Rechtschreibfähigkeit usw.) zugeordnet. Auf morphologische Parameter wurde unter ethischen Gesichtspunkten verzichtet. Psychopathologische Symptome wurden von den Definitionskriterien ausgeschlossen, da ihre Zugehörigkeit zu dem fraglichen Syndrom ja überprüft werden sollte; sie wurden mittels eines zweistündigen Elterninterviews erhoben.

Fünf Jahre später wurde die Untersuchung wiederholt. Dabei konnten 356 Kinder nachuntersucht werden. Die Instrumente entsprachen unter Berücksichtigung des Entwicklungsfortschritts den früheren Verhaltensauffälligkeiten und wurden jetzt getrennt mittels eines Kinder- und Elterninterviews erfaßt. Alle Variablen wurden bei beiden Untersuchungen hinsichtlich ihrer ihrer Plausibilität überprüft. Die Itemschwierigkeiten wurden auf $p < 0.20$ festgelegt, die Mindesttrennschärfe auf $r_{it} > 0.25$, die multiple Interkorrelation mit anderen Merkmalen der gleichen Meßebene R^2 mit < 0.50. Auf diese Weise verblieben 15 neurophysiologische Variablen, 6 neuropsychologische und 9 Verhaltens-(Leistungs)-Variablen. Diese Variablen wurden einer Faktorenanalyse unterzogen. Dabei erklärten für die neurophysiologischen Merkmale 2 Faktoren 34 % der extrahierten Varianz, für die neuropsychologische 2 Faktoren 51 % und für die Ebene der spezifischen Teilleistungen 3 Faktoren 67 % (bei den 13jährigen betrugen die Werte 41 %, 40 % und 60 %), nachdem die Faktorenlösung auf ihre Stabilität im Split-sample-Verfahren geprüft waren (Details bei Esser u. Schmidt 1987, S. 15 ff.).

Als hirnfunktionsgestört definiert wurden Kinder, deren Faktorwert bei Summierung der Ergebnisse aus den Untersuchungsverfahren auf einer der 3 Meßebenen die negative 2-Sigma-Abweichung, bezogen auf die Zufallsstichprobe, überschritt. Ausreißer mit einem Abstand von mehr als einer Standardabweichung zum nächsthöheren Wert waren vor Festlegung der Standardabweichung eliminiert worden. Der in der Definitionsstichprobe derart ermittelte Schwellenwert konnte in der Identifikationsstichprobe repliziert werden.

Die kinderpsychiatrische Auffälligkeit wurde durch Expertenurteile nach den Interviews ermittelt. Die Interrater-Übereinstimmung erreichte dabei ein Kappa von 0.89. als fraglich auffällig beurteilt wurde das Vorhandensein einzelner Symptome, die selten und ohne beeinträchtigende oder behindernde Folgen für das Alltagsleben auftraten; alle Kinder mit beratungs- oder behandlungsbedürftigen Symptomen galten als mäßig bzw. ausgeprägt kinderpsychiatrisch auffällig. Die im Rahmen der beiden letztgenannten Kategorien ermittelten „Fälle" wurden diagnostischen Kategorien zugeordnet.

Ergebnisse

Häufigkeiten

Die Häufigkeit der Hirnfunktionsstörungen in der Feld- und Inanspruchnahmestichprobe in Abhängigkeit von der Intelligenz der Probanden ist in Tabelle 1 dargestellt. In der Feldstichprobe waren bei einem IQ unter 85 3/4 der Hirnfunktionsgestörten Jungen. Etwa gleich viele Kinder wurden aufgrund neurophysiologischer Störungen oder Teilleistungsschwächen als hirnfunktionsgestört definiert, deutlich weniger durch neuropsychologische Ausfälle.

Tabelle 2 stellt die Häufigkeit und das Diagnosenspektrum der mäßig oder ausgeprägt kinderpsychiatrisch Auffälligen in der Feld- und Inanspruchnahmestichprobe dar. Die Diagnosenverteilung weicht nicht signifikant voneinander ab. Ein Viertel der Auffälligen der Stichprobe hatte ausgeprägte

Tabelle 1. Häufigkeit von Hirnfunktionsstörungen in Feld- und Inanspruchnahmestichprobe (in Prozent)

	Feldstichprobe	Inanspruchnahmestichprobe
IQ > 85	12,6	16,9
IQ > 70	15,7	26,2

Tabelle 2. Häufigkeit und Diagnosenspektrum (relative Häufigkeit) kinderpsychiatrischer Auffälligkeiten in der Feld- und Inanspruchnahmestichprobe (in Prozent)

	Feldstichprobe	Inanspruchnahmestichprobe
Gesamt	16,2	61,5
Emotionale Störungen	37,0	27,0
Hyperkinetische Syndrome	26,0	31,0
Monosymptomatische Störungen	26,0	27,0
Dissoziale Syndrome	12,0	15,0

Tabelle 3. Vorkommen von Hirnfunktionsstörungen auf einer oder mehreren Meßebenen (in Prozent)

	Feldstichprobe IQ > 85	Inanspruchnahmestichprobe IQ > 85
auf 1 Meßebene	11,6	9,7
auf 2 oder 3 Meßebenen	0,7	7,2

Auffälligkeiten, das waren durchweg Jungen. Auf diese entfielen in der Feldstichprobe alle dissozialen und hyperkinetischen Syndrome.

Zum Syndromcharakter von Hirnfunktionsstörungen

Wenn Hirnfunktionsstörungen Syndromeigenschaft zukommt (auch wenn dabei nicht Merkmale aus allen Definitionsebenen obligat vorhanden sein müssen), dann wäre unter den insgesamt 34 hirnfunktionsgestörten Kindern aus der Feldstichprobe ein hoher Anteil von Kindern mit Auffälligkeiten auf mehreren Ebenen zu erwarten. Tabelle 3 zeigt, daß das nicht zutrifft. Auch in der Inanspruchnahmestichprobe, in der die „Ebenenüberschneider" deutlich häufiger sind, d.h. daß es sich häufig um kombinierte Hirnfunktionsstörungen handelt, zeigen mehrheitlich keine solche Überschneidungen. In der Feldstichprobe hatte ein Kind Auffälligkeiten auf allen 3, eines auf 2 Ebenen. Die „Ebenenüberschneider" aus der Inanspruchnahmestichprobe hatten sämtlich nur Auffälligkeiten auf 2 Meßebenen; zumindest hier wäre im Falle eines Syndroms eine Häufung auf allen 3 Ebenen auffälliger Kinder zu erwarten gewesen.

Zur Einheitlichkeit der Psychopathologie

Wenn nun, unabhängig von dem nicht nachweisbaren Syndromcharakter, Kindern mit Hirnfunktionsstörungen eine höhere Wahrscheinlichkeit der für klassisch gehaltenen Symptome, wie Reizüberempfindlichkeit, Affektlabilität, Ablenkbarkeit, Unruhe, Distanzstörung usw. zukäme, dann müßten entweder die einzelnen spezifischen Symptome unter den hirnfunktionsgestörten Kindern häufiger als unter kinderpsychiatrisch auffälligen, nicht hirnfunktionsgestörten Kindern gefunden werden. Für einzelne Symptome kann das nicht nachgewiesen werden, auch nicht für Symptomkomplexe wie das hyperkinetische Syndrom, für das nur 2 der 9 Kinder, denen diese Diagnose zugeordnet wurde, eine Hirnfunktionsstörung zeigen. Faßt man die Symptome in der Erwartung, expansive Symptome müßten sich bei hirnfunktionsgestörten Kindern insgesamt häufiger zeigen, in solche und in introversive Symptome zusammen, dann ergibt sich das in Tabelle 4 dargestellte Bild. Die Feldstichprobe zeigt praktisch gleiche Verteilungen, die Inanspruchnahmestichprobe einen nicht signifikanten Trend von mehr expansiven Symptomen, auch hier aber keine spezifische Häufung hyperkinetischer Kinder unter den hirnfunktionsgestörten.

Tabelle 4. Verteilung kinderpsychiatrischer Störungen bei hirnfunktionsgestörten und nicht hirnfunktionsgestörten Kindern der Feld- und Inanspruchnahmestichprobe

| | Feldstichprobe | | Inanspruchnahmestichprobe | |
	Hirnfunktionsgestört/	Nicht hirnfunktionsgestört	Hirnfunktionsgestört/	Nicht hirnfunktionsgestört
Introversive Symptome	5	16	5	12
Expansive Symptome	7	20	6	37

Zum Zusammenhang von prä- und perinatalen Belastungen

Hinweise auf Schädel-Hirn-Traumen gehörten nicht zu den in der Studie erhobenen Merkmalen einer Hirnfunktionsstörung, nach ihnen wurde unabhängig mittels einer Liste von 25 Schwangerschafts- und Geburtsrisiken in Anlehnung an Littman u. Parmelee (1978) gefragt. Im Falle einer Verursachung der Hirnfunktionsstörung durch prä- und perinatale Ereignisse hätte sich für die Gruppe der Hirnfunktionsgestörten aus diesen Belastungen ein höherer mittlerer Summenwert ergeben; das war, wie Tabelle 5 zeigt, nicht der Fall, auch nicht nach Reduktion der Liste aus 25 Merkmalen auf eine Li-

Tabelle 5. Prä- und perinatale Belastungen bei hirnfunktions- und nicht hirnfunktionsgestörten Kindern der Feld- und Inanspruchnahmestichprobe

	Feldstichprobe	Inanspruchnahmestichprobe
	Hirnfunktionsgestört/ Nicht hirnfunktionsgestört	Hirnfunktionsgestört/ Nicht hirnfunktionsgestört
Mittlerer Belastungsscore	3,8 / 3,3	4,4 / 4,2

ste aus 15 Items, die als besonders schwerwiegende prä- und perinatale Belastungen angesehen werden (z.B. Frühgeburtlichkeit, niedriges Geburtsgewicht, Mehrlingsgeburt, Forzepsentbindung, Asphyxie). Von den 21 Kindern mit den schwersten Schwangerschaftskomplikationen waren nur 2 unter den hirnfunktionsgestörten, was der Zufallserwartung entspricht; auch bei Rückgriff auf die Geburtsjournale konnte dieses Ergebnis, das auf anamnestischen Angaben der Eltern beruhte, für eine Teilstichprobe aus Hirnfunktionsgestörten und nicht Hirnfunktionsgestörten nicht verbessert werden. Auch die Kinder in der Inanspruchnahmestichprobe zeigten kein abweichendes Ergebnis (vgl. Tabelle 5).

Zur Stabilität von Hirnfunktionsstörungen

Bei analoger Untersuchungssymptomatik und der Annahme eines kompensierbaren Effekts infolge der hirnorganischen Beeinträchtigung hätte man bei der Untersuchung der 13jährigen nach 5 Jahren hinsichtlich der Hirnfunktionsgestörten stabile Verhältnisse erwarten müssen, höchstens einen Rückgang infolge Komplikationen unter Therapie oder infolge von Nachreifungsvorgängen. „Neuerkrankungen" waren hingegen mit dem Konzept eines MCD-Syndroms nicht vereinbar. Die in Tabelle 6 dargestellten Verhältnisse zeigen jedoch, daß zwar 50 % der mit 8 Jahren Hirnfunktionsgestörten mit 13

Tabelle 6. Hirnfunktionsstörungen in der Feldstichprobe im Alter von 8 und 13 Jahren

		Hirnfunktionsstörung mit 13 Jahren	
		-	+
Hirnfunktionsstörung	-	271	20
mit 8 Jahren	+	21	22

Tabelle 7. Rolle der unterschiedlichen Meßebenen für die Definition von Hirnfunktionsstörungen im Alter von 8 und 13 Jahren (Feldstichprobe) (in Prozent)

	8jährige	13jährige
Neurophysiologische Meßebene	6,6	2,3
Neuropsychologische Meßebene	2,0	2,8
Ebene spezifischer Teilleistungen	5,3	4,5

Jahren diese Eigenschaft nicht mehr zugeschrieben wird, daß dafür aber ebensoviele „neue Fälle" aufgetreten sind. Wie die nähere Analyse der Letztgenannten zeigt, handelt es sich überwiegend um Betroffene, die schon im Alter von 8 Jahren geringfügige Entwicklungsabweichungen zeigten, die Schwellenwerte jedoch erst im Verlauf der weiteren Entwicklung überschritten. Diskrete Beeinträchtigungen der sprachlichen und schriftsprachlichen Fähigkeiten hatten dabei eine besonders ungünstige Prognose.

Auch bei den erstmals als 13jährigen als hirnfunktionsgestört definierten Frühadoleszenten fand sich nur einer, der Auffälligkeiten auf 2 der 3 benutzten Meßebenen zeigte. Auch eine spezifische Psychopathologie ließ sich bei den hirnfunktionsgestörten 13jährigen nicht nachweisen; Ebensowenig konnte eine erhöhte Belastung in Schwangerschafts- und Geburtskomplikation nachgewiesen werden (siehe oben).

Interessant ist die Verteilung der mit 8 bzw. 13 Jahren als hirnfunktionsgestört beurteilten Kinder bzw. Frühadoleszenten, wie sie in Tabelle 7 dargestellt ist. Dabei zeigt sich, daß neurophysiologische Besonderheiten im Laufe dieses Fünfjahreszeitraumes als Definitionsgrund abnehmen, während die Rolle der Verhaltensebene, also der umschriebenen Leistungen etwa stabil bleibt.

Bedeutung von Hirnfunktionsstörungen für die kinderpsychiatrische Morbidität

Tabelle 8 stellt die Rate der Hirnfunktionsgestörten unter den psychiatrisch Auffälligen der Rate der psychiatrisch Auffälligen und den Hirnfunktionsgestörten in den verschiedenen Stichproben gegenüber. Zum Vergleich betrugen die Prävalenzraten in der Feldstichprobe für Hirnfunktionsstörungen bei den 8jährigen 12,6 %, für Verhaltensauffälligkeiten bei den 8jährigen 16,2 % und bei den 13jährigen 18 %. Die Rate der psychiatrisch Auffälligen unter den Hirnfunktionsgestörten ist höher als umgekehrt, das gleiche trifft für die Inanspruchnahmestichprobe zu (hier fehlen Werte für die 13jährigen).

Tabelle 8. Prävalenz-Raten Hirnfunktionsgestörter und psychiatrisch Auffälliger unter hirnfunktionsgestörten Kindern in der Feld- und Inanspruchnahmestichprobe (in Prozent)

	Feldstichprobe	Inanspruchnahmestichprobe
Hirnfunktionsgestört	25	31
Psychische Auffälligkeiten unter hirnfunktionsgestörten 8jährigen	39	72
Psychische Auffälligkeiten unter hirnfunktionsgestörten 13jährigen	35	-

Daß die Raten der psychiatrisch Auffälligen unter den 8 und 13 Jahre alten Hirnfunktionsgestörten gleich hoch sind, spricht für die Rolle der Morbidität von Hirnfunktionsstörungen in beiden Altersstufen, nicht aber für die Stabilität, da nur 50 % der Hirnfunktionsgestörten zu beiden Terminen als solche eingestuft wurden. Von den mit 8 Jahren als hirnfunktionsgestört bezeichneten Kinder waren mit 13 Jahren noch 30 % psychiatrisch auffällig, das ist keine signifikante Erhöhung gegenüber der Kontrollstichprobe. Hirnfunktionsstörungen sind also kein verläßlicher Prädiktor für psychiatrische Auffälligkeiten über das besagte Fünfjahresintervall. Sie werden diesbezüglich von Teilleistungsschwächen, einem erhöhten Family-Adversity-Index (Rutter u. Quinton 1977) und der Zahl der Life events in diesem Fünfjahreszeitraum übertroffen, die spätere Auffälligkeiten signifikant voraussagen können (Esser u. Schmidt 1987, S. 65).

Die Ergebnisse besagen weiter, daß die psychiatrische Auffälligkeit innerhalb der Gruppe der Hirnfunktionsgestörten von 8 nach 13 Jahren relativ stabil ist, also nicht im Sinne von späteren Sekundärstörungen steigt. Daß sich im Alter von 13 Jahren von den mit 8 Jahren hirnfunktionsgestörten Kindern mehr dissoziale finden, entspricht dem generellen Störungsverlauf, der für dissoziale Syndrome eine schlechte Prognose, für emotionale Störungen eine bessere aufweist. Bemerkenswert ist, daß unter den psychiatrisch auffälligen Hirnfunktionsgestörten 8- wie 13jährigen gehäuft solche waren, die durch Minderleistungen auf der Verhaltensebene definiert worden waren. Die psychiatrischen Auffälligkeiten werden also vermutlich auf dem Umweg über nicht erfüllbare Leistungsanforderungen ausgelöst, auch wenn sie anders gebahnt sind. Eine Häufung dissozialer Störungen nach umschriebenen Leistungsschwächen war schon vor unserer Studie bekannt (vgl. z.B. Sturge 1982); ausführlicher schildert dazu Esser die Beziehungen zwischen umschriebenen Entwicklungsverzögerungen und psychiatrischen Auffälligkeiten unserer Stichprobe.

Zusammenfassung und Wertung

Die eingangs verglichenen Raten hirnfunktionsgestörter Kinder in der Feld- und Inanspruchnahmestichprobe sind verschieden, jedoch läßt sich an ihnen nicht demonstrieren, daß die Hirnfunktionsstörungen Grund für die Inanspruchnahme sind. Vielmehr deuten die Ergebnisse darauf hin, daß Leistungseinschränkungen und aus diesen folgende Verhaltensauffälligkeiten zur Inanspruchnahme führen.

Daß bei Vergrößerung der Stichprobe um Schwachbegabte mit einem IQ zwischen 85 und 70 die Rate der Kinder mit spezifischen Leistungsschwächen steigt, ist erklärlich und darf nicht mit einer Zunahme umschriebener Entwicklungsverzögerungen verwechselt werden (vgl. dazu Beitrag Esser, in diesem Band), sondern ist Folge von Definitionsprozeduren in der hier dargestellten Studie bzw. bei der klassischen klinischen Diagnose des MCD-Syndroms. Manche Autoren sind dieser Problematik dadurch ausgewichen, daß sie die Diagnose MCD nur bis zu einem IQ von 85 oder 80 zuließen.

Die höhere Rate der Verhaltensauffälligkeiten in der Inanspruchnahme erklärt sich von selbst. Daß aber auch fast 40 % psychiatrisch Unauffällige die kinderpsychiatrischen Beratungsmöglichkeiten in Anspruch nahmen, sorgt für eine ausreichend hohe Varianz auch unter den Mitgliedern der Inanspruchnahmestichprobe, die übrigens auch vom Diagnosenspektrum her mit der Feldstichprobe vergleichbar ist.

Die Zahl der auf mehr als einer Meßebene hirnfunktionsgestörten Kinder ist enttäuschend gering: zwei Kinder in der Feldstichprobe der 8jährigen, eines in der Feldstichprobe der 13jährigen. Zwar steigt die Rate der „Ebenenüberschneider" in der Inanspruchnahmepopulation deutlich, d.h. auf fast die Hälfte der eine kinderpsychiatrische Einrichtung konsultierenden Hirnfunktionsgestörten, es findet sich aber unter ihnen kein auf allen 3 Meßebenen auffälliges Kind. Das kann als Beleg dafür gelten, daß unsere Ergebnisse nicht dadurch von den bisherigen abweichen, daß sie im wesentlichen in einer Feldstichprobe gewonnen wurden. Auch sind Korrelationen zwischen den Meßebenen ausgesprochen gering, was die Wahrscheinlichkeit für die Ebenenüberschneidungen vermindert, ein Faktum, das nicht auf unser methodisches Vorgehen zurückzuführen ist, sondern schon von früheren Autoren registriert wurde, z.B. Werry (1968). Von einem Syndrom der minimalen zerebrale Dysfunktion kann nach diesen Ergebnissen nicht mehr ausgegangen werden, es besteht allenfalls für eine kleine Sondergruppe, d.h. die Diagnose dürfte weniger als 1 % aller Kinder gegeben werden und damit wesentlich an Bedeutung verlieren. Diese Rate sinkt weiter, wenn man für das „Syndrom" Auffälligkeiten auf 3 Meßebenen fordert.

Eine Häufung spezifischer Symptome oder Syndrome unter den Hirnfunktionsgestörten ließ sich weder bei den 8- noch bei den 13jährigen nachweisen. Bei den 8jährigen aus der Inanspruchnahme bestand ein dementsprechender Trend, der aber auch anders begründet sein kann. Insbesondere fand sich keine Grundlage für den weit verbreiteten Brauch, hyperkinetische Kinder unter die vermutete nosologische Entität eines MCD-Syndroms zu subsumieren. Die stärkste Stütze für ein MCD-Syndrom, die sog. einheitliche Psychopathologie, an der man auch ohne Hirnschädigungszeichen oder ohne Hirnfunktionsstörungszeichen Symptome im engeren Sinne als Syndrom diagnostizieren kann, entfällt damit.

Weder in der Feldstichprobe (dort auch weder bei den 8- noch bei den 13jährigen) noch in der Inanspruchnahmestichprobe konnte mit verschiedenen Methoden eine Belastung durch prä- und perinatale Risiken wahrscheinlich gemacht werden. Im Gegensatz zeigt die größere Varianz der Belastungsscores der Hirnfunktionsgestörten in der Inanspruchnahmestichprobe (3,47 gegenüber 2,26 bei den Nicht Hirnfunktionsgestörten), daß sich hier auch relativ unbelastete Kinder finden müssen.

Nur bei 50 % der Untersuchten war die ermittelte Hirnfunktionsstörung über einen Fünfjahreszeitraum stabil, es gab ebensoviele Remissionen wie neu definierte Fälle, d.h. das Fortbestehen des Merkmals ist nicht von der Schwere einer Schädigung, von der möglichen Kompensation oder vom Entwicklungstempo abhängig, sondern von dem jeweiligen Entwicklungsstand im Vergleich zur Altersgruppe. Anders kann eine Entwicklungsverzögerung auch nicht definiert sein, und für eine Defektnatur des vermuteten Syndroms gibt es nach den dargestellten Befunden ohnehin keine Grundlage.

Wie bereits dargestellt, ist die Rate psychiatrisch auffälliger unter den hirnfunktionsgestörten Kindern deutlich erhöht. Dies spricht für eine Triggerwirkung von Hirnfunktionsstörungen für psychiatrische Auffälligkeit und gilt für beide untersuchten Stichproben und für die Feldstichprobe an beiden Untersuchungszeiten, allerdings ist die kinderpsychiatrische Morbidität nicht so hoch wie früher vermutet. Sie wird offensichtlich nicht über neurophysiologische oder neuropsychologische Besonderheiten getriggert, sondern über die Verzögerung in bestimmten Verhaltensdimensionen, die zu Leistungsausfällen führen, deren negative Bewertung die Sekundärsymptomatik nach sich zieht. Zumindest ist dies die wahrscheinlichste Erklärungshypothese. Als langfristiges Voraussagekriterium für psychiatrische Auffälligkeiten ist das Merkmal der Hirnfunktionsstörung über einen Fünfjahreszeitraum nicht hilfreich, es wird bereits in diesem Zeitraum von anderen Merkmalen wie umschriebenen Leistungsschwächen, chronischen familiären Belastungen oder aktuellen Lebensereignissen übertroffen. Noch weniger kann es für langfristige Verhaltensvoraussagen relevant sein.

Für die Klinik empfiehlt sich damit das Verlassen dieses beliebten Konzepts, dessen weite Verbreitung sich überwiegend auf der hohen Basisrate der üblichen diagnostischen Kriterien erklärt. Andernorts haben wir dargelegt, daß unsere Ergebnisse zu den hier untersuchten Detailfragen nicht durch die Abweichung von dem klassischklinischen diagnostischen Konzept, das u.a. anamnestische Belastungen und Verhaltensauffälligkeiten in die Diagnostik miteinbezieht) bedingt ist, sondern daß sich die überprüften Hypothesen mittels dieses klassischen Definitionsmodells noch schlechter belegen lassen als mit dem von uns gewählten Ansatz (Esser u. Schmidt 1987, S. 40 ff). Ein kinderpsychiatrisches Krankheitsbild MCD gibt es nicht. Falls es eine spezifische Merkmalskombination gibt, dann besteht sie aus Entwicklungsverzögerungen. Auch diese spezifische Merkmalskombination ist ausgesprochen selten, so daß sich die meisten Hirnfunktionsstörungen aus Entwicklungsverzögerungen auf unterschiedlichen Meßebenen ableiten, zwischen denen keine nennenswerten Korrelationen bestehen. Soweit Hirnfunktionsstörungen für die kinderpsychiatrische Morbidität von Relevanz sind, erklärt sich dies im wesentlichen aus Leistungseinschränkungen, die für die Ausbildung bedeutsam sind.

Deswegen empfiehlt sich eine verstärkte Hinwendung zu dem Konzept der umschriebenen Entwicklungsverzögerungen (ohne daß bisher klar ist, ob es sich hier wirklich um Entwicklungsverzögerungen oder um bleibende Hirnreifungsdefizite, die durch Milieuvariablen verstärkt werden, handelt). Da sie wegen ihrer Rolle einer Übungsbehandlung zugeführt werden müssen (wenigstens solange nicht klar ist, für welche der Betroffenen solche Übungsbehandlungen hilfreich oder nicht hilfreich sind), ist die Diagnose solcher Störungen im Rahmen einer multiaxialen Klassifikation auch weiterhin wesentlich. Sie ist aber offensichtlich als Diagnose von Entwicklungsverzögerungen, nicht von psychiatrischen Syndromen zu verstehen. Ihr kommt keine so umfassende Bedeutung für die Entwicklung eines Kindes zu wie den sog. umfassenden Entwicklungsstörungen (im Sinne des Abschnitts F84 in der ICD-10, unter die u.a. autistische Syndrome subsumiert werden), die das Gesamtverhalten eines Kindes nicht nur in Relation zu seinen Altersgenossen, sondern auch qualitativ verändern. Wieweit die Früherfassung von Teilleistungsschwächen künftig wirksamere Interventionen zuläßt, ist offen, bedarf aber im Hinblick auf die hohe Bedeutung dieser Ausfälle für die kinderpsychiatrische Morbidität dringend der Erforschung.

Literatur

Bax M Keith RM (1963) Minimal cerebral dysfunction. Lavenham Press, Lavenham
Black P (1981) Brain dysfunction in children. Etiology, diagnosis and management. Raven Press, New York
Bradley Ch (1937) The behavior of children receiving benezedrine. Am J Psychiat 94: 577-585
Corboz RJ (1976) Psychiatrie der minimalen frühkindlichen Hirnschädigung. Bull Schweiz Med Wiss 32: 75-79

Eggers C Lempp R Nissen G Strunk P (1989) Kinder- und Jugendpsychiatrie, 5. Aufl. Springer, Berlin Heidelberg New York

Esser G Schmidt MH (1987) Minimale cerebrale Dysfunktion - Leerformel oder Syndrom? Enke, Stuttgart

Förster E (1970) Zur Problematik des Beriffs Hirnschädigung in der Psychopathologie. In: Stutte H Koch K (Hrsg.) Charakteropathien nach frühkindlichen Hirnschäden. Springer, Berlin Heidelberg New York, 544-547

Gillberg C Rasmussen P (1982) Perceptual motor and attentional deficits in seven-year-old children background factors Dev Med Child Neurol 24: 752-770

Graichen J (1973) Teilleistungsschwächen dargestellt an Beispielen aus dem Bereich der Sprachbenutzung. Z Kinder Jugendpsychiat 1: 113-143

Laufer MD Denhoff E (1957) Hyperkinetic behavior syndrome in children. J Pediat 50: 463-474

Lempp R (1964) Frühkindliche Hirnschädigung und Neurose. Huber Bern

Lempp R (1989) Organische Psychosyndrome. In: Eggers C Lempp R Nissen G Strunk P (Hrsg) Kinder- und Jugendpsychiatrie, 5 Aufl. Springer Berlin Heidelberg New York, 384-453

Littman B Parmelee AH (1978) Medical correlates of infant development. Pediatrics 61: 470-474

Myklebust HR (1973) Identification and diagnosis of children with learning disabilities. An interdisciplinary study of criteria. In Walzer S Wolff P (Eds) Minimal cerebral dysfunction in children. Grune & Stratton New York, 55-77

Ochroch R (1981) The diagnosis and treatment of minimal brain dysfunction in children. A clinical approach. Human Science New York

Poustka F (1979) Ist ein Syndrom Minimale cerebrale Dysfunktion allein psychopathologisch diagnostizierbar? In: Müller-Küppers M Specht F (Hrsg) Recht, Behörde, Kind. Huber, Bern, 235-251

Poustka F (1990) Spezielle Therapie der MCD. In: Nissen G (Hrsg) Somatogene Psychosyndrome und ihre Therapie im Kindes- und Jugendalter. Huber, Bern, 52-69

Ruf-Bächtiger L (1987) Das frühkindliche psychoorganische Syndrom Minimale cerebrale Dysfunktion, Diagnostik und Therapie. Thieme, Stuttgart New York

Rutter M (1982) Syndroms attributed to minimal brain dysfunction in childhood. Am J Psychiat 139: 21-33

Rutter M Quinton D (1977) Psychiatric disorder - ecological factors and concepts of causation. In: M MacGurk (Ed) Ecological factors in human development. North Holland, Amsterdam,173-187

Schmidt MH (1977) Verbale und nichtverbale Teilleistungsschwächen und ihre Behandlung. In: Nissen G (Hrsg) Intelligenz, Lernen, Lernstörungen. Springer, Berlin Heidelberg New York, 167-175

Small L (1982) The minimal brain dysfunction. Free Press, New York

Strauss AA Lehtinen LE (1947) Psychopathology and education of the brain-injured child I. Grune & Stratton, New York 14th Edn 1967

Strunk P Faust VS (1967) Die Bewertung hirnorganischer Befunde bei Verhaltensstörungen im Kindesalter. Arch Psychiat Nervenk 210: 152-160

Sturge C (1982) Reading retardation and antisocial behavior. J Child Psychol Psychiatry 23: 21-31
Taylor EA (1986) The overactive child. Mac Keith, London
Werry JS (1968) Studies on the hyperactive child. IV. An empirical analysis of the minimal brain dysfunction syndrome. Arch Gen Psychiatry 19: 9-16

Von der minimalen zerebralen Dysfunktion zum Aufmerksamkeitsdefizitsyndrom: Neuere Forschungsentwicklungen

A.F. Kalverboer

Seit 1974 wurde eine große Anzahl von experimentellen und Beobachtungsstudien zur frühen Gefährdung für psychopathologische Störungen im Laboratorium für Experimentelle Klinische Psychologie in Groningen durchgeführt (Kalverboer 1990). Der Schwerpunkt dieser Untersuchungen sind das Problemverhalten von Kindern mit sog. Grenzfallpsychopathologien (insbesondere Aufmerksamkeitsdefizit-Hyperaktivitäts-Störung (ADHD) und motorische Ungeschicklichkeit) sowie verhaltensbedingte Folgezustände früher biologischer Risikofaktoren (z.B. Frühgeburt und Reifungsstörungen des ZNS und Stoffwechselkrankheiten, wie angeborene Hypothyreose und Phenylketonurie). Historisch gab der wohlbekannte, obwohl von Anfang an umstrittene Begriff der minimalen Hirnfunktionsstörung (minimale zerebrale Dysfunktion, MCD im deutschen Sprachbereich, im englischen „minimal brain dysfunction", MBD) den Anstoß zu diesem Forschungsprogramm. Wichtige Komponenten des MBD-Komplexes, wie es in der letzten Zeit definiert wurde, sind Aufmerksamkeitsdefizite und Hyperaktivität sowie motorische Ungeschicklichkeit (Kalverboer 1988b). Zur Erforschung der so gekennzeichneten Erscheinungsbilder mußten genauere theoriebestimmte Untersuchungen mit klar definierten Kindergruppen durchgeführt werden, denn nur diese ermöglichten es, die genaue Beschaffenheit dieser Funktionsstörungen und die Hintergründe ihres Entstehens zu bestimmen. Es wurde eine Reihe von Studien durchgeführt, die miteinander im Zusammenhang stehen. Dabei wurden Modelle und Methoden aus der Ethologie und der experimentellen Psychologie angewendet, deren Schwerpunkt auf der Informationsverarbeitung liegt.

Das Forschungsprogramm im Labor für Experimentelle Klinische Psychologie ist durch 2 Merkmale gekennzeichnet: 1. die Anwendung von Reaktionsexperimenten in Zusammenhang mit quantitativen Verhaltensanalysen (Beobachtung in Labor und „Feld") und physiologischen Messungen: Dabei handelt es sich um das Prinzip der ökologischen Validität von Laborbefunden; 2. das Interesse an Risikomechanismen im Sinne der ätiologischen und aktuellen (pathogenetischen) Determinanten von Verhaltensproblemen. Dabei wird versucht, Studien in den frühesten Lebensphasen in Risikogruppen (Frühgeburt, Stoffwechselstörungen) mit Studien im Vorschul- und Schulalter

24

zu verknüpfen, wenn Probleme wie ADHD und motorische Ungeschicklichkeit manifest werden. In diesem Beitrag werde ich mich auf unsere Studien der letzten 15 Jahre in den höheren Altersgruppen (ab 6 Jahre) beschränken, bei denen eine MCD als Problem häufig war (Kalverboer 1990; Kalverboer et al. 1992). In diesem Beitrag geht es insbesondere um die „Philosophie" des Forschungsprogramms. Dazu werden einige Hauptlinien des Forschungsprogramms skizziert, das im Laboratorium für Experimentelle Klinische Psychologie in Groningen durchgeführt wird. Zuerst aber einige Bemerkungen zum Konzept der MCD.

Einige Bemerkungen zur Geschichte des MCD-Konzepts

Bekanntlich bezieht sich der Begriff „minimale zerebrale Dysfunktion" (MCD) auf einen Komplex von Verhaltens- und Funktionsstörungen, von denen angenommen wird, daß sie mit einem nicht optimalen Zustand des ZNS zusammenhängen (Kalverboer 1978). Eigentlich sollte man vom MBD-Komplex sprechen, weil die Probleme der damit bezeichneten Kinder in Phänomenologie, Pathogenese und Ätiologie sehr variieren. Obwohl die Kritik an dieser Bezeichnung etwa so alt wie das Etikett selbst ist, gelingt es nicht, dieses zu eliminieren. MCD ist, wie Touwen es ausdrückt, keine Diagnose, jedoch ein Signal zur Intervention (Touwen 1978). Ohne Zweifel aber geht es um ernste Probleme sowohl für das Kind als auch für die soziale Umgebung. Wie Dinnage (1970, S. 21) es prägnant ausdrückt: „While there is no evidence that the minimally brain damaged child exists, he urgently needs attention".

Im Rahmen des Begriffs der MCD lassen sich 4 Gruppen von Verhaltensstörungen unterscheiden (Kalverboer 1988b), nämlich:

- Störungen der Aufmerksamkeit mit oder ohne Hyperaktivität (evtl. auch mit Hypoaktivität);
- Störungen im Bereich der Fein- und Grobmotorik und in der Perzeptuomotorik, im Deutschen spricht man von „motorischer Ungeschicklichkeit", im Englischen von „clumsiness";
- spezifische Lernstörungen wie Dyslexien oder Dyskalkulien etc. Meistens werden Lernstörungen nur dann als Teil des MCD-Konzepts aufgefaßt, wenn diese sekundär als Folge von der beiden bereitsgenannten Störungen auftreten. Sind sie „primär", so werden sie im Englischen mit der Bezeichnung „special learning disorder" (oder „deficit"), im Deutschen mit dem Begriff „Teilleistungsschwäche" bezeichnet;
- sozial-emotionale Probleme, wie Angst, starke Unsicherheit, Depression, Agressivität etc.

Innerhalb jeder dieser Gruppen von Phänomenen gibt es wiederum zahlreiche Varianten. Jedes Kind hat sein eigenes Verhaltensprofil. Innerhalb und zwischen diesen Gruppen von Verhaltensproblemen können Phänomene in

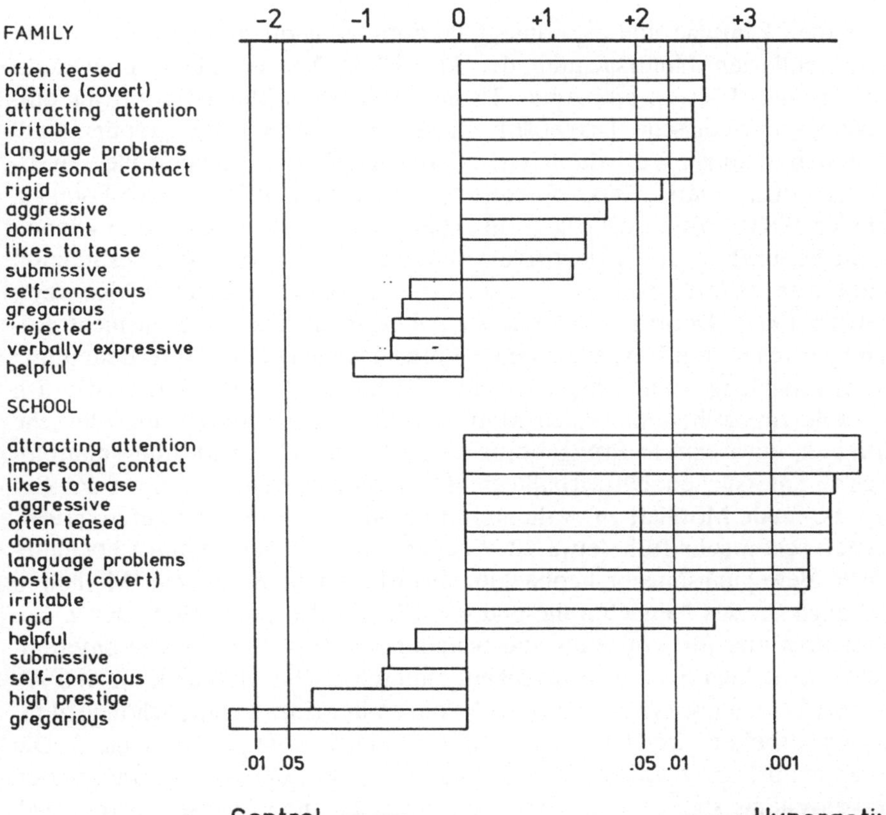

Abb. 1. Soziales Verhalten hyperaktiver Kindern im Vergleich zu nach Alter und Geschlecht parallelisierten Kontrollfällen. (Aus Kalverboer 1988a)

verschiedener Weise zusammengehen, z.B. können hyperaktive oder motorisch ungeschickliche Kinder sozial-emotionale Probleme zeigen (Kalverboer 1988a; Kalverboer et al. 1990a, b). (Abb. 1). Jedoch zeigen neuere Analysen in unserem Labor daß die Basisphänomene oft relativ spezifisch vorkommen (Kalverboer u. Pluister, in preparation).

Auf zwei Gebieten haben sich etwa seit 1960 wichtige Forschungentwicklungen ergeben, die zu einer differenzierteren Auffassung über den MCD-Komplex geführt haben. Zugleich wurden Wege für eine systematischere Forschung von Zusammenhängen zwischen Hirn und Verhalten beim sich entwickelnden Kind eröffnet, die bei den Mechanismen von Verhaltensstörungen eine Rolle spielen. Insbesondere die Entwicklungsneurologie, die Humanethologie und die experimentelle Informationsverarbeitungs- und psychophysiologische Psychologie lieferten Beiträge zu diesen Entwicklungen.

Nervensystem

Es wurden klinische und experimentelle Methoden zur systematischen funktionsorientierten Untersuchung des kindlichen Nervensystems entwickelt. Forscher wie Touwen und Amiel-Tison entwickelten Methoden für die entwicklungsneurologische Diagnostik, die es ermöglichen, die „Optimalität" biologisch wichtiger Verhaltenssysteme, wie Körperhaltungskontrolle, Sensomotorik etc., relativ exakt festzustellen (Touwen 1976; Amiel-Tison u. Grenier 1983). Früher als sog. „soft signs" bezeichnete Phänomene können genau beobachtet und kategorisiert werden und zeigen einen bestimmten prädiktiven Wert (vgl. das „minor-neurological-dysfunction"-Konzept, Touwen 1992). Derartige Phänomene gehen manchmal - jedoch nicht notwendigerweise - mit Verhaltens- oder Lernstörungen einher. Ihre Bedeutung für Entwicklung und Prognose des Kindes wird noch unterschiedlich beurteilt. Inzwischen sind auch Methoden entwickelt worden, um klinische Gruppen, etwa extrem Frühgeborene, von Geburt ab entwicklungsneurologisch zu untersuchen. Ultraschalltechniken ermöglichen es, schon vor der Geburt die fetale Motilität zu evaluieren. In Studien von De Vries et al. (1984) wurden schon sehr früh (etwa 12 Wochen nach der Konzeption) hochintegrierte Bewegungsmuster beobachtet. Entwicklungneurologische Methoden sind auch für das Neugeborene und das Kleinkind bis zum Ende des 2. Lebensjahres und für Vorschul- und Schulkinder verfügbar. Relativ unterentwickelt ist jedoch noch die entwicklungsneurologische Methodik für den Altersbereich von etwa 2 bis 5 Jahren obwohl an der Entwicklung schon jetzt intensiv gearbeitet wird (Institut für Entwicklungsneurologie, Groningen). Die Zusammenhänge zwischen Struktur und Funktion des sich entwickelnden Nervensystems sind sehr kompliziert und bisher nur teilweise bekannt (vgl. Prechtl 1984, zu den möglichen Effekten der Funktion eines Systems auf die strukturelle Entwicklung). In der Humanforschung muß man sich auf korrelative Studien von Morphologie und Verhalten beschränken. Die Untersuchung der strukturellen Entwicklung und der Prozesse, die im Zusammenhang mit spezifischen Verhaltensfunktionen (Perzeptionsprozesse, Aus-führung von einfachen oder komplexeren Bewegungen, Sprechen, stilles oder lautes Lesen) im Zerebrum vorgehen, erreicht durch die Anwendung von „brainscanning"- und „imaging"-Techniken eine neue Ebene (s. auch Kalverboer 1988b).

Verhalten

Wichtige Forschungsentwicklungen gab es in den letzten Jahrzehnten insbesondere im Bereich der Verhaltungsstörungen des MCD-Komplexes. Insbesondere zu Beginn lieferte die Humanethologie einen signifikanten Beitrag.

Ounsted (1955) sowie Hutt u. Hutt (1968) hatten erste Impulse in „free field observations" von hirngeschädigten Kindern gegeben, die später in den Studien von „neurobehavioural relationships" bei leicht hirngestörten Kindern von Kalverboer weitergeführt wurden (Kalverboer 1975). In dieser letzteren Studie bei 5jährigen Kindern wurden leichte, aber gut interpretierbare Zusammenhänge zwischen neurologischen Dysfunktionen und Verhalten in freien Feldsituationen gefunden.

Die wichtigsten Befunde dieser Studie wurden von Kalverboer (1990, S. 6 und 7) folgendermaßen zusammengefaßt:

„Es ergaben sich nur lockere Beziehungen zwischen der freien Feldbeobachtung (Spiel, Kontakt, Exploration) in einer Laborsituation und dem neurologischen Befund (Kalverboer, 1975). Die Beziehungen wurden klarer, wenn man die Art der Situation berücksichtigte, der das Kind ausgesetzt war. Bei einer differenzierteren Analyse konnten bedeutungsvolle Beziehungen zwischen neurologischem Status und Verhalten aufgespürt werden. Kinder mit ungünstigen neurologischen Werten zeigten typischerweise ein hohes Ausmaß an explorativer Aktivität in einem nicht vertrauten Milieu, wobei im Vergleich zu Kindern mit günstigeren neurologischen Werten bei einer späteren Exposition ein stärkerer Abfall derartiger Aktivitäten folgte. Bei Jungen waren ungünstige neurologische Werte mit einem niedrigeren Ausmaß an Aktivität bei monotonen und wenig motivierenden Spielsituastionen verbunden; die gleichen Jungen zeigten aber ein relativ hohes Spielniveau, wenn verschiedene Spielsachen verfügbar waren. Bei Mädchen fanden sich andere Unterschiede dahingehend, daß zwischen dem neurologischen Status und dem Verhalten in einer neuen Umgebung Beziehungen bestanden: Mädchen mit optimalem neurologischem Status blieben im allgemeinen in einer neuen Umgebung nahe bei der Mutter, während Mädchen mit weniger optimalen neurologischen Werten viel schneller begannen, den Raum zu erkunden, wobei sie mit ihrer Mutter in Kontakt blieben" (S. 6 und 7).

Perinatale Risiken hatten nur einen sehr geringen prädiktiven Wert für das Verhalten im Kindergarten- und Schulalter (Kalverboer 1979). Sehr wenige Zusammenhänge wurden zwischen gynäkologischen und neonatal-neurologischen Komplikationen einerseits und dem kindlichen Verhalten mit 5 Jahren anderseits gefunden. Signifikante Zusammenhänge ergaben sich nur zwischen neonatalem Apathiesyndrom und Spiel sowie explorativem Verhalten im Alter von 5 Jahren: Ursprünglich apathische Kinder zeigten weniger exploratives Verhalten in einer neuen Umgebung und spielten kürzer und auf niedrigerem Niveau als „optimale" Kontrollfälle. Es zeigte sich, daß leicht hirngestörte Kinder fähig waren, ihr Verhalten gut adaptiv zu organisieren, sie brauchten dazu aber die richtigen „strukturierenden" Impulse: motivierendes, multifunktionales Material und die Möglichkeit, ihr Bewegungsbedürfnis produktiv in adaptiertes Verhalten umzusetzen.

Etwa von 1975 an spielten Informationsverarbeitungsmodelle und -paradigmen eine zunehmende Rolle in der experimentellen Verhaltensforschung über die MCD, die in den verschiedenen Phasen der Geschichte des DSM-Klassifikationssystems nacheinander als Hyperaktivität, „attentional deficit disorder" (ADD), „attentional deficit disorder with or without hyperactivity", ADD(H) und „attention deficit hyperactivity disorder (ADHD) bezeichnet wurde. In diesen experimentellen Laborstudien lag besonderer Nachdruck auf der präzisen Analyse der postulierten Aufmerksamkeitsschwäche („attentional deficit") unter Anwendung zunächst überwiegend struktureller, später auch energetischer Informationsverarbeitungsmodelle. International liegt in der gegenwärtigen Forschung ein starker Akzent auf dem ADHD-Aspekt des ehemaligen MCD-Konzepts (auch in Zusammenhang mit psycho-pharmakologischen Interessen), wobei es im letzten Jahrzehnt auch eine wachsende Anzahl von experimentellen Arbeiten über motorisch ungeschick-te Kinder („clumsy children") gab (Henderson 1992; Van Dellen 1987; Van Dellen u. Geuze 1990; Geuze u. Kalverboer 1987).

Eine wesentliche Voraussetzung experimenteller klinischer Forschung be-steht darin, daß eindeutige diagnostische Forschungskriterien eingesetzt wer-den. Die klinischen Phänomene sollten über objektiv definierte Kategorien beschrieben werden. Deshalb besteht ein wichtiger Teil des Forschungspro-gramms in unserem Labor in der Entwicklung zuverlässiger und valider Ver-haltensfragebogen für Eltern, Lehrer und Untersucher. Verschiedene Frage-bogen, wie die Groningen Behaviour Checklist School (GBCS), die Gronin-gen Behaviour Checklist Family (GBCF), die Groningen Behaviour Observa-tion Scale (GBO) und die Groningen Motor Observation Scale (GMO), sind in unserem Labor entwickelt worden (vgl. Kalverboer 1990). Dabei werden Gruppen von Kindern unter Verwendung von Verhaltensbeurteilungssyste-men und direkter Verhaltensbeobachtung für experimentelle Studien genau ausgewählt (vgl. Vaessen und Van der Meere 1990). Internationale Standar-disierungen und Normierungen von Verhaltensfragebogen in Schule, Familie, Laborsituation etc. für sozial-emotionales und Arbeitsverhalten sind für die weitere experimentell-klinische Forschungsentwicklung von großer Bedeu-tung.

Eine Reihe von Reaktionszeitmessungen unter systematisch hinsichtlich Komplexität und Belastung variierten Bedingungen sind in den letzten 15 Jahren in unserem Labor bei ADHD-Kindern durchgeführt worden (Ser-geant u. Van der Meere 1990). Sie wurden in den letzten Jahren durch Beob-achtungen des kindlichen Verhaltens ergänzt (Alberts 1990). Bei bewe-gungsungeschickten Kindern wurden derartige Experimente von Schellekens (1990), Van Dellen (1987) und Geuze und Kalverboer (1987) durchgeführt. Einige der wichtigsten Befunde dieser Studien sollen hier kurz erwähnt wer-den.

In der experimentellen ADHD-Forschung lautet die zentrale Frage: Welchen Charakter hat das Informationsverarbeitungsdefizit bei diesen Kin-dern, oder genauer:

1. Wie weit gibt es ein „fundamentales Aufmerksamkeitsdefizit" bei ADHD? Wie weit haben diese Kinder wirklich ein fundamentales Problem bei der selektiven Aufnahme und Verarbeitung von Information? Im Informa-

tionsverarbeitungsmodell wird dies ein „strukturelles" Defizit genannt (eine echte Aufmerksamkeitsstörung).

2. Welche Rolle spielen strategische und energetische Aspekte („speed-accuracy trade off", Motivation) bei den alltäglichen Problemen der ADHD-Kinder? Wie weit ist das Kind unfähig, sein Aufmerksamkeitspotential (seine strukturelle Informationsverarbeitungsmöglichkeiten) völlig auszuschöpfen? Das kann der Fall sein, wenn das Kind eine schlechte Bilanz zwischen „speed-accuracy trade off" (z.B. wenn es zu schnell und impulsiv herangeht) oder wenn es einen nicht-optimalen (z.B. stark fluktuierenden) Vigilanzzustand zeigt (dies ist der energetische Aspekt: das Kind benützt seine Energie unzulänglich und unregelmäßig).

Die Befunde können wie folgt zusammengefaßt werden: Im Sinne des Informationsverarbeitungsparadigmas wurde kein „strukturelles" Aufmerksamkeitsdefizit festgestellt, d.h. es wurde weder ein Defizit hinsichtlich der selektiven noch hinsichtlich der Daueraufmerksamkeit beobachtet (Sergeant u. Van der Meere 1990). Im Prinzip zeigten diese Kinder dieselbe Kapazität, Reize zu selektieren und zu verarbeiten, auch über längere Dauer, wie Kinder ohne ADHD. Jedoch wurde unter allen experimentellen Belastungsbedingungen eine Reaktionszeitverzögerung gefunden (Van der Meere 1988). Offensichtlich haben die hyperaktiven Kinder Probleme hinsichtlich der optimalen Ausschöpfung ihrer Möglichkeiten. Dies ist ein Hauptthema der gegenwärtigen Studien in unserem Labor. Insbesondere sind wir an der Frage interessiert, wie weit eine nicht optimale Zustandsregulation bei den inkonsistenten und verzögerten Reaktionen eine Rolle spielt, wie diese ungeachtet der Komplexitäts- und Belastungsbedingung bei ADHD-Kindern anzutreffen sind (s. Alberts u. Van der Meere, in press).

Bei motorisch ungeschickten Kindern sind Vorbereitung und Organisation der Bewegungen (in Abb. 2 „response selection and planning") und nicht so sehr die Durchführung der Bewegungen (in Abb. 2 „response execution") Probleme (Van Dellen 1987). In experimentellen Studien wurde eine Feindiagnostik von Bewegungsstörungen bei motorisch ungeschickten Kindern durchgeführt, wobei Reiz-Reaktions-Wahl und Bewegungsablauf mit Hilfe eines Selspot-Registrierungssystems präzise registriert und analysiert wurden (Abb. 3 und 4). Dabei werden sog. LED („light emitting diodes") auf dem Körper des Kindes angebracht. Eine Infrarotkamera folgt den Bewegungen dieser LED. Damit können der Weg, die Geschwindigkeit und Beschleunigungen bzw. Verzögerungen dieser Bewegungen exakt festgelegt und mit Hilfe eines Computers online berechnet werden (s. Abb. 3).

Bei diesen Bewegungsexperimenten müssen Kinder von einer Startposition aus Arm-Hand-Bewegungen machen, die systematisch hinsichtlich Richtung (nach links oder rechts), Distanz und Präzision (große oder kleine Ziele) variieren. Eventuell kann das Kind eine „Vorinformation" über die auszuführende Bewegung bekommen; d.h. daß das Kind schon eine Sekunde vor der Ausführung der Bewegung weiß, in welche Richtung oder über welche Di-

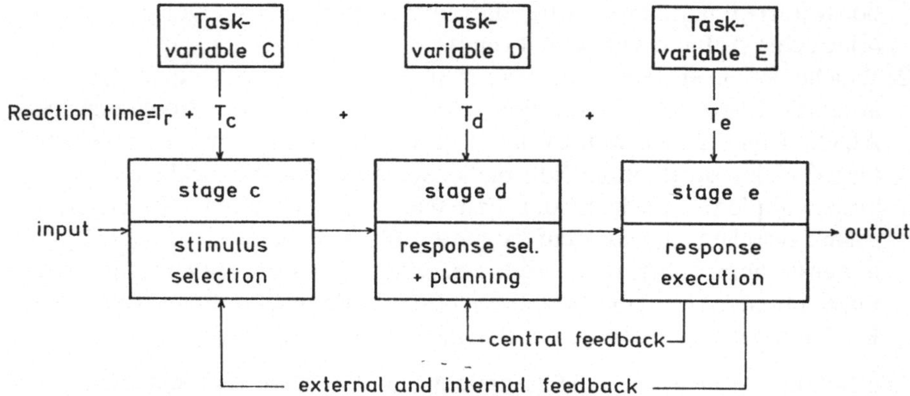

Abb. 2. Einfaches Informationsverarbeitungsmodell der experimentellen Bewegungsforschung. Durch experimentelle Manipulation kann systematisch untersucht werden, wo in dem Prozeß das Kind Probleme hat: bei der Selektion der richtigen Stimuli, der Wahl oder Planung der Bewegung oder der Ausführung der Bewegung

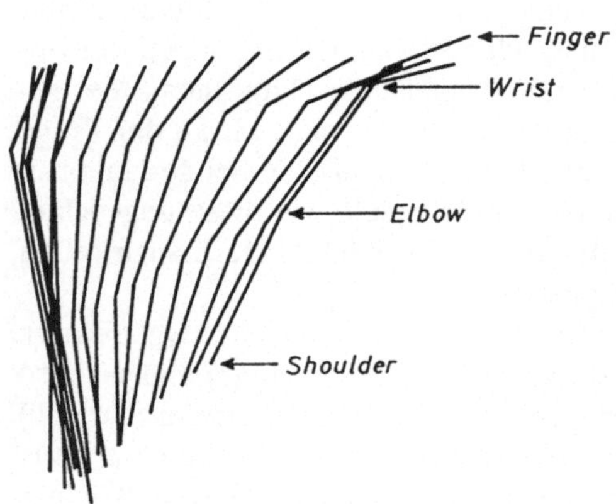

Abb. 3. Bewegungselemente, die mit dem Selspot-Registrierungssystem erfaßt werden. Auf dem Körper des Kindes sind LED angebracht. Der Weg („displacement"), die Geschwindigkeit („velocity") und die Akzeleration („acceleration", „Beschleunigungen bzw. Verzögerungen") der Bewegungen können sehr präzise festgestellt werden

stanz die folgende Bewegung gemacht werden muß; die komplette Information erhält es erst in dem Moment, wo die Bewegung eingesetzt werden muß. Diese Vorinformation kann es dazu verwenden, um zu „antizipieren". Es zeigte sich, daß jüngere und motorisch ungeschickte Kinder durch die Vorinformation behindert wurden, statt davon zu profitieren. Motorisch ungeschickte Kinder zeigen in allen Phasen des Bewegungsablaufes eine größere Variabilität als Kontrollfälle (Abb. 5).

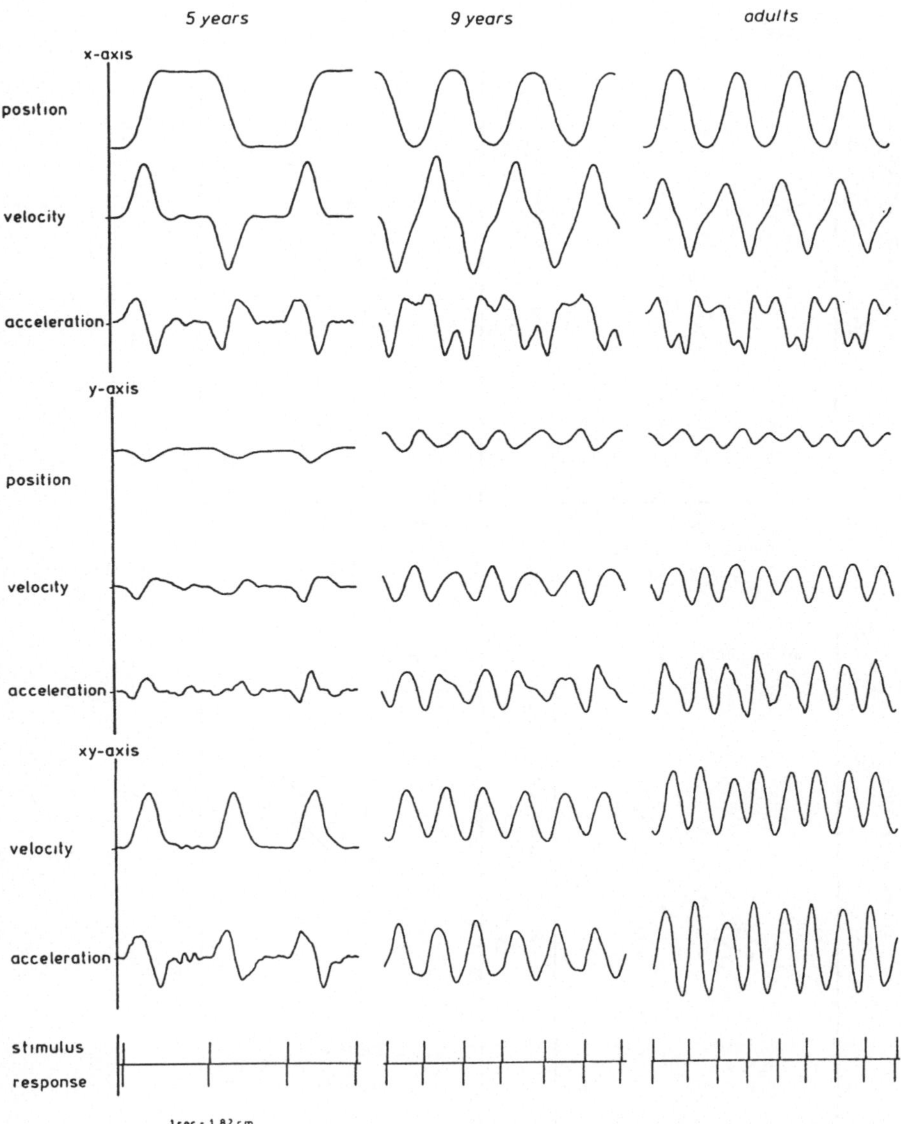

Abb. 4. Bewegungsregistrierung bei einem 5- und einem 9jährigen Kind und einem Erwachsenen während einer einfachen „tapping task" (alternierende Bewegungen von links nach rechts). (Aus Schellekens 1985)

Neuere Analysen beziehen sich auf Kinder mit angeborener Hypothyreose (CHT), die in einem nationalen neonatalen Screeningprogramm identifiziert wurden und früh eine Hormonsubstitutionstherapie erhielten. Vorläufige Befunde zeigen, daß insbesondere agenetische und ektopische CHT-Gruppen Defizite in der Organisation ihres perzeptuomotorischen und feinmotori-

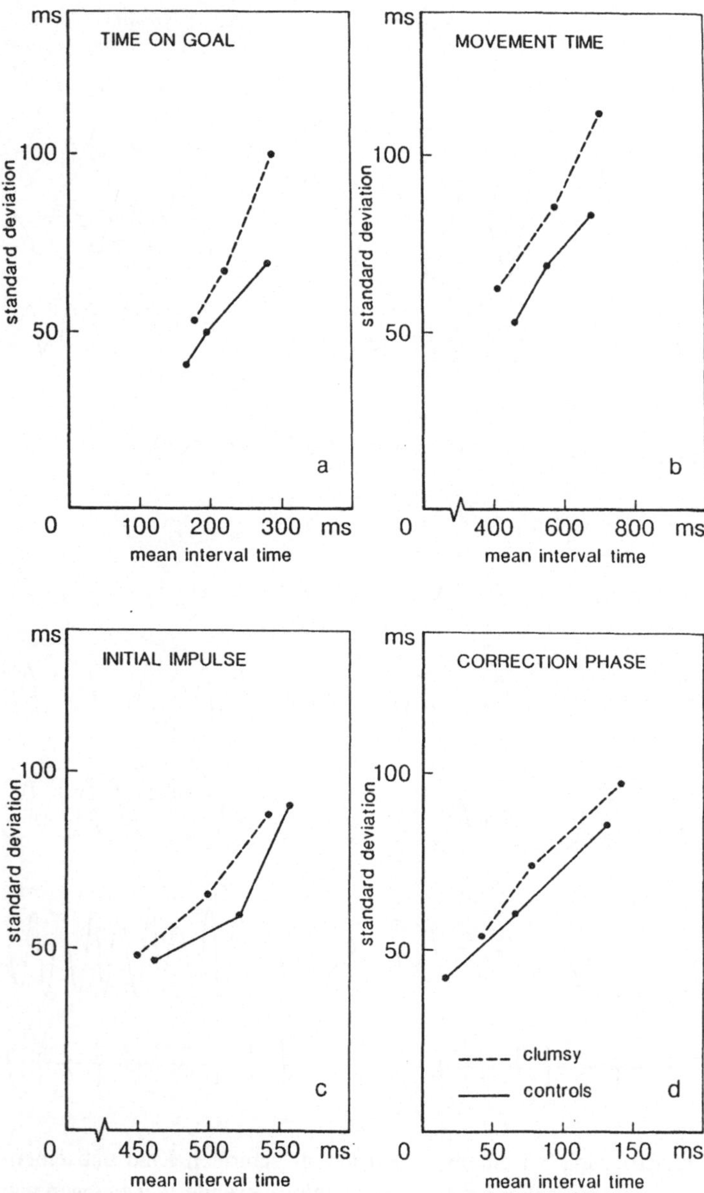

Abb. 5. Reaktionsinkonsistenz bei motorisch ungeschickten Kindern. Diese Kinder zeigen in allen Phasen des Bewegungsablaufes eine größere Variabilität als vergleichbare Kontrollfälle. (Aus Geuze 1990)

schen Verhaltens zeigen (Kooistra et al., in preparation). Diese Befunde sind theoretisch und klinisch wichtig, weil sie Hinweise auf die Optimierung des therapeutischen Vorgehens geben könnten.

Die direkte Beobachtung des Verhaltens kann einen essentiellen Beitrag zum Verständnis der Mechanismen liefern, die bei den Verhaltensproblemen dieser Kinder eine Rolle spielen. Ethologische Methoden der Feinanalyse des Ausdruckverhaltens werden in unserem Labor bei Aufmerksamkeitsexperimenten eingesetzt (Alberts 1990). Damit wird versucht, Spannungs- und Konzentrationsunterschiede zwischen hyperaktiven Kindern und Kontrollgruppen zu erfassen. Ausgangspunkt ist dabei das von Ekman entwickelte „Facial Action Coding System" (FACS). Im allgemeinen wurde in einem Daueraufmerksamkeitsexperiment bei ADHD-Kindern mehr Ausdrucksaktivität als in Kontrollfällen beobachtet. Insbesondere war in späteren Phasen des Experiments bei den hyperaktiven Kindern mehr „Wegschauen", „Mundverziehen" und „Lidverengung" zu beobachten. Diese Signale sind Anzeichen eines Abfalls der kindlichen Aufmerksamkeit. Hier stellt sich jedoch ein Interpretationsproblem: wie soll zwischen Indikatoren der „emotionalen Spannung" und der „Anstrengung" differenziert werden?

Die Validität der Laborergebnisse wurde in unserem Forschungprogramm in gründlichen Studien der Kinder in Alltagsituationen geprüft. In einigen dieser Feldstudien wurde die Beobachtung strukturiert, wobei von denselben theoretischen Informationsverarbeitungsprinzipien wie in den Laborexperimenten ausgegangen wurde. Dies war der Fall z.B. in einer Studie von Vaessen (1990), der das Verhalten hyperaktiver und ungeschickter Kinder bei der Ausführung komplexer Alltagsaufgaben in zwei Situationen untersuchte, nämlich in der Turnhalle und beim Überqueren einer Strasse. Hier werden nur einige Befunde der Verkehrsstudie bei Hyperaktiven aufgeführt.

Es wurde eine doppelte Aufgabensituation realisiert. Ein „Zahlennachsprechtest" (nachsprechen von 5 oder 7 Ziffern) musste gleichzeitig mit dem Überqueren einer „imaginären" Straße ausgeführt werden (Abb. 6). Dabei wurden die Belastungsbedingungen variiert (ein- vs. zweispurige Straße, mehr oder weniger starker Verkehr, 5 oder 7 Ziffern wiederholen). Im allgemeinen boten die hyperaktiven Kindern ein inkonsistenteres Verhalten: Sie zeigten ein größeres Zweifelintervall zwischen akzeptierten und nicht-akzeptierten Abständen zu dem Auto und dem Überquerungsmoment (d.h. kurze Abstände wurden oft „risikovoll" akzeptiert, lange Abstände nicht für das Überqueren benützt). Im allgemeinen gingen die hyperaktiven Kinder im Verkehr ein höheres Risiko ein als die Kontrollkinder. Unter höherer Belastung verstärkten sich diese Phänomene. Diese Befunde weisen auf einen „overload" im Sinne eines (Überlastungs-) Problems bei den hyperaktiven Kindern hin. Es scheint wichtig, derartige ökologische Feldbeobachtungen mit Laborexperimenten zu kombinieren (Abb. 7). Nur dann ist es möglich, den Mechanismen der Alltagsprobleme klinischer Gruppen auf die Spur zu kommen. Das Ziel sollte darin bestehen, eine Taxonomie von Situationen („tasks") zu entwickeln, so daß man weiss, in welcher Hinsicht sich die Bedingungen unterscheiden, unter denen eine Versuchsperson jeweils steht.

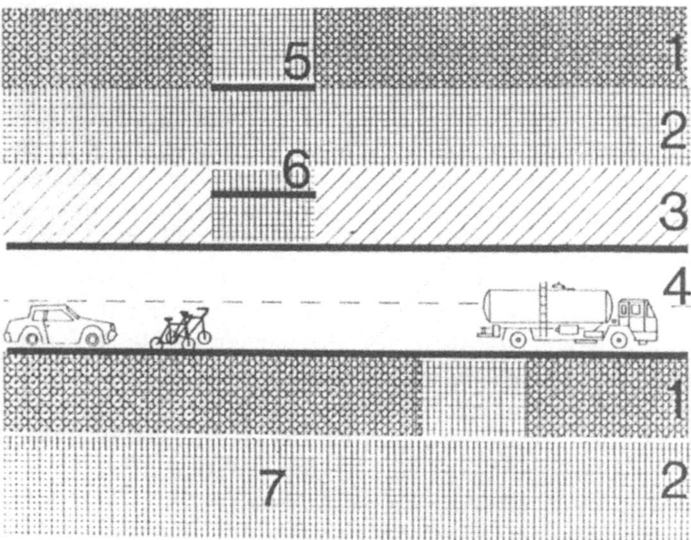

Abb. 6. Straßenüberquerungsexperiment. Kinder überqueren eine „imaginäre" Straße; Videobilder des Verhaltens werden analysiert und Reaktionsmessungen durchgeführt. Schema der Überquerungssituation mit realer und imaginärer Straße. 1 = Strauch (Höhe eines Menschen), 2 = Fußweg, 3 = Rasen, 4 = Verkehrsweg, 5 = „Imaginärer" Fußgängerüberweg: Startplatz, 6 = „Imaginärer" Fußgängerüberweg: Endpunkt, 7 = Videokamera und Mikrophon. Die „imaginäre" ist eine „experimentelle" Straße, die neben einer realen Straße konstruiert worden ist. Die Kinder mussten diese „künstliche" Straße unter Berücksichtigung des Verkehrs auf der realen Straße überqueren (als ob dieser Verkehr auf der experimentellen Straße stattfand). (Aus Vaessen 1990)

Schlußbemerkungen

In den letzten Jahrzehnten wurden in der MCD-Forschung erhebliche Fortschritte gemacht. Das betrifft sowohl die frühe Entwicklung des Nervensystems (bildgebende Verfahren der ZNS-Diagnostik, fetale Motilitätsstudien, entwicklungsneurologische Frühdiagnostik) als auch die Verhaltensforschung. Insbesondere die Verknüpfung von ethologischen und Informationsverarbeitungsparadigmen verbesserte unsere Kenntnis der Mechanismen dieser klinischen Bedingungen. Optimal sind in einem Forschungsprogramm ein Wechseln zwischen Beobachtung und Experiment, geleitet von einer gründlichen Kenntniss der klinischen Phänomenologie und der relevanten theoretischen Einsichten. Dies wird in dem experimentell-klinischen Psychologieforschungsprogrammm in Groningen versucht. An der Basis steht die präzise Beobachtung des Kindes in der Interaktion mit seiner Umgebung. Daraus lassen sich die experimentell zu bearbeitenden Fragen ableiten. Insbesondere in bezug auf eine so komplexe Problematik wie die der MCD ist es not-

Experimentelle klinische Forschung bei Risikokindern

Kette von Ansätzen

Interaktionen von Verhalten und Umwelt

Klinische Probleme	*Alltagsumwelt*	*Klinische Bedingungen*	*Speziell entworfene Laborbedingungen*	*Basisfunktionen*
Von Kind oder Eltern berichtet oder von Spezialisten diagnostiziert	Verhalten in Familie, Schule, Arbeit, auf der Strasse, in Institutionen	Verhalten bei diagnostischen Massnahmen, psychiatrischen Interviews etc.	Verhalten in speziell entworfenen freien Feld- und Aufgabensituationen	Experimentelle Untersuchung von Aufmerksamkeit, Gedächtnis, Wahrnehmung, motorischen Funktionen etc.

Methode

Verhaltensbeurteilung		*Verhaltensbeurteilung* und direkte Beobachtungen in Beziehung zur Situation		*Experimentelle klinische Ansätze*
standardisierte Interviews, standardisierte diagnostische Systeme: DSM-III, multiaxiales System				Reaktionszeit und psychophysiologische Masse

Abb. 7. In der experimentellen klinischen Verhaltensforschung sollen Verhaltensanalysen unter verschiedenen Bedingungen, von „freien" Situationen im Feld und Labor bis zu experimentellen Laborbedingungen, durchgeführt werden (Prinzip der ökologischen Validität)

wendig, eine „interactional perspective" einzunehmen (vgl. u.a. Magnusson 1990). Vorsicht ist hinsichtlich komplizierter Statistiken geboten, wenn man damit vorzeitig die Sicht auf die Ausgangsdaten verliert. Eine gute Bilanz zwischen Beschreibung der komplexen Phänomene und Formalisierung mit der notwendigen Reduktion zu finden, ist eine zentrale Aufgabe für die experimentell-klinische Forschung im Bereich des MCD-Komplexes.

Literatur

Alberts E (1990) Facial behaviour in children: tension and attention during the performance of a task. In: Kalverboer AF (ed) Developmental biopsychology: Experimental and observational studies in children at risk. University of Michigan Press, Ann Arbor, pp 69-93

Alberts E, Van der Meere, JJ (in press) Observations of hyperactive behaviour during vigilance. J Child Psychol Psychiatry

Amiel-Tison C, Grenier A (1983) Neurologic evaluation of the newborn and infant. Masson, New York

Dellen T van (1987) Response organization and movement organization in clumsy children. Unpublished thesis, University of Groningen, Netherlands

Dellen T van, Geuze RH (1990) Experimental studies on motor control in clumsy children. In: Kalverboer AF (ed) Developmental biopsychology: Experimental and observational studies in children at risk. University of Michigan Press, Ann Arbor, pp 187-205

Dinnage R (1970) The handicapped child, vol 1. Longman, London

Geuze RH (1990) Variability of performance and adaptation to changing task demands in clumsy children. In: Kalverboer AF (ed) Developmental biopsychology: Experimental and observational studies in children at risk. University of Michigan Press, Ann Arbor, pp 207-222

Geuze RH (in press). Longitudinal and cross-sectional approaches in experimental studies in motor development. In: Kalverboer AF, Hopkins B, Geuze RH (eds) Motor development in early and later childhood: Longitudinal approaches. Cambridge University Press, Cambridge

Geuze RH, Kalverboer AF (1987) Inconsistency and adaptation in timing of clumsy children. J Hum Movement Stud 13: 421-432

Henderson SE (in press) Motor development and minor handicap. In: Kalverboer AF, Hopkins B, Geuze RH (eds) Motor development in early and later childhood: Longitudinal approaches. Cambridge University Press, Cambridge

Hutt J, Hutt C (1968) Exploration of novelty in children with and without upper C.N.S. lesions and some effects of auditory and visual incentives. Acta Psychol 28: 150-168

Kalverboer AF (1975) A neurobehavioural study in preschool children. Clinics in Developmental Medicine, 54. Heinemann/Spastics Society, London

Kalverboer AF (1978) M.B.D.: Discussion of the concept. In: Kalverboer AF, Mendlewicz J, Praag HM van (eds) M.B.D.: Facts and fiction. Advances in biological psychiatry, vol 1. Karger, Basel, pp 5-17

Kalverboer AF (1979) Neurobehavioral findings in preschool and school-aged children in relation to pre- and perinatal complications. In: Schaffer D, Dunn J (eds) The first year of life. Wiley, New York, pp 55-67

Kalverboer AF (1988a) Hyperactivity and observational studies. In: Bloomingdale LM, Sergeant JA (eds) Attention deficit disorder: Criteria, cognition, intervention. J Child Psychol Psychiatry [Supplement] 5: 29-42

Kalverboer AF (1988b) Follow-up of biological high-risk groups. In: Rutter M (ed) Studies of psychosocial risk: The power of longitudinal data. Cambridge University Press, Cambridge, pp 114-137

Kalverboer AF (ed) (1990) Developmental biopsychology: Experimental and observational studies in children at risk. University of Michigan Press, Ann Arbor

Kalverboer AF, Pluister C (in preparation) Behavioural profiles in the late MBD-conglomerate (Bericht aus dem Laboratorium für Experimentelle Klinische Psychologie Groningen)

Kalverboer AF, Overbeek B, Vaessen W (1990a) Social behavior in hyperactive children as rated by parents and teachers. In: Kalverboer AF (ed) Developmental biopsychology: Experimental and observational studies in children at risk. University of Michigan Press, Ann Arbor, pp 115-131

Kalverboer AF, Vries HJ de, Dellen T van (1990b) Social behavior in clumsy children as rated by parents and teachers. In: Kalverboer AF (ed) Developmental biopsychology: Experimental and observational studies in children at risk. University of Michigan Press, Ann Arbor, pp 257-269.

Kalverboer AF, Hopkins B, Geuze RH (eds) (1992) Motor development in early and later childhood: Longitudinal approaches. Cambridge University Press, Cambridge

Kooistra L, Kalverboer AF, Schellekens JMH (in preparation) Motor deficits in early treated congenital hypothyroidism I

Magnusson D (1990) Personality development from an interactional perspective. In: Pervin LA (ed) Handbook of personality: theory and research. Guilford, New York, pp 35-54

Meere JJ van der (1988) Attentional deficit disorder with hyperactivity: A misconception. Unpublished thesis, University of Groningen, Netherlands

Ounsted CA (1955) The hyperkinetic syndrome in epileptic children. Lancet II: 303

Prechtl HFR (1984) Continuity and change in early neural development. In: Prechtl HFR (ed) Continuity of neural functions from prenatal to postnatal life. Clinics in developmental medicine, vol 94. Spastics International Medical Publications, London, pp 1-15

Schellekens JMH (1985) Development of motor control. Thesis, Laboratory for Experimental Clinical Psychology, University of Groningen, Netherlands.

Schellekens JMH (1990) Normal and deviant motor development: Motor control and information processing mechanisms. In: Kalverboer AF (ed) Developmental biopsychology: Experimental and observational studies in children at risk. University of Michigan Press, Ann Arbor, pp 153-186

Sergeant JA, Meere JJ van der (1990) Attention deficit disorder: A paradigmatic approach. In: Kalverboer AF (ed) Developmental biopsychology. experimental and observational studies in children at risk. University of Michigan Press, Ann Arbor, pp 39-68

Touwen BCL (1976) Neurological development in infancy. Clinics in Developmental Medicine No. 58. SIMP/Heinemann, London/Philadelphia

Touwen BCL (1978) Minimal brain dysfunction and minor neurological dysfunction. In: Kalverboer AF, Van Praag HM, Mendlewicz J (eds) Minimal brain dysfunction: Fact or fiction. Advances in biological psychiatry, vol 1. Karger, Basel, pp 55-67

Touwen BCL (in press) Longitudinal studies on motor development: Developmental neurological considerations. In: Kalverboer AF, Hopkins B, Geuze RH (eds) Motor development in early and later childhood: Longitudinal approaches. Cambridge University Press, Cambridge

Vaessen W (1990) Performance of hyperactive children in a traffic task: A validation study. In: Kalverboer AF (ed) Developmental biopsychology: Experimental and observational studies in children at risk. University of Michigan Press, Ann Arbor, pp 95-113

Vaessen W, Meere JJ van der (1990) Issues in the selection of hyperactive children for experimental clinical studies. In: Kalverboer AF (ed) Developmental biopsychology: Experimental and observational studies in children at risk. The University of Michigan Press, Ann Arbor, pp 21-37

De Vries JIP, Visser GHA, Prechtl HFR (1984) Fetal motility in the first half of pregnancy. In: Prechtl HFR (ed) Continuity of neural functions from prenatal to postnatal life. Clinics in developmental Medicine, vol 94. Spastics International Medical Publications, London, pp 46-64

Psychoorganisches Syndrom im Kindesalter: Mythos oder Realität?

G. Lehmkuhl und W. Thoma

Hirnschädigung und Verhaltensauffälligkeit

Nach Züblin (1979) weisen Kinder mit einem erworbenen psychoorganischen Syndrom Verhaltensstörungen auf, die sich in sehr vielfältiger und wechselnder Weise äußern: „Aggressivität, Wehrlosigkeit, Distanzlosigkeit, Kontaktschwäche, Bindungsschwäche, Egozentrizität, Rücksichtslosigkeit, Ungehorsam, Unordentlichkeit, Unpünktlichkeit, gesteigerte Irritabilität und Verstimmbarkeit, Disziplinlosigkeit, Kritiklosigkeit, Verführbarkeit, Faulheit, Betriebsamkeit, Mangel an Konzentration und Umsichtigkeit, aber auch Drang- und Impulshandlungen finden wir, um nur einiges aufzuzählen, immer wieder" (S. 3). Darüber hinaus werden bei diesen Kindern Störungen der Wahrnehmung und komplexer kognitiver Leistungen vorliegen. Obwohl die Störungen ein weites Verhaltens- und Leistungsspektrum umfassen, geht Züblin von einem umschriebenen Syndromcharakter aus.

Unter dem Begriff des psychoorganischen Syndroms (POS) faßte Bleuler die psychopathologischen Auswirkungen einer diffusen Hirnschädigung wie folgt zusammen: Störungen der Merkfähigkeit, der Konzentration und der Auffassung, begleitet von erschwerten Denkabläufen und Affektlabilität (Bleuler 1979). Diese Symptomatik sei weniger von der Art und der Lokalisation des zugrundeliegenden pathologisch-anatomischen Prozesses oder der Schädigung abhängig als von dem Zeitpunkt, zu dem die Schädigung einsetzt, sowie von der Art und Dauer der jeweiligen Erkrankung. Dabei werden die einzelnen Komponenten des psychoorganischen Syndroms prinzipiell als zusammengehörig betrachtet und selbst nicht weiter differenziert. Lempp (1980a) sieht die psychopathologischen Auffälligkeiten sowohl bei einer frühkindlichen als auch bei einer später erworbenen Hirnschädigung in der Kombination verschiedener spezifischer psychischer Symptomgruppen. Der kausale Zusammenhang sei jedem klinischen Beobachter so evident, daß er nicht mehr in Frage gestellt werden könne (Lempp 1980a, b).

Die aus dem klinischen Eindruck entstandene Beschreibung des psychoorganischen Syndroms hielt jedoch einer empirischen Überprüfung nicht stand. In einer Literaturübersicht widerlegt Boll (1983) die drei häufigsten Fehleinschätzungen über die Auswirkung einer zerebralen Schädigung auf das Verhalten:

- Personen mit einer Hirnschädigung können aufgrund von bestimmten vorhersagbaren Leistungs- und Verhaltensparametern identifiziert werden: Verschiedene Autoren glaubten nachweisen zu können, daß motorische, kognitive und emotionale Veränderungen nach Hirnschädigungen ein uniformes Bild besitzen (Bakwin u. Bakwin 1966; Wender 1971). In der Literatur finden sich hingegen genügend Hinweise, daß eine Hirnschädigung in Abhängigkeit von Lokalisation, Größe, Ätiologie und Schädigungsalter eine ganz unterschiedliche Symptomatik aufweist (Lezak 1976; Boll u. Barth 1981). Diese Feststellung gilt sowohl für die Bereiche der Neuropsychologie und Psychopathologie. Deshalb sollte auch die Frage an eine psychometrische Untersuchung nicht lauten: ob eine hirnorganische Schädigung vorliegt oder nicht (Poeck 1982).
- Hirnschädigungen verursachen ein charakteristisches Bild der motorischen Aktivität: Weder bei nachgewiesenen angeborenen zerebralen Läsionen noch bei Kindern nach einem Schädel-Hirn-Trauma konnten gehäuft hyperaktive Symptome gefunden werden (Rutter et al. 1970; Shaffer et al. 1975; Schmidt et al. 1982; Rutter et al. 1984). Rutter et al. (1970) beschrieben eine geringe Zunahme von Störungen der Aufmerksamkeit und motorischen Aktivität bei Kindern mit einer Hirnschädigung, die jedoch sowohl eine Verminderung wie Steigerung des Antriebs umfaßte und unabhängig war vom Zeitpunkt des Traumas, d.h. hyperkinetische Störungen fanden sich weder gehäuft bei Kindern mit angeborenen noch erworbenen zerebralen Läsionen (Seidel et al. 1975).
- Hirnschädigungen führen vermehrt zu Verhaltensauffälligkeiten, die einem spezifischen Muster entsprechen. Rutter (1977, 1981, 1982) faßt die Literatur dahingehend zusammen, daß Kinder mit Hirnläsionen eine große Vielfalt von Symptomen zeigen, es existieren jedoch keine charakteristischen Verhaltensweisen. Symptome von Kindern mit Hirnschädigungen, die sowohl angeboren wie erworben sein können, entsprechen dabei denjenigen von psychiatrisch erkrankten Kindern ohne Hirnschädigung. Lempp (1980a, b) geht hingegen von einer typischen Symptomatologie bei hirnorganischen Schädigungen aus. Generell stellt Rutter (1977) fest, daß die Häufigkeit, psychiatrisch zu erkranken, bei Kindern mit einer nachgewiesenen Hirnschädigung mit fast 50 % deutlich erhöht ist, wobei jedoch das Muster der Verhaltensstörungen keinen Hinweis auf einen spezifischen Syndromcharakter zuläßt. Rutter (1977, 1981) fand, daß Kinder mit einer Zerebralschädigung gleich häufig emotionale und Sozialstörungen wie nicht hirngeschädigte Kinder und kein gleichförmiges psychiatrisches Syndrom aufweisen. Jedoch wurde auch über spezifische Verhaltensveränderungen bei einer kleinen Gruppe mit besonders schweren Schädel-Hirn-Traumen berichtet (Arbus et al. 1969; Brown et al. 1981).

Untersuchungen zum Syndromcharakter des psychoorganischen Syndroms

Fähndrich et al. (1981) konnten zeigen, daß die für entscheidend gehaltenen Komponenten des sog. psychoorganischen Syndroms keineswegs immer regelhaft miteinander kombiniert auftreten. Sie fordern, daß die Testdiagnostik dazu benutzt werden sollte, im Einzelfall individuelle Störungen zu diagnostizieren, die dann zu gezielten therapeutischen Maßnahmen führen könnten. Hunger et al. (1987) untersuchten das Auftreten der wichtigsten Einzelsymptome des hirnorganischen Psychosyndroms (HOPS) und sahen den Syndromrahmen nur höchst unvollständig ausgefüllt. Ein bemerkenswertes Resultat bestand darin, daß Symptomkombinationen aus den Hirnleistungs- und Persönlichkeitsbereichen dominierten.

Für das Kindesalter weist Meyer-Probst (1978) ebenfalls darauf hin, daß sich die empirische Forschung nicht zu „zweifelsfreien Aussagen über spezifische gestörte Leistungs- und Verhaltenseigenschaften" als Folge einer Hirnschädigung zusammenfassen läßt. Keines der Einzelsymptome sei eine obligate Folge nach Hirnschädigung, zumal Umweltfaktoren entscheidend in die „Ausformung des Psychosyndroms" eingreifen. Dennoch gehört nach Meyer-Probst (1979) „trotz aller Relativierungen das Konzept des Psychosyndroms zum gesicherten Wissensstand" und Lempp (1980a, b) spricht von dessen „klinischer Evidenz". Es stellt sich jedoch die Frage, wie ein solches Psychosyndrom überhaupt festgestellt werden kann, d.h. welche psychometrisch zu erfassenden Merkmale sollten für die Diagnose nachgewiesen werden? Meyer-Probst (1979) schränkt ein, „daß es als Ganzes nicht meßbar ist, sondern meistens aus Verhaltensbeobachtungen global erschlossen wird" und daß rasch methodische Grenzen auftreten, wenn die Symptomatik erfaßt werden soll.

Poeck (1982) weist auf die Unzulänglichkeit dieser Eindrucksdiagnose hin und lehnt den nivellierenden Terminus des psychoorganischen Syndroms wegen seiner Zentrierung auf Mnestik und Affektivität ab. Er fordert ein multidimensionales Konzept, das eine differenzierte Leistungsdiagnostik berücksichtigt, die eine Entscheidungsgrundlage für gezielte Trainingsprogramme darstellt und dabei die Defizite, aber auch die vorhandenen Kompetenzen des Patienten erfaßt. Diese kritischen Einwände gegen das Konzept eines psychoorganischen Syndroms lassen sich sowohl theoretisch als auch empirisch belegen. Nach Poeck (1982) kann eine diffuse Hirnschädigung, die dem psychoorganischen Syndrom meistens zugrunde liegt, kein einheitliches Syndrom hervorrufen, sondern nur eine Kombination von speziellen neuropsychologischen Leistungsstörungen, deren jeweilige Zusammensetzung von der zerebralen Lokalisation des Prozesses abhängt.

Eine Überprüfung des Konzeptes des hirnorganischen Psychosyndroms auf seine diagnostische Effizienz für das Kindes- und Jugendalter erscheint wegen der Begriffsvielfalt und der ungenauen diagnostischen Kriterien notwendig.

Eigene Untersuchungsergebnisse

Im folgenden werden die Ergebnisse von 2 Untersuchungen dargestellt, in denen die Folgen einer erworbenen Hirnschädigung mit standardisierten Verfahren erfaßt wurden. Da die Vielfalt möglicher Funktionsstörungen die Anwendung einer heterogenen psychodiagnostischen Testbatterie erfordert, überprüften wir das Konzept des hirnorganischen Psychosyndroms unter Verwendung entsprechend umfangreicher neuropsychologischer und psychopathologischer Untersuchungsverfahren (Lehmkuhl u. Thoma 1987, 1989). Besonderer Wert wurde dabei auf Kriterien der Stichprobengewinnung und Falldefinition sowie die Einbeziehung einer Kontrollgruppe gelegt.

Untersuchung zu den Folgezuständen von schweren Schädel-Hirn-Traumen

Untersuchungsdesign und -stichprobe: Das Untersuchungsdesign berücksichtigt mehrere im Querschnitt erfaßte Patientengruppen, bei denen das Schädel-Hirn-Trauma (SHT) in einem unterschiedlichen Lebensalter eingetreten war. Jeweils 15 Kinder waren beim Unfall 3-5, 7-9 und 11-13 Jahre alt. Das Untersuchungsalter betrug für alle Gruppen 1214 Jahre, bei den 12- bis 14jährigen Kindern mußte das Trauma mindestens 1 Jahr zurückliegen, um nicht die akuten Folgen zu erfassen, sondern einen bereits stabilisierten Zustand. Die Bewußtlosigkeitsdauer als Indikator für den Schweregrad der Hirnschädigung mußte mehr als 24 h betragen, entsprechend dem Schweregrad III und IV nach Tönnis u. Loew (1953) bzw. V und VI nach der Klassifikation von Lange-Cosack u. Tepfer (1973). Bei diesen Traumaschweregraden sind häufig Restsymptome sowie neuropsychologische und psychopathologische Ausfälle vorhanden.

Die Gruppen wurden hinsichtlich Bewußtlosigkeitsdauer, Untersuchungsalter, Geschlecht und psychosozialer Belastung parallelisiert. Patienten, bei denen anamnestisch Hinweise auf eine prätraumatische zerebrale Schädigung bestanden, wurden nicht in die Untersuchung einbezogen. Um Selektionseffekte möglichst auszuschalten, wurden die Krankenblattarchive der Kliniken in Aachen und Mannheim/Ludwigshafen/Heidelberg systematisch durchgesehen, in die Kinder nach einem Unfall eingewiesen werden. Es wurden nur Patienten in die Studie aufgenommen, bei denen die Angaben über das Trauma und den posttraumatischen Verlauf ausreichend genau erhoben werden konnten. Darüber hinaus wurden die in einem bestimmten Zeitraum behandelten Kinder in den Rehabilitationskliniken Gailingen, Neckargemünd und Schömberg in die Studie einbezogen, wenn sie den genannten Kriterien entsprachen. Die Verweigerungsquote lag unter 10 %.

Die Kontrollgruppe umfaßt insgesamt 30 Kinder, bei denen sich weder Hinweise auf prä-, peri- und postpartale Risiken noch auf spätere zentralnervöse Erkrankungen ergaben. Die Kontrollgruppe war hinsichtlich Alter, Geschlecht und psychosozialer Belastung mit den traumatisierten Kindern vergleichbar.

Untersuchungsverfahren:

Psychopathologie: Hauptuntersuchungsinstrument war ein hochstrukturiertes Interview zur Befragung der Eltern. Das Interview geht auf das von Poustka et al. (1977) in Anlehnung an Graham u. Rutter (1968) sowie Rutter u. Graham (1968) entwickelte Instrument zurück, das auch in einer epidemiologischen Studie angewandt wurde (Schmidt et al. 1982). Die Diagnosezuordnung entsprechend dem multiaxialen Klassifikationsschema (MAS) für das Kindes- und Jugendalter nach Rutter, Shaffer u. Sturge (Remschmidt u. Schmidt 1986) und eine Schweregradeinteilung erfolgten im Rahmen einer Diagnosenkonferenz durch die beteiligten 3 Interviewer. Den Eltern wurden im Anschluß an das Interview folgende Fragebögen zur Einschätzung des Verhaltens ihrer Kinder vorgelegt:

- Conners-Rating-Scale zur Erfassung von hyperaktivem Verhalten (Conners 1973);
- Fragebogen zur Erfassung von Verhaltensmerkmalen des „hirnorganischen Psychosyndroms";
- um die häufig beschriebenen depressiven Verstimmungen nach einem Schädel-Hirn-Trauma zu erfassen, füllten die Kinder den Fragebogen von Birleson (1981) aus, der depressives Verhalten mißt.

Neuropsychologie: Für die Beantwortung unserer Fragestellung wurden vor allem Testverfahren berücksichtigt, bei denen Kinder mit einem psychoorganischen Syndrom in besonderem Maße Ausfälle zeigen sollen. Dabei folgte die angewandte neuropsychologische Testbatterie dem multidimensionalen Konzept für die Psychodiagnostik von Hirnschädigungen. Darüber hinaus wurden Verfahren ausgewählt, „um die Leistungsveränderungen ebenso wie die erhaltenen Leistungen zerebral geschädigter Patienten detailliert und zuverlässig zu erfassen und Zusammenhänge zwischen zerebralen Prozessen und dem beobachtbaren Verhalten zu analysieren" Hartje, S. 14, 1978).

Die neuropsychologische Testbatterie umfaßt deshalb jeweils mehrere Verfahren für:

- sprachliche Fähigkeiten,
- Gestik, Mimik,
- Senso- und Visuomotorik,
- räumliche Vorstellung und Wahrnehmung,
- Merkfähigkeit und Konzentration,
- kognitives Entwicklungsniveau und schlußfolgerndes Denken,
- kognitive Stile,
- Aufgaben zur Einschätzung komplexer sozialer Situationen (rekursives Denken).

Soweit wie möglich wurde dabei auf vorhandene, normierte Testverfahren bzw. in anderen Untersuchungen erprobte Verfahren zurückgegriffen. Da in einigen Bereichen, z.B. Apraxie, Gesten- und Mimikerkennen, altersentspre-

44

chende Verfahren fehlten, mußten diese erst entwickelt werden (Lehmkuhl 1984, 1986).

Neben der neurologischen Untersuchung wurden bei allen Patienten die Befunde des EEG und der kranialen Computertomographie nach einem standardisierten Schema ausgewertet.

Falldefinition: Zur Vermeidung von Zirkelschlüsseln wählten wir für die Falldefinition und für die Auswertung unserer Daten folgendes Vorgehen:

- Die diagnostische Zuordnung erfolgte aufgrund des hochstrukturierten Elterninterviews und der sich daraus ergebenden Erfassung der psychopathologischen Symptomatik durch Beurteiler, denen die Fragebogen, Test- und Interviewergebnisse vorlagen, die jedoch nichts über die Ursache der psychiatrischen Symptomatik wußten, d.h. ob das Kind der Schädel-Hirn-Trauma-Gruppe angehörte oder nicht.
- Die Kinder wurden als psychoorganisch beeinträchtigt eingestuft, wenn die Kriterien der Diagnose „postkontusionelles Syndrom" (MAS 310.2) zutrafen. Diese Störung ist als Symptombild definiert, das dem Frontalhirnsyndrom oder dem einer Neurose gleicht, „bei dem in der Regel aber zusätzlich Kopfschmerzen, Schwindel, Müdigkeit, Schlaflosigkeit und ein subjektives Gefühl von verminderter intellektueller Fähigkeit auffallen" (Remschmidt u. Schmidt, S. 67, 1986). Darüber hinaus gehen Stimmungsschwankungen, Intoleranz gegenüber psychischer und körperlicher Anstregung, Lärmempfindlichkeit und hypochondrische Befürchtungen mit ein. In diese Gruppe fallen vor allem Kinder, denen Brown et al (1981) die Diagnose eines „disinhibited state" geben würden, d.h. Störungen, die den Kriterien der emotionalen Störung bzw. der Sozialstörung nicht entsprechen, obwohl bei den Kindern sozial auffälliges Verhalten vorliegt.

Um sowohl mögliche diagnosenspezifische als auch diagnosenunspezifische Charakteristika der Patienten feststellen zu können, wurden für die Datenanalyse folgende methodische Vorgehensweisen gewählt:

- Die neuropsychologischen und psychopathologischen Variablen wurden mit Hilfe von Gruppenvergleichen und Clusteranalysen in Abhängigkeit vom Vorliegen der diagnostischen Zuordnung zu einem psychoorganischen Syndrom ausgewertet.
- Die durchgeführten Clusteranalysen mit den neuropsychologischen und psychopathologischen Variablen wurden unabhängig von der psychiatrischen Diagnose über alle Patienten durchgeführt.

Statistische Auswertung: Die Auswertung der Fragestellung erfolgte mit einem varianzanalytischen Vorgehen. Das Alpha-Niveau wurde entsprechend den durchgeführten Signifikanztests adjustiert. Die Clusteranalysen wurden mit Hilfe des Programmpakets Clustan von Wishart (1984) durchgeführt.

Ergebnisse: Die Diagnose eines hirnorganischen Psychosyndroms aufgrund der dargestellten Definition wurde bei 17 Kindern gestellt. Die psychiatrischen Störungen von Kindern, bei denen kein hirnorganisches Psychosyndrom vorlag, umfaßten ganz unterschiedliche Diagnosen wie emotionale und dissoziale Störungen oder hyperkinetische Syndrome. Zwischen den einzelnen psychiatrischen Diagnosen und dem Schädigungsalter konnte kein signifikanter Zusammenhang festgestellt werden. Für die Auswertung wurden folgende Patientengruppen differenziert:

- psychiatrisch unauffällige Kinder (n = 14),
- Patienten mit einem hirnorganischen Psychosyndrom (n = 17) bzw.
- mit einer anderen psychiatrischen Diagnose (n = 14).

Kinder mit einem hirnorganischen Psychosyndrom besaßen im Mittel eine signifikant längere Bewußtlosigkeitsdauer als Kinder mit anderen psychischen Störungen (M = 481 vs. 290 h) und ohne psychiatrische Symptomatik (M = 213 h, p < 0,01). In Tabelle 1 sind die Ergebnisse zu den psychopathologischen Folgezuständen zusammengefaßt. Während sich die psychiatrisch auffälligen Kinder in Abhängigkeit vom Vorliegen eines POS in den verschiedenen Verhaltensbereichen nicht signifikant von den anderen unterscheiden, waren sie nach Einschätzung ihrer Eltern überzufällig häufiger hyperaktiv, ablenkbar und hypoaktiv als Kinder, die nach einem schweren Schädel-Hirn-Trauma aufgrund des Elterninterviews von den Untersuchern als verhaltensunauffällig eingestuft worden waren.

Wie aus Tabelle 2 zu ersehen ist, treten die meisten signifikanten Effekte bei den neuropsychologischen Parametern zwischen der Gruppe der psychiatrisch auffälligen Kinder und den Patienten mit einem POS auf. Psychiatrisch unauffällige Kinder ohne POS unterscheiden sich von Patienten mit einem POS durch eine bessere visuelle Merkfähigkeit im Recurring Figures Test (RFT) und bessere Leistungen im formalen und lauten Denken. Auch wenn in den anderen neuropsychologischen Aufgaben zwischen den Untergruppen der Patienten mit einem Schädel-Hirn-Trauma in Abhängigkeit von der psychiatrischen Auffälligkeit keine signifikanten Unterschiede auftreten, läßt sich für fast alle Parameter feststellen, daß die psychiatrisch unauffälligen Kinder die besten Testergebnisse erzielen, während bei den Patienten mit einem POS die größten Abweichungen vom Normbereich vorliegen.

Die Clusteranalysen wurden mit der Fragestellung durchgeführt, ob sich aufgrund der psychopathologischen bzw. neuropsychologischen Parameter Patientengruppen finden lassen, die sich hinsichtlich Auftreten und Art einer psychiatrischen Störung ähnlich sind. Es wurden sowohl Clusteranalysen getrennt mit den psychopathologischen bzw. neuropsychologischen Daten als auch mit beiden Datenquellen gemeinsam ausgewertet und überprüft, wie sich die psychiatrisch unauffälligen Kinder und die Patienten mit bzw. ohne POS auf die verschiedenen Cluster verteilen. Die Ergebnisse zeigen, daß es keine diagnosenspezifischen Cluster gibt, sondern daß in die verschiedenen Cluster sowohl psychiatrisch unauffällige Kinder als auch Patienten mit unter-

Tabelle 1. Psychopathologische Ergebnisse in Abhängigkeit von der psychiatrischen Auffälligkeit. (Aus Lehmkuhl u. Thoma 1989)

Verhaltens-bereich	Daten-quelle	Kontroll-gruppe n = 30	Kinder mit Schädel-Hirn-Trauma		
			Psychiatrisch unauffällig n = 14	Psychiatrisch auffällig	
				ohne POS n = 14	mit POS n = 17
Hyperaktivität (Conners)	E	6,2	2,7	13,8**[a]	9,2**[b]
Aggressivität	B	25,0	21,1	31,7	27,7
Ablenkbarkeit	B	12,8	10,4	18,9**[a]	16,9**[b]
Hypoaktivität	B	10,9	11,6	16,6**[a]	15,4*[b]
Emotionale Labilität	B	11,2	11,7	13,6	13,1
Rigidität	B	14,5	12,2	14,6	12,9
Depressivität (Birleson)	K	8,7	4,6	7,8	9,1**[b]

Datenquelle:
B = klinische Beurteilung
E = Eltern
K = Kind

Gruppenvergleiche:
a = unauffällig - ohne POS
b = unauffällig - POS
c = ohne POS - POS
* = p 0,05
** = p 0,01

Tabelle 2. Neuropsychologische Testergebnisse in Abhängigkeit von der psychiatrischen Auffälligkeit. (Aus Lehmkuhl u. Thoma 1989)

Bereich Variable	Kontroll- gruppe n = 30	Kinder mit Schädel-Hirn-Trauma		
		Psychiatrisch unauffällig n = 14	Psychiatrisch auffällig	
			ohne POS n = 14	mit POS n = 17
Alter (J)	13,8	13,1	12,11	13,3
Sprache				
Token-Test (F)	0,9	1,9	4,4	10,8
Mimik				
Spontansprache (RW)	25,0	24,4	24,5	20,1
Gestik				
Wortverständnis (R)	8,4	8,5	7,5	6,8
Satzverständnis (R)	10,5	10,7	9,5	9,4
Rechtschreibung (WRT SW)	97,7	96,3	88,9	91,1
Lesefehler (ZLT)(F)	4,4	4,8	11,3	7,7
Lesezeit (ZLT)(s)	115,4	172,2	248,8	168,8
Gestenverständis (R)	25,2	25,2	21,7	18,4**[b]
Gesichtererkennen (R)	20,1	18,1	16,1	15,3
Mimikerkennen (R)	18,4	18,9	16,6	14,5
Apraxie (R)	30,0	29,8	29,3	23,3
Visuelle Wahrnehmung				
Diagnostikum für Zerebralschädigung (R)	3,6	3,8	3,1	2,5
Ambiguous Picture Test (APT) (R)	17,0	14,7	12,3	10,2
Räumliche Wahrnehmung (PSB, Test 7) (C)	5,2	4,8	3,5*[a]	2,8**[b]
Merkfähigkeit				
Recurring Figures Test (FFT) Kimura-Score	35,3	32,6	29,0*[c]	18,3**[b]
Wortpaare-Lernen (R)	72,3	66,1	64,1	54,0
Zahlennachsprechen (HAWIK-R) (WP)	9,8	11,5	8,5	7,3

Tabelle 2. (Fortsetzung)

Reaktionszeit				
Wiener Reaktionsgerät (s)	10,3	11,3	13,0	15,3
Tapping (R)	201,0	157,6	147,7	107,7
Kognitive Stille				
Stroop (s)	63,1	78,7	133,9	122,7
(F)	3,6	4,5	10,1	5,6
Matching Familiar Figures (s)	18,7	19,8	16,6	25,1
(F)	0,5	0,7	1,0	1,7
Children's Embedded Figures Test (CEFT) (R)	22,5	21,2	18,6*[a]	15,4**[b]
Intelligenz und Konzentration				
CFT-20 IQ	98,4	95,3	90,4	85,1
D 2 (GZ-F)	103,9	94,5	90,1	85,1
Testbatterie für kognitive Operationen (TEKO) (R)	38,7	36,8	30,7	25,6
Formales Denken (R)	10,5	11,1	8,1**[c]	2,7**[b]
Lautes Denken (R)	14,9	14,0	12,3*[c]	8,1**[b]
Rekursives Denken (R)	6,4	5,7	5,6	4,1

Gruppenvergleiche

a	=	unauffällig - ohne POS		F	=	Fehler
b	=	unauffällig - POS		R	=	Richtig
c	=	ohne POS		RW	=	Rohwert
*	=	p 0,05		s	=	Sekunden
**	=	p 0,01		SW	=	Standardwert
C	=	Wert		WP	=	Wertpunkte

schiedlichen Diagnosen fallen, wobei es zu keiner Häufung von Kindern mit einem POS kommt.

Untersuchung zum Konzept des psychoorganischen Syndroms

Untersuchungsdesign und -stichprobe: Für die Überprüfung des Konzeptes eines hirnorganischen Psychosyndroms im Kindesalter wurde ein Untersuchungsdesign gewählt, das bei 8- bis 12jährigen Kindern alle relevanten neuropsychologischen und psychopathologischen Parameter erfaßt. Dieser Altersbereich wurde deshalb berücksichtigt, weil in diesem Zeitraum Fragen hinsichtlich der weiteren Beschulung sowie der Auswirkungen von Teilleistungsschwächen besonders bedeutsam sind (Esser u. Schmidt 1987). Die Kontrollgruppe bestand aus 80 Kindern, bei denen keine Hinweise auf prä, peri- oder postnatale sowie spätere zentralnervöse Erkrankungen bestanden. Bei der Falldefinition für die Patientengruppe wurde von eindeutigen Kriterien für eine zerebrale Läsion ausgegangen (s. Falldefinition).

Untersuchungsverfahren:

Psychopathologie: Mit einem hochstrukturierten Elterninterview, das im Rahmen einer epidemiologischen Verlaufsstudie über kinderpsychiatrische Störungen entwickelt und angewandt wurde (Esser u. Schmidt 1987), konnten sowohl soziodemographische Daten als auch ein breites Spektrum an Verhaltensmerkmalen erfaßt werden. Darüber hinaus wurde ein spezieller Interviewteil, der die nach der Literatur typische Symptomatik des psychoorganischen Syndroms operationalisiert, neu entwickelt. Die Einschätzung der Gesamtbeeinträchtigung des Kindes durch eine vorhandene psychische Symptomatik wurde mit der Child Global Assessment Scale vorgenommen (deutsche Version nach Steinhausen 1985). Die diagnostische Zuordnung erfolgte aufgrund der vorliegenden Interviewdaten durch unabhängige Experten nach den Kriterien des multiaxialen Klassifikationsschemas von Rutter, Shaffer u. Sturge (Remschmidt u. Schmidt 1986).
Außerdem fanden folgende Fragebogenverfahren Anwendung:

- Child Behavior Checklist (CBCL, Achenbach u. Edelbrock 1983)
- Enzephalopathiefragebogen (E-F, Meyer-Probst 1978, 1979)
- Conners Fragebogen zur Hyperaktivität (Conners 1973)

Während die CBCL als gut standardisiertes Verfahren das gesamte Verhaltensspektrum erfaßt, versucht der Enzephalopathiefragebogen von Meyer-Probst (1978) die Folgen einer angeborenen bzw. erworbenen organischen Hirnschädigung zu quantifizieren.

Neuropsychologie: Ausgehend von bereits vorhandenen neuropsychologischen Testbatterien aus dem angloamerikanischen Sprachraum, eigenen Vorarbeiten (Lehmkuhl 1986; Lehmkuhl u. Thoma 1990, Lehmkuhl et al. 1991) sowie Einzelverfahren für bestimmte Funktionsbereiche, wie z.B. Sprache, Motorik, Merkfähigkeit und Wahrnehmung, wurde ein Pool von relevanten Tests zusammengestellt. In einem 2. Schritt wurden diese Verfahren in einer Voruntersuchung auf ihre Anwendbarkeit überprüft. In Anlehnung an die Einteilung der neuropsychologischen Testverfahren von Tarter u. Edwards (1986) sollte die endgültige Fassung der Testbatterie einer standardisierten Screeningmethode entsprechen, die folgende Bereiche mit insgesamt 39 Variablen erfaßt:

- Intelligenz und allgemeines kognitives Entwicklungsniveau,
- sprachliche Fähigkeiten,
- taktile Fähigkeiten und Kinästhetik,
- Motorik,
- akustische Wahrnehmung,
- Gedächtnis,
- Konzentration und Aufmerksamkeit,
- visuelle Wahrnehmung.

Falldefinition: Für die Kriteriumsgruppe wurden 8- bis 12jährige Kinder mit einer eindeutig nachgewiesenen Hirnschädigung über die neuropädiatrische Ambulanz der Kinderklinik des Klinikums Mannheim ausgewählt. Bei den 21 Kindern lagen folgende Ursachen für die Hirnschädigung vor: Meningitis (3), Schädel-Hirn-Trauma (9) und infantile Zerebralparese (9). Ausschlußkriterium war eine geistige Behinderung, jedoch sollten bei allen Kindern Hinweise für eine zerebrale Funktionsstörung wie Auffälligkeiten im neurologischen Befund und im EEG vorliegen. 15 Kinder besuchten die Grund-, 3 die Haupt-, 2 die Real- und eines die Körperbehindertenschule. Hinsichtlich Altersverteilung und Schichtzugehörigkeit entsprachen sie der Kontrollgruppe. Die Falldefinitionskriterien für das Vorliegen eines psychoorganischen Syndroms wurden entsprechend dem bereits dargestellten Vorgehen angewandt.

Statistische Auswertung: Die Auswertung der Daten erfolgte mit einem varianzanalytischen Vorgehen. Das Alpha-Niveau wurde entsprechend den durchgeführten Signifikanztests adjustiert. Je nach Datenniveau wurden die Mittelwertvergleiche mit parametrischen bzw. nonparametrischen Verfahren durchgeführt (t-Test, U-Test, Varianzanalyse, Rangreihenvarianzanalyse).

Tabelle 3. Beurteilung der psychiatrischen Auffälligkeit im Elterninterview (Experteneinschätzung)

	Kontrollgruppe (n = 80)	Patienten mit Hirnschädigung (n = 21)
Unauffällig	67	6
Diagnose		
Spezielle Syndrome (z.B. Tic, Enuresis)	2	0
Postkontusionelles Syndrom	0	2
Spezifische emotionale Störung	6	10
Hyperkinetisches Syndrom	5	3

Ergebnisse: Aufgrund Experteneinschätzung aus den Interviewdaten wurde bei 16,2 % (n = 13) der Kontrollkinder und bei 71,4 % (n = 15) der Kinder mit einer Hirnschädigung psychiatrisch relevante Auffälligkeiten festgestellt. Die Diagnosenverteilung zeigt, daß nur bei 2 Kindern mit einer Hirnschädigung die Symptomatik eines „postkontusionellen Syndroms" vorlag, während es sich sonst überwiegend um spezifische emotionale Störungen und in geringem Umfang um hyperkinetische Syndrome handelte (Tabelle 3). Auf der Symptomebene wird deutlich, daß bei den hirngeschädigten Kindern häufig Leistungsstörungen, Schulangst, Kontaktstörungen, Ablenkbarkeit und Hyperkinese bestanden (Tabelle 4).

Der Interviewteil zur psychopathologischen Symptomatik des psychoorganischen Syndroms (Tabelle 5) ermöglicht eine weitere Differenzierung: Störung der Merkfähigkeit, Auffassung und Aufmerksamkeit sowie Verlangsamung psychischer Abläufe sind die häufigsten Symptome. Es tritt jedoch keine typi-

Tabelle 4. Ergebnisse des Elterninterviews zur kinderpsychiatrischen Symptomatik

	Kontrollgruppe (n = 80)		Patienten (n = 21)	
	n	Prozent	n	Prozent
Enuresis	3	4	0	-
Enkopresis	0	-	1	5
Eßstörungen	3	4	1	5
Leistungsstörungen	2	3	10	48
Disziplinschwierigkeiten	6	8	2	10
Schulverweigerung	0	-	2	10
Schulangst	1	-	9	43
Geschwisterrivalität	6	8	8	38
Kontaktstörungen expansiv	1	-	2	10
Kontaktstörungen introversiv	10	12	7	33
Kopfschmerzen	14	17	11	52
Bauchschmerzen	10	12	2	9
Tics	3	4	2	9
Nachtabhängigkeit	6	8	5	24
Einschlafstörungen	4	5	2	9
Durchschlafstörungen	2	3	3	14
Ablenkbarkeit	22	27	14	67
Hyperkinese	14	17	8	38
Impulsivität	10	12	6	29
Emotionale Labilität	13	16	10	48
Zwangshandlungen	1	-	1	5
Mutismus	1	-	1	5
Depressive Symptomatik	6	8	4	19

Tabelle 5. Ergebnisse des Elterninterviews zur psychopathologischen Symptomatik des POS

	Kontrollgruppe (n = 80)		Patienten (n = 21)	
	n	Prozent	n	Prozent
Störung der Merkfähigkeit	2	3	10	48
Bewußtseinsverarmung	0	-	6	29
Auffassung und Aufmerksamkeit	3	4	8	38
Unzulängliches Beziehungssystem	0	-	5	24
Orientierung in der Zeit	0	-	1	5
Orientierung im Raum	0	-	1	5
Verlangsamung psychischer Abläufe	0	-	12	57
Perseveration	0	-	1	5
Instabile Affektivität	3	4	6	29
Steuerungsschwäche	2	3	2	9
Antriebsschwäche	0	-	5	24

sche Symptomkonstellation und häufung auf, die einem Syndromcharakter entsprechen würden. In den Fragebogenverfahren weisen die hirngeschädigten Kinder im Vergleich zu der Kontrollgruppe einen signifikant auffälligeren Gesamtwert des Enzephalopathiefragebogens von Meyer-Probst (1978, 1979) auf, ebenso sind die Werte in den Untertests „emotionale Labilität" und „Intelligenz und Konzentration" auffälliger (Tabelle 6). Wird die Gesamtgruppe in 2 Altersbereiche verteilt, dann zeigt sich, daß die Effekte bei den 8- bis 9jährigen ausgeprägter vorhanden sind als bei den 10- bis 12jährigen.

Bei den neuropsychologischen Testleistungen unterscheiden sich die 8- bis 9jährigen Kontroll- und Patientenkinder in 14 von 39 Variablen, die aus allen untersuchten Bereichen stammen. Für die Altersgruppe der 10- bis 12jährigen fanden sich hingegen nur in 2 Untertests, die beide die Konzentrationsleistung erfassen, signifikante Differenzen. Dieser Effekt ist unabhängig von der Intelligenz, da sich die 8- bis 9jährigen von den 10- bis 12jährigen hinsichtlich ihrer Begabung nicht unterscheiden. Auch Kontroll- und Patientengruppe weichen in ihrer Intelligenz nicht signifikant voneinander ab, die mittlere Differenz beträgt 7 IQ-Punkte.

Tabelle 6. Mittelwerte der Patientengruppe im Conners-Fragebogen zu Hyperaktivität sowie im Enzephalopathiefragebogen[+] von Meyer-Probst im Vergleich zur Kontrollgruppe

	Alter zum Untersuchungszeitpunkt in Jahren						Kontrollgruppe 8-9	Kontrollgruppe 10-12
	8	9	10	11	12	Alle		
Hyperaktivität	17.00	13.20	10.50	11.33	7.67	12.11	7.7[*]	5.5
Enzephalopathie-Fragebogen								
Gesamtwert	141.40	169.60	176.75	155.00	166.33	161.30	196.5[*]	204.9[*]
Hypokinese	30.00	32.60	36.25	29.00	33.67	32.30	35.1	39.1
Soziale Anpassung	32.40	48.20	56.25	42.67	56.00	46.20	51.2[*]	60.8
Emotionale Labilität	11.80	15.20	16.00	15.67	13.33	14.30	17.2[*]	21.5[*]
Intelligenz und Konzentration	26.20	28.20	28.50	27.67	26.67	27.45	39.5[*]	35.5[*]
Erziehbarkeit	42.60	54.00	67.25	49.33	62.67	54.40	62.1[*]	64.3

[*] p = 0.05   [+] invertierte Skala: niedrige Werte bedeuten hohen Störungsgrad

Diskussion

Die Frage, ob spezifische Verhaltensauffälligkeiten nach Hirnschädigung auftreten, wird kontrovers diskutiert. Während Göllnitz (1953, 1975), Lempp (1980a, b) und Kleinpeter (1971, 1979) eine einheitliche charakteristische psychopathologische Phänomenologie postulieren, wobei „nicht Teilfunktionen der Psyche gestört sind, sondern das Grundgefühl die Persönlichkeit" (Kleinpeter 1979, S. 115), konnten neuere empirische Studien eine solche regelhafte Verknüpfung von Ätiologie und psychopathologischer Symptomatik nicht bestätigen (Rutter 1977, 1981, 1982; Esser u. Schmidt 1987; Schmidt 1988). Die Ergebnisse von Esser und Schmidt (1987) zum Konzept der „minimalen zerebralen Dysfunktion" sprechen eindrucksvoll gegen eine spezifische Psychopathologie und führen zum neutraleren Ansatz der Teilleistungsschwäche.

Bereits Lipowski (1980, 1984) formulierte vom DSM-III ausgehend, wesentliche Veränderungen in der Definition und im Verständnis des hirnorganischen Syndroms („organic mental disorder", OMD):

- Liberalisierung des Konzeptes der Organizität: Die früher enge Definition wurde erweitert und erlaubt nun den Einfluß eines großen Spektrums psychiatrischer Syndrome, und zwar jede „psychopathologische oder Verhaltensabweichung, die mit einer vorübergehenden oder permanenten zerebralen Dysfunktion" verbunden ist. Entsprechend heterogen wie die Ursachen (Lishman 1978; Wells 1978) sind auch die psychopathologischen Folgen. Kein einzelnes psychopathologisches Symptom oder Syndrom ist demnach in charakteristischer Weise kennzeichnend für eine organische psychiatrische Störung.
- Die neue Definition des OMD ist nicht begrenzt auf den Bereich der kognitiven Störungen, sondern schließt „funktionelle" Störungen mit ein.
- Organische affektive Störungen sind sowohl durch manische als auch durch depressive Veränderungen gekennzeichnet und können eine ganz unterschiedliche organische Ursache haben (Infektion, Trauma, Morbus Cushing). Organische Persönlichkeitsstörungen unterschiedlicher Ätiologie können sowohl zu emotionaler Labilität, Apathie, mangelnder Impulskontrolle, eingeschränkter sozialer Urteilsfähigkeit, Antriebshemmung und auch -steigerung führen.

Nach Rutter (1982) zeigen Kinder mit Hirnläsionen eine große Vielfalt von Symptomen, es existieren jedoch keine charakteristischen Verhaltensweisen. Die Symptome von Kindern mit Hirnschädigungen, die sowohl angeboren wie erworben sein können, entsprechen dabei den Symptomen von Kindern in einer allgemeinen Population und die Auffälligkeiten von Kindern mit Hirnschädigungen und psychiatrischen Störungen denjenigen von psychiatrisch erkrankten Kindern ohne Hirnschädigung. Generell stellt Rutter (1977, 1981) fest, daß die Häufigkeit, psychiatrisch zu erkranken, bei Kindern mit einer nachgewiesenen Hirnschädigung deutlich erhöht ist, wobei jedoch das Muster der Verhaltensstörungen keine Besonderheiten aufweist.

Durch die zuerst dargestellte Untersuchung, in der die hirntraumatisierten Kinder in psychiatrisch unauffällige und solche mit bzw. ohne POS aufgeteilt wurden, versuchten wir festzustellen, in welchen neuropsychologischen und psychopathologischen Variablen sie sich möglicherweise unterscheiden, um auf diesem Wege empirische Hinweise für eine POS-spezifische Symptomatik zu erhalten. Es zeigte sich jedoch, daß sich die beiden psychiatrisch auffälligen Patientengruppen hinsichtlich emotionaler Labilität, Aggressivität, Rigidität, Ablenkbarkeit, Hyper- und Hypoaktivität nicht voneinander unterscheiden und daß die Patienten mit einem POS bei den neuropsychologischen Variablen lediglich eine schlechtere visuelle Merkfähigkeit und schlechtere Leistungen im formalen und lauten Denken aufweisen.

In einem zweiten, diagnoseunabhängigen Schritt konnte durch die Ergebnisse der Clusteranalyse verdeutlicht werden, daß sich Patienten mit unterschiedlichen psychiatrischen Auffälligkeiten in ihren neuropsychologischen und psychopathologischen Variablen ähnlicher sind als Kinder mit der gleichen psychiatrischen Diagnose, so daß keine diagnosespezifischen Cluster festgestellt werden konnten. Daraus leitet sich die Notwendigkeit ab, Veränderungen in der Definition und im Verständnis des hirnorganischen Syndroms vorzunehmen, wie dies im DSM-III-R mit der Einführung der „organisch bedingten psychischen Störung" bereits zum Teil geschehen ist. Man geht davon aus, daß es sich bei den organisch bedingten psychischen Störungen um eine heterogene Gruppe handelt, die keine einzelne Beschreibung charakterisieren kann. Die frühe enge Definition wurde erweitert und erlaubt nun die Berücksichtigung eines großen Spektrums psychiatrischer Symptome, und zwar jede psychopathologische - oder Verhaltensabweichung, die mit einer vorübergehenden oder permanenten zerebralen Dysfunktion - verbunden ist.

Entsprechend heterogen wie die Ursachen sind auch die möglichen psychopathologischen Folgen, d.h. kein einzelnes psychopathologisches Symptom oder Syndrom ist in charakteristischer Weise kennzeichnend für eine organisch bedingte psychiatrische Störung (Lipowski 1984; Lishman 1978). So fanden auch Hunger et al. (1987) in ihrer Untersuchung zur Struktur des hirnorganischen Psychosyndroms kein obligates Syndrom: Merkstörungen standen keineswegs im Vordergrund, am ehesten war noch eine testpsychologisch meßbare Verlangsamung vorhanden, jedoch überwog eine Symptomkombination aus den Leistungs- und Persönlichkeitsvariablen. Faust (1980) bemängelt, daß der bisher verwandte Begriff des organischen Psychosyndroms nicht zur Kennzeichnung der psychiatrischen Spätsymptomatik geeignet sei, weil er nicht zwischen Verhalten und Leistung, reversiblen und irreversiblen, diffusen und lokalen Schädigungen differenziere. Durch die einseitige Festlegung auf eine umschriebene organisch bedingte psychopathologische Symptomatik nach einem Schädel-Hirn-Trauma werden auch die häufig vorhandenen reaktiven Faktoren übersehen und als therapeutisch nicht veränderbar betrachtet (Brooks 1984a, b; Oddy 1984; Todorow 1978).

Nach Bond (1984) beeinflussen prätraumatische Faktoren, Variablen, die mit dem Trauma direkt zusammenhängen, sowie die psychosoziale Situation Ausprägung und Verlauf der posttraumatischen Verhaltensänderungen entscheidend. Diese mit dem Trauma direkt oder indirekt zusammenhängenden Variablen können das Verhalten in unterschiedlicher Weise beeinflussen und verändern. Lezak (1978) klassifizierte die möglichen generellen Einschränkungen im Verhaltensbereich, ohne auf den Begriff des POS zurückzugreifen, folgendermaßen:

- verringerte Fähigkeit, soziale Perspektiven einzubeziehen, mit mangelnder Selbstkritik,
- verringerte Selbstkontrolle,
- Antriebsstörungen und Schwierigkeiten bei der Planung von Aufgaben des täglichen Lebens,
- emotionale Veränderungen, wie Gereiztheit, Labilität, Apathie, Aggressivität und
- verringerte Fähigkeit zum sozialen Lernen.

Aus diesen Gründen ist es eine unzulässige Vereinfachung, von einem typischen hirnorganischen Psychosyndrom zu sprechen, wie dies z.B. Lempp vertritt (1980a, b), der von klinischen Erfahrungen ausgehend eine solch umschriebene Symptomatik beschreibt, die jedoch nur höchst selten in dieser Form auftritt und sich in einer größeren Stichprobe empirisch nicht nachweisen läßt.

Die Fragestellungen der zweiten dargestellten Untersuchung betreffen ebenfalls die neuropsychologischen und psychopathologischen Auswirkungen einer zerebralen Schädigung im Kindesalter. Es wurde überprüft, ob eine Gruppe normal begabter Kinder, bei denen eine zerebrale Schädigung vorliegt, in umschriebenen neuropsychologischen Bereichen Ausfälle aufweist. In Übereinstimmung mit Angaben der Literatur ist dies bei den 8- bis 9jährigen Kindern wesentlich ausgeprägter der Fall als bei den 10- bis 12jährigen. Dieser Befund läßt sich dahingehend interpretieren, daß bei den 8- bis 9jährigen die Hirnreifungs- und damit die Kompensationsprozesse noch nicht abgeschlossen sind und deshalb eine Rückbildung umschriebener neuropsychologischer Leistungsdefizite erfolgen kann. Obwohl die Auswahl der Patientengruppe nach strengen Kriterien erfolgte, um eine möglichst homogene Stichprobe zu gewährleisten, läßt sich diese Frage nur prospektiv im Entwicklungsverlauf beantworten, wie Esser u. Schmidt (1987) in einer epidemiologischen Untersuchung für die minimale zerebrale Dysfunktion gezeigt haben, die nachweisen konnten, daß Teilleistungsschwächen und widrige familiäre Bedingungen im Alter von 8 Jahren als potente Prädiktoren psychischer Auffälligkeit im Alter von 13 Jahren anzusehen sind. Eine querschnittliche Betrachtung derselben Faktoren im Alter von 13 Jahren läßt den Wert allein bestehender Teilleistungsschwächen verschwinden, während die Bedeutung der widrigen familiären Bedingungen weiterhin bestehen bleibt (Esser u. Schmidt 1987). Hinweise auf diese Zusammenhänge scheint es auch für Kinder mit neuropsychologischen Defiziten nach Hirnschädigung zu geben.

In Übereinstimmung mit den Ergebnissen über die Folgen von Schädel-Hirn-Traumen im Kindesalter konnten wir auch in der 2. Untersuchung kein typisches Syndrom auf der Verhaltensebene nach einer Hirnschädigung feststellen. Die dabei angewandten Interviewverfahren sowie verschiedene Fragebögen, die speziell zum Nachweis psychopathologischer Folgezustände nach Hirnschädigung entwickelt wurden, zeigten, daß keine psychopathologisch abgrenzbare Symptomatik charakteristisch für eine organisch bedingte Hirnfunktionsstörung ist (s. auch Fähndrich et al. 1981; Hunger 1987).

In dem speziell entwickelten Interview zur POS-Symptomatik erwiesen sich einzelne Teilbereiche wie Merkfähigkeitsstörungen und Verlangsamung zwar häufig verändert, aber es kam nicht zu einem syndromalen Zusammenhang zwischen den einzelnen Merkmalsbereichen, die für ein psychoorganisches Syndrom als typisch angesehen werden können. Daraus läßt sich ableiten, daß durch eine differenzierte Untersuchung die globale klinische Eindrucksdiagnose des POS nicht mehr aufrechtzuerhalten ist, wie dies bereits von Poeck (1982) postuliert wurde. Zur Zeit wird eine Gruppe von Kindern mit schweren zerebralen Schädigungen und geistiger Behinderung mit den gleichen neuropsychologischen und psychopathologischen Methoden untersucht, um festzustellen, ob der Befund von der Schwere der zerebralen Schädigung abhängig ist. Jedoch wurde ein solcher Zusammenhang von den Verfechtern des POS-Konzeptes nicht beschrieben oder erwartet.

Da über gehäuft auftretende vegetative und körperliche Beschwerden bei zerebral geschädigten Kindern berichtet wird, untersuchten wir auch diesen Bereich (Esser u. Schmidt 1987; Lehmkuhl 1988).

Der „Mythos", daß nach Hirnschädigung ein uniformes Bild der kognitiven und psychopathologischen Folgezustände auftritt, ließ sich trotz vielfältiger methodischer Schwierigkeiten der Überprüfung bei Anwendung differenzierter Untersuchungsverfahren nicht aufrechterhalten (Boll 1983; Lehmkuhl et al. 1990, 1991; Neumärker et al. 1984; Neumärker u. Bzufka 1986; Rees et al. 1989; Reynolds u. Kamphaus 1986; Rourke et al. 1984, 1986; Schulze et al. 1989, Spreen u. Gaddes 1969). Die Konsequenzen daraus sind nicht nur von akademischer Bedeutung, denn erst durch eine entsprechend gründliche Diagnostik lassen sich funktionsspezifische Rehabilitationsmaßnahmen einleiten, die im Interesse der sozialen, schulischen und emotionalen Entwicklung der betroffenen Kinder möglichst früh und gezielt angewandt werden sollten (Michel 1983; Ylvisaker 1985).

Anmerkung. Die in diesem Beitrag referierten eigenen Untersuchungen wurden von der Stiftung Volkswagenwerk und der Deutschen Forschungsgemeinschaft gefördert.

58

Literatur

Achenbach TM, Edelbrock M (1983) Manual for the child behavior check list and revised child behavior profile. University of Vermont, Burlington

Arbus L, Moron P, Lazorthes Y, Luxey C (1969) Séquelles neuropsychiques des traumatismes craniens de l'enfant. Neurochirurgie 15:27-34

Bakwin H, Bakwin RM (1966) Clinical management of behavior disorders in children. Saunders, Philadelphia

Birleson P (1981) The validity of depressive disorder in childhood and the development of a selfrating scale: a research report. J Child Psychol Psychiatry 22:73-88

Bleuler E (1979) Lehrbuch der Psychiatrie. Springer, Berlin Heidelberg New York

Boll TJ (1983) Neuropsychological assessment of the child: Myths, current status, and future prospects. In: Walker EC, Roberts MC (eds) Handbook of clinical child psychology. Wiley, New York, pp 186-208

Boll TJ, Barth J (1981) Neuropsychology of brain damage in children. In: Filskov SB, Boll TJ (eds) Handbook of clinical child psychology. Wiley, New York, pp 418-452

Bond MR (1984) The psychiatry of closed head injury. In: Brooks N (ed) Closed head injury. Oxford University Press, Oxford, pp 148-178

Brooks DN (ed) (1984a) Closed head injury. Oxford University Press, Oxford

Brooks DN (1984b) Head injury and the family. In: Brooks N (ed) Closed head injury. Oxford University Press, Oxford, pp 123-147

Brown G, Chadwick O, Shaffer D, Rutter M, Traub M (1981) A prospective study of children with head injuries: III Psychiatric sequelae. Psychol Med 11:63-78

Conners C (1969) A teacher rating scale for use in drug studies with children. Am J Psychiatry 126:152-163

Conners C (1973) Rating scales for use in drug studies with children. Psychopharmacol Bull (Special Issue)

Esser G, Schmidt M (1987) Minimale zerebrale Dysfunktion - Leerformel oder Syndrom? Empirische Untersuchung zur Bedeutung eines zentralen Konzepts in der Kinderpsychiatrie. Enke, Stuttgart

Fähndrich E, Gebhardt R, Neumann H (1981) Zum Problem der Diagnosensicherung des hirnorganischen Psychosyndroms. Arch Psychiatr Nervenkrankh 229:239-248

Faust C (1980) Die Bedeutung der psychiatrischen Spätsymptomatik für die Wiedereingliederung Schädel-Hirn-Verletzter. In: Faust C, Müller E (Hrsg) Die Prognose und Rehabilitation des Schädel-Hirn-Traumas. Thieme, Stuttgart, S. 65-70

Göllnitz G (1953) Das psychopathologische Achsensyndrom nach frühkindlicher Hirnschädigung. Acta Paedopsychiatr 20:97-104

Göllnitz G (1975) Neuropsychiatrie des Kindes- und Jugendalters. 3. Aufl. G. Fischer, Jena

Graham P, Rutter M (1968) The reliability and validity of the psychiatric assessment of the child. Brit J Psychiatry 114:581-592

Hartje W (1978) Entwicklung und Erprobung einer Testbatterie zur neuropsychologischen Diagnostik hirnorganisch bedingter Leistungsstörungen. Habilitationsschrift, Universität Aachen

Hunger J, Leplow B, Kleim J (1987) Zur Struktur des hirnorganischen Psychosyndroms. Nervenarzt 58:603-609

Kleinpeter U (1971) Störungen der psychosomatischen Entwicklung nach Schädel-Hirn-Traumen im Kindesalter. G. Fischer, Jena

Kleinpeter U (1979) Folgezustände nach Schädel-Hirn-Traumen im Kindesalter und deren Begutachtung. G. Thieme, Leipzig

LangeCosack H, Tepfer G (1973) Das Hirntrauma im Kindes- und Jugendalter. Springer, Berlin Heidelberg

Lehmkuhl G (1984) Ideomotorische und ideatorische Apraxie im Kindesalter. Acta Paedopsychiatr 50:97-110

Lehmkuhl G (1986) Kognitive, neuropsychologische, psychopathologische und klinische Befunde bei 1214jährigen Kindern nach unterschiedlich schweren und lang zurückliegenden Schädel-Hirn-Traumen. Habilitationsschrift, Universität Heidelberg

Lehmkuhl G (1988) Befindensstörungen beim Kind - organisch oder funktionell? Therapiewoche 38:1468-1477

Lehmkuhl G, Thoma W (1987) Langfristige Verhaltens- und Leistungsänderungen nach einem Schädel-Hirn-Trauma im Kindesalter. Monatsschr Kinderheilk 135:402-405

Lehmkuhl G, Thoma W (1989) Gibt es ein spezifisches hirnorganisches Psychosyndrom nach Schädel-Hirn-Traumen im Kindes- und Jugendalter? Nervenarzt 60:106-114

Lehmkuhl G, Thoma W (1990) Interrelationship between behavior disorders, cognition deficits, psychosocial factors and family response in children having suffered severe traumatic head injury. In: Rothenberger A (ed) Brain and behavior in child psychiatry. Springer, Berlin Heidelberg New York Tokyo

Lehmkuhl G, Thoma W, Flechtner H (1991) Stable and instable neuropsychological functions during child development. In: Remschmidt H, Schmidt M (eds) Child and Youth Psychiatry: European Perspectives. Vol. 2, Hogrefe & Huber, Toronto (in press)

Lempp R (1980a) Die organischen Psychosyndrome. In: Harbauer H, Lempp R, Nissen G, Strunk P (Hrsg) Lehrbuch der speziellen Kinder- und Jugendpsychiatrie. Springer, Berlin Heidelberg New York, S. 312-377

Lempp R (1980b) Organische Psychosyndrome. In: Bachmann D, Ewerbeck H, Joppich G, Kleihauer E, Rossi E, Stalder GR (Hrsg) Pädiatrie in Praxis und Klinik, Bd III. Fischer/Thieme, Stuttgart, S. 1970-1975

Lezak MD (1976) Neuropsychological assessment. Oxford University Press, New York

Lezak MD (1978) Living with the characterologically altered braininjured patient. J Clin Psychiatry 39:592-598

Lipowski ZJ (1980) A new look at organic brain syndromes. Am J Psychiatry 137:674-678

Lipowski ZJ (1984) Organic brain syndromes: New classification, concepts and prognosis. Can J Psychiatry 29:198-204

Lishman WA (1978) Organic psychiatry. Blackwell, Oxford

Meyer-Probst B (1978) Ein standardisierter Fragebogen zur Erfassung enzephalopathietypischen Verhaltens. Psychiatr Neurol Med Psychol 30:138-149

Meyer-Probst B (1979) Zur Objektivierung des hirnorganischpsychischen Achsensyndroms. Erfahrungen mit dem Enzephalopathie-Fragebogen. In: Kleinpeter U, Rösler HD (Hrsg) Ergebnisse interdisziplinärer Forschung zum hirngeschädigten Kind. Hirzel, Leipzig

Michel M (1983) Rehabilitationsverlauf nach Schädel-Hirn-Trauma bei Kindern - eine neuropsychologische Studie. Rehabilitation 22:137-148

Neumärker KJ, Eckstein WE, Kemmerling S (1984) Ein Beitrag zur Diagnostik von Hirnfunktionsstörungen im Kindesalter. Z Kinder Jugendpsychiatr 12:178-188

Neumärker KJ, Bzufka MW (1986) Konzeptionen der klinischen Neuropsychologie bei Hirnfunktionsstörungen und deren Diagnostik im Kindesalter am Beispiel des Berliner Luria-Neuropsychologischen Verfahrens für Kinder (BLNK). Z Ärztl Fortbild 80:1021-1024

Oddy M (1984) Head injury during childhood: the psychological implications. In: Brooks N (ed) Closed head injury. Oxford University Press, Oxford, pp 179-194

Poeck K (1982) Das sogenannte psychoorganische Syndrom, „hirnlokales Psychosyndrom", „endokrines Psychosyndrom". In: Poeck K (Hrsg) Klinische Neuropsychologie. Thieme, Stuttgart, S. 204-223

Poustka F, Schwarzbach H, Hennicke K (1977) Mannheimer epidemiologisches Elterninterview/Kinderinterview. Unveröff Manuskript, Mannheim

Rees UM, Thoma W, Schulze C, Lehmkuhl G (1989) Testtheoretische Probleme der Diagnostik von Hirnschädigungen im Kindesalter am Beispiel der Validität neuropsychologischer Testverfahren. Z Kinder Jugendpsychiatr 17:17-22

Remschmidt H, Schmidt M (Hrsg) (1986) Multiaxiales Klassifikationsschema für psychiatrische Erkrankungen im Kindes- und Jugendalter nach Rutter, Shaffer und Sturge. Huber, Bern

Reynolds CR, Kamphaus RW (1986) The Kaufmann Assessment Battery for Children. Development, structure, and application in neuropsychology. In: Wedding D, Horton AM, Webster J (eds) The neuropsychology handbook. Springer, Berlin Heidelberg New York, pp 194-216

Rourke BP, Adams KM (1984) Quantitative approaches to the neuropsychological assessment of children. In: Tarter RE, Goldstein G (eds) Advances in clinical neuropsychology, vol 2. Plenum, New York, pp 79-108

Rourke BP, Fisk JL, Strang JD (1986) Child neuropsychology. Guilford, New York

Rutter M (1977) Brain damage syndromes in childhood: Concepts and findings. J Child Psychol Psychiatry 18:1-21

Rutter M (1981) Psychological sequelae of brain damage in children. Am J Psychiatry 138:1533-1544

Rutter M (1982) Developmental neuropsychiatry: Concepts, issues and problems. J Clin Neuropsychol 4:91-115

Rutter M, Graham P (1968) The reliability and validity of the psychiatric assessment of the child. Brit J Psychiatry 114:563-579

Rutter M, Graham P, Yule W (1970) A neuropsychiatric study in childhood. Clin Dev Med 35/36

Rutter M, Chadwick O, Shaffer D (1984) Head injury. In: Rutter M (ed) Developmental neuropsychiatry. Churchill Livingstone, Edinburgh

Schmidt MH, Esser G, Allehoff WH, Geisel B, Laucht M, Voll R (1989) Bedeutung cerebraler Dysfunktion bei Achtjährigen. Z Kinder Jugendpsychiatr 10:365-377

Schmidt MH (1988) Teilleistungsstörungen aufgrund von Entwicklungsstörungen. In: Kisker KP, Lauter H, Meyer JE, Strömgren E (Hrsg) Psychiatrie der Gegenwart, Bd 7. Springer, Berlin Heidelberg New York Tokyo, S. 153-178

Schulze C, Rees UM, Thoma W, Lehmkuhl G (1989) Die Bedeutung neuropsychologischer Testbatterien für die Diagnostik von Hirnfunktionsstörungen im Kindesalter. Z KinderJugendpsychiatr. 17:23-30

Seidel M, Chadwick O, Rutter M (1975) Psychological disorders in crippled children. A comporative study of children with and without brain damage. Dev Med Child Neurol 17:563-573

Shaffer D, Chadwick O, Rutter M (1975) Psychiatric outcome of localized head injury in children. In: Ciba Foundation Symposium. Elsevier, Amsterdam

Spreen O, Gaddes WH (1969) Developmental norms for 15 neuropsychological tests age 6 to 15. Cortex 5:171-191

Steinhausen, HC (1985) Eine Skala zur Beurteilung psychisch gestörter Kinder und Jugendlicher. Z KinderJugendpsychiatr.13:230-240

Steinhausen H (1988) Psychische Störungen bei Kindern und Jugendlichen. Urban & Schwarzenberg, München

Tarter RE, Edwards KL (1986) Neuropsychological batteries. In: Incagnoli T, Goldstein G, Golden CJ (eds) Clinical application of neuropsychological test batteries. Plenum, New York, pp 135-153

Todorow S (1978) Hirntrauma und Erlebnis. Huber, Bern

Tönnis W, Loew F (1953) Einteilung der gedeckten Hirnschädigungen. Ärztl Prax 5:13-14

Wells CE (1978) Chronic brain disease: An overview. Am J Psychiatry 135:1-12

Wender PH (1971) Minimal brain dysfunction in children. Wiley, New York

Wishart D (1984) Clustan. Fischer, Stuttgart

Ylvisaker M (ed) Head injury rehabilitation. Children and adolescents. Taylor & Francis, London

Züblin W (1979) Störungen des Sozialverhaltens bei Kindern und Jugendlichen mit psychoorganischem Syndrom. In: Haesler WT (Hrsg) Die Beziehungen des infantilen psychoorganischen Syndroms zur Kriminalität. Rügger, Diessenhofen, S. 3-12

Zur Bedeutung und Validität neuropsychologischer Testbatterien

M. Döpfner

Aufgaben und Ziele neuropsychologischer Diagnostik

Bevor zur Bedeutung und Validität *neuropsychologischer Testbatterien* Stellung genommen werden kann, ist zu klären, was diese Methoden leisten sollen, mit welchem Maßstab, an welchen Kriterien ihre Bedeutung und Validität gemessen und beurteilt werden können und worin sich diese Verfahren von anderen Instrumenten der testpsychologischen Leistungsdiagnostik unterscheiden.

Wenn der Gegenstand der klinischen Neuropsychologie in der Zuordnung von gestörten Wahrnehmungs- und Verhaltensabläufen zu gestörten *Hirnfunktionen* besteht (Burgmayer 1986), dann ließen sich neuropsychologische Testverfahren an ihrer Fähigkeit messen, psychische Funktionen so zu erfassen, daß sie Hirnfunktionen zugeordnet werden können. Voraussetzung für die Entwicklung neuropsychologischer Diagnoseverfahren sind daher vor allem theoretische Vorstellungen, Konzepte und Paradigmen, aber auch empirische Befunde über das Zusammenspiel von Hirnfunktionen und Hirnfunktionsstörungen mit psychologischen Konstrukten, mit Kognition, Emotion und Verhalten. Neuropsychologische Diagnostik unterscheidet sich von der allgemeinen psychologischen Intelligenz- und Leistungsdiagnostik darin, daß sie sich an Erkenntnissen und Vorstellungen über Funktionsweisen des Gehirns orientiert und dementsprechend basale psychische Funktionen ebenso wie komplexere Leistungen relativ systematisch zu erheben versucht. Allerdings erschöpft sich neuropsychologische Diagnostik nicht in der Anwendung von Testverfahren, die explizit aus einem neuropsychologischen Ansatz heraus entwickelt wurden. Verfahren der traditionellen Entwicklungs-, Intelligenz- und Leistungsdiagnostik dienen nicht nur als Ergänzung zu neuropsychologischen Testbatterien, sie haben auch dort ihre Berechtigung, wo sie psychische Teilfunktionen differenzierter und besser erfassen. Kennzeichen neuropsychologischer Diagnostik ist also weniger die Anwendung einer als neuropsychologisch etikettierten Testbatterie, sondern vielmehr eine an Vorstellungen über die Funktionsweise des Gehirns orientierte systematische Diagnostik.

Obwohl sich die einzelnen Testbatterien im Umfang und der Komplexität erheblich voneinander unterscheiden, werden im allgemeinen folgende Teilbereiche erfaßt (vgl. Schulze et al. 1989):

- *Sensorische Wahrnehmung und Reizverarbeitung.* Nahezu alle neuropsychologischen Testbatterien, die für Kinder konzipiert wurden, enthalten Maße für taktile, auditive und visuelle sensorisch-perzeptive Prozesse. Nach einer Überprüfung elementarer Leistungen werden Aufgaben zur Prüfung höherer perzeptiver Funktionen innerhalb einer Modalität und der weiteren Reizverarbeitung, sowie der Verbindung zu anderen Modalitäten, eingesetzt. Im taktilen Bereich kann beispielsweise untersucht werden, ob das Kind dazu fähig ist, bestimmte Formen, die ihm in die Hand gelegt werden, wiederzuerkennen (intramodale Prüfung), sie mit einer gezeichneten Vorlage zu vergleichen, also taktile und visuelle Informationen zu verknüpfen (intermodale Prüfung), und schließlich die Form noch zu benennen und damit sensorische Informationen und Sprachfunktionen zu integrieren. Bei allen taktilen Wahrnehmungstests wird Wert darauf gelegt, die Leistungen für beide Hände getrennt zu erfassen. Im akustischen Bereich wird vor allem die Fähigkeit erfaßt, zwischen akustischen Reizen zu unterscheiden, die in Tonhöhe oder Rhythmus variieren, sowie die Fähigkeit, Worte und Sätze zu verstehen.
- *Motorische und psychomotorische Leistungen*, wie Griffstärke, motorische Geschwindigkeit und psychomotorische Leistungen, vor allem der beiden oberen Extremitäten, z.B. Aufgaben zur Auge-Hand-Koordination beim Zeichnen.
- *Expressive Sprachfunktionen*, vor allem basale Fähigkeiten bei der Bildung von Lauten, bei der akustischen Synthese von Lauten zu Worten, beim Nachsprechen von Worten und Sätzen und komplexere Leistungen, beispielsweise dem freien Erzählen.
- *Konzeptbildungs- und Problemlösefähigkeiten*, z.B. die Fähigkeit, induktive Schlußfolgerungen zu ziehen oder Mittel-Ziel-Beziehungen zu erkennen. Dazu werden häufig zur Ergänzung neuropsychologischer Testbatterien etablierte Intelligenztests eingesetzt.

Zusätzlich werden häufig Gedächtnisleistungen und schulische Teilleistungen - Lese-, Rechtschreib- und Rechenfähigkeiten - erfaßt.

Die Anforderungen an neuropsychologische Instrumente haben in der kurzen Geschichte der Neuropsychologie einen bedeutsamen Wandel erfahren. Die erste Generation neuropsychologischer Testverfahren wurde, wie Tramontana u. Hooper (1988) zeigen, unter dem Leitgedanken entwickelt, daß eine Hirnschädigung sich unabhängig vom Ausmaß, der Lokalisation und zugrundeliegender pathologischer Prozesse psychisch in einer einheitlichen Art und Weise manifestiere. Ziel war die Unterscheidung hirngeschädigter Kinder von gesunden, und man glaubte, daß ein einzelnes Maß dies leisten könne. Für den deutschen Sprachraum wurden dazu der Benton-Test (Benton 1986), der Göttinger Form-Reproduktions-Test (Schlange et al. 1977) und das Diagnostikum für Cerberalschädigung (Hillers u. Weidlich 1972) entwickelt beziehungsweise adaptiert und normiert. Keines der vorgeschlagenen Testverfahren konnte jedoch, wie Herbert (1964) in einem umfassenden Überblick nachweist, eine zufriedenstellende Differenzierung zwischen hirngeschädigten und gesunden Kindern erreichen, die eine klinische Anwendung im Einzelfall gerechtfertigt hätte. Im deutschen Sprachraum liegen vergleichbare Ergebnisse von Schneider u. Remschmidt (1977), Remschmidt u. Stutte (1980) und Jungmann u. Göbel (1983) vor.

Abgelöst wurde dieser Einzeltestansatz, der von der Mitte der 40er bis zur Mitte der 60er Jahre dominierte, durch die Entwicklung von Testbatterien sowie dem Nachweis, daß hirngeschädigte Kinder Defizite in allen Funktionsbereichen aufweisen können. Zwar konnte kein Maß alleine, wohl aber die gesamte Testbatterie hirngeschädigte Kinder von gesunden genügend differenzieren. Zu den ersten Arbeiten dieser Art zählen die Studien der Arbeitsgruppe um Ernhart und Graham (Ernhart et al. 1963; Graham et al. 1963), deren Ergebnisse kurz darauf von Reed et al. (1965) mit Hilfe der neuentwickelten Halstead-Reitan Neuropsychological Battery bestätigt werden konnten. Zur Optimierung der Differenzierungsfähigkeit von Testbatterien wurden schließlich statistisch begründete Entscheidungsregeln entwickelt, die das Leistungsniveau in den einzelnen Subtests, pathognomische Zeichen, d.h. spezifische Defizite, die normalerweise bei Individuen nicht vorkommen, die Analyse des Leistungsprofils und schließlich den Vergleich der Leistungen der rechten und linken Körperhälften bei motorischen und sensorischen Aufgaben berücksichtigen (Selz u. Reitan 1979).

Bei Erwachsenen ließen sich darüber hinaus anahnd neuropsychologischer Testbatterien, vor allem der Halstead-Reitan Neuropsychological Battery (Reitan u. Wolfsun 1985), Patienten voneinander differenzieren, die sich hinsichtlich Ausmaß, Lokalisation und anderer Charakteristika der Läsionen unterschieden (vgl. Reitan u. Davison 1974). Angeregt von diesen Ergebnissen wurden ähnliche Anstrengungen bei Kindern unternommen, allerdings ohne vergleichbaren Erfolg (vgl. Chadwick u. Rutter 1983). Rourke et al. (1986), die neuropsychologische Profile von Kindern mit spezifischen neuropathologischen Störungen untersuchten, konnten beispielsweise zeigen, daß die Einzelleistungen von Kindern mit demselben neurologischen Syndrom eine beträchtliche individuelle Variabilität aufweisen.

Die ohnehin schwierige Aufgabe, Zusammenhänge zwischen Erleben und Verhalten einerseits und reifen Hirnstrukturen andererseits zu finden, wird durch die Dynamik des Entwicklungsverlaufs eines reifenden Gehirns zusätzlich kompliziert (Burgmayer 1986). Funktionsausfälle lassen sich leichter diagnostizieren, wenn eine Funktion prämorbid bereits ausgebildet war, als wenn sich diese Funktion erst gerade entwickelt. Die Weiterentwicklung einer noch nicht voll ausgebildeten Funktion kann nach einer Schädigung einen veränderten, von der Norm abweichenden Verlauf nehmen. Solche sekundären pathologischen Veränderungen können, so Hynd et al. (1986), eher generalisierte als umschriebene neuropsychologische Funktionsstörungen bewirken. Da das kindliche Gehirn über eine große funktionelle Plastizität verfügt, kann vermutet werden, daß die neuropsychologischen Defizite, die mit lokalisierten Hirnschädigungen ausgelöst werden, bei Kindern weniger spezifisch sind als bei Erwachsenen (Chadwick u. Rutter 1983). Die fehlende Korrespondenz zwischen psychischen Funktionen und der Lokalisation von Hirnschädigungen im Kindesalter wird also insgesamt eher mit der Komplexität des Untersuchungsgegenstandes - des reifenden Gehirns - als mit meßmethodischen Problemen neuropsychologischer Verfahren begründet.

Fletcher u. Taylor (1984) zeigen im Lichte dieser Ergebnisse, daß sich verschiedene implizite Annahmen, die dieser Forschung zugrundelagen, als Trugschlüsse erwiesen, u.a. die Annahme eines Isomorphismus zwischen Hirnfunktion und psychischer Funktion, die zu dem Fehlschluß führt, daß neuropsychologische Testverfahren nicht nur psychische Funktionsstörungen beschreiben, sondern Hirnfunktionsstörungen unmittelbar abbilden. Neuropsychologen messen Verhaltensweisen mit dem Ziel, Schlußfolgerung über die Hirnfunktionen zu ziehen. Beobachtbare Verhaltensweisen und kognitive Leistungen sollen weniger beobachtbare Hirnfunktionen abbilden (Fennell u. Bauer 1989). Wir beobachten oder messen keine Funktionen, sonder sehen allenfalls Verhaltens*indikatoren* von Hirnfunktionen: Wir ziehen beispielsweise Schlußfolgerungen über Sprachfunktionen auf der Basis von Leistungen in Tests zur Erfassung der Sprachfähigkeit. Solche Schlußfolgerungen setzen erstens voraus, daß das in der Testsituation erfaßte Verhalten repräsentativ für das zu erfassende Verhaltensuniversum ist, daß also bei unbegrenzter Testzeit ein vergleichbares Testergebnis erzielt würde (vgl. Cronbach et al. 1963). Zweitens müssen wir ausschließen, daß andere Faktoren die Testleistung beeinflussen - vor allem Motivation, Aufmerksamkeit, Frustrationstoleranz oder Testängstlichkeit.

Diese Erkenntnisse und die Entwicklung nichtinvasiver apparativer neurodiagnostischer Methoden, vor allem bildgebender Verfahren zur Darstellung kortikaler und subkortikaler Strukturen sowie Verfahren zur Erfassung von Stoffwechselprozessen und Entwicklungen auf dem Gebiet der Neurophysiologie (z.B. ereignisbezogene Potentiale), hatten eine Neuorientierung zur Folge, die Rourke (1982) als die kognitive Phase der Neuropsychologie bezeichnet. Die Aufgabe neuropsychologischer Testverfahren liegt demnach weniger in der Entdeckung von Hirnschäden, d.h. von zerebralen Läsionen, sondern in der differenzierten Erfassung von Teilleistungen, von Leistungsprofilen mit Leistungsdefiziten und Leistungsschwerpunkten und in der Untersuchung der Beziehungen zwischen basalen und komplexen psychischen Funktionen. Tramontana u. Hooper (1988) sehen in dieser Neuorientierung mit der Betonung psychologischer Aspekte neurologischer Erkrankungen eine „Repsychologisierung" der Neuropsychologie. Im Rahmen einer umfassenden Neurodiagnostik wird neuropsychologischen Verfahren eine bedeutsame komplementäre Aufgabe zugewiesen: die Bestimmung der Auswirkungen neurologischer Erkrankungen auf Kognition und Verhalten mit dem Ziel der Behandlungsplanung und Therapiekontrolle.

Trotz der Veränderung des Zieles neuropsychologischer Diagnostik kam es jedoch zu keinen Innovationen hinsichtlich der Testverfahren. Viele der Instrumente, die ursprünglich an der Fähigkeit validiert wurden, hirngeschädigte Kinder zu erfassen, wurden jetzt zum Zwecke einer differenzierten neuropsychologischen Beschreibung und funktionellen Analyse verwandt. Die vorhandenen Methoden ermöglichen zwar die Erfassung eines breiten Bereichs psychischer Funktionen, aber viele Maße wurden nicht zur Analyse zugrundeliegender Komponenten komplexer Defizite entwickelt.

In letzter Zeit beginnt eine neue Phase neuropsychologischer Diagnostik, die durch die Betonung der ökologischen Validität der Instrumente charakterisiert ist (vgl. Tramontana u. Hooper 1988). Zwar werden die Fragestellungen früherer Phasen weiterhin bearbeitet, doch wird zusätzlich gefordert, daß die Untersuchungsergebnisse Aussagen über das Funktionsniveau erlauben sollen, das der Patient bei alltäglichen Anforderungen erreichen kann (Chelune u. Edwards 1981). Über die Bestimmung des aktuellen Funktionsniveaus hinaus sollen Aussagen über Behandlungsindikationen und über Umgebungsbedingungen, die die Adaptationsfähigkeit maximieren, sowie Vorhersagen über die Fähigkeit des Kindes, künftige Entwicklungsaufgaben zu meistern, getroffen werden. Gängige neuropsychologische Verfahren mit kurzen homogenen Einzeltests, die eng umschriebene Leistungsbereiche erfassen, werden allerdings, darauf weisen Rourke et al. (1986) zu Recht hin, nur begrenzt in der Lage sein, die Möglichkeiten des Kindes vorherzusagen, komplexe Umweltaufgaben zu bewältigen.

Heute steht die neuropsychologische Diagnostik in einem Spannungsverhältnis, das durch die Anforderungen definiert wird, einerseits die Beziehungen zwischen Hirnfunktionen und Teilleistungen weiter zu erhellen, eine Aufgabe, die sich vor allem im Rahmen der experimentell orientierten Grundlagenforschung stellt. Auf der anderen Seite soll neuropsychologische Diagnostik den Zusammenhang von basalen mit komplexeren Teilleistungen bis hin zur Fähigkeit der Bewältigung gegenwärtiger und zukünftiger Entwicklungsanforderungen herstellen. Diese Aufgabe ist für die für die klinische Anwendung von besonderer Relevanz. Dies erscheint nur realisierbar, wenn neben eng umschriebenen basalen Teilleistungen auch komplexere Leistungen erfaßt und diese zueinander in Beziehung gesetzt werden (Abb. 1).

Fletcher u. Taylor (1984) schlagen in ihrem Ansatz der funktionellen Organisation 3 voneinander getrennte *Erfassungsebenen* vor:

- die *manifeste, beobachtbare Auffälligkeit in der Alltagssituation*, beispielsweise das Verhalten des hyperaktiven Kindes in der Schule und der Familie, die schulische Leistung des Kindes mit Lernschwierigkeiten oder die Spontansprache des sprachauffälligen Kindes;
- die *Verhaltenskorrelate und die kognitiven Korrelate* der manifesten Auffälligkeit, d.h. die basalen Kompetenzen und Kompetenzdefizite, z.B. die kognitive Impulsivität und Dauerkonzentrationsfähigkeit des hyperkinetischen Kindes in Konzentrationstests beziehungsweise die Störungen von Teil-

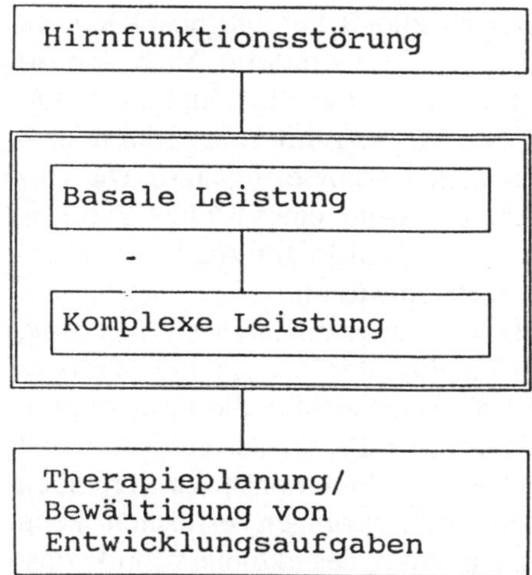

Abb. 1. Ebenen neuropsychologischer Diagnostik

prozessen der akustischen und visuellen Wahrnehmung oder der expressiven Sprache beim lese- und rechtschreibschwachen Kind;
- das *biologische Substrat*, das mit den ersten beiden Variablen kovariiert.

Soziale und kulturelle Faktoren - u.a. der Strukturierungsgrad der Lernumgebenung, die Anregung und Förderung, die das Kind erfahren hat - und kompensatorische Fähigkeiten des Kindes beeinflussen die Kovariationen von beobachteten Auffälligkeiten mit komplexen und basalen Teilleistungen und dem biologischem Substrat. Durch die klare Trennung dieser 3 Ebenen werden direkte Schlußfolgerungen von der einen Ebene auf die andere und kausale Zuschreibungen vermieden. Dieser Ansatz bietet darüber hinaus einen konzeptuellen Rahmen für die Untersuchung der ökologischen Validität von Testverfahren zur Erfassung komplexer und basaler Teilleistungen. Neuropsychologische Diagnostik wird in diesem Modell nicht auf Testdiagnostik im klassischen Sinn begrenzt, sondern schließt Verhaltensbeobachtung, Fragebogenverfahren und Interviews ein, die eine bedeutende Rolle bei der Erfassung der ersten Ebene spielen.

Damit lassen sich insgesamt 6 *Aufgaben neuropsycholgogischer Diagnostik* voneinander abgrenzen:

1. Unterstützung bei der Diagnostik von Hirnfunktionsstörungen: Neuropsychologische Verfahren sollen Hinweise auf das Vorliegen von Hirnfunktionsstörungen und damit die Indikation für die Durchführung weiterer differenzierter neurodiagnostischer Verfahren liefern, die den Hinweis erhärten oder entkräften können.
2. Bei Patienten mit einer bekannten Hirnschädigung sollen Fähigkeiten und Defizite in den einzelnen psychischen Funktionen durch eine differenzierte Leistungserfassung spezifiziert werden.

3. Bei Patienten mit komplexen Leistungsstörungen, beispielsweise bei Kindern mit Sprachstörungen, sollen neuropsychologische Verfahren die zugrundeliegenden Komponenten, die basalen Defizite, erfassen: Liegen der Sprachstörung rezeptive Sprachstörungen zugrunde, etwa bei der Differenzierung von Lauten, beim Erkennen von Rhythmen, im passiven Wortschatz oder beim Verständnis grammatischer Strukturen? Und welcher Art sind die expressiven Sprachdefizite? Ist die Artikulation gestört, der aktive Wortschatz beeinträchtigt, die Fähigkeit zur akustischen Seriation oder zur Synthese von Lauten oder die Fähigkeit zur Imitation komplexer Sprachstrukturen?
4. Durch die Erhebung eines differenzierten Leistungsprofils und die Erfassung basaler Kompetenzdefizite soll neuropsychologische Diagnostik Hinweise für die Behandlungsplanung liefern.
5. Neuropsychologische Diagnostik soll Prognosen über die weitere Entwicklung des Patienten und seine Fähigkeit, zukünftige Entwicklungsaufgaben zu meistern, ermöglichen.
6. Neuropsychologische Testverfahren sollen zur Kontrolle des Verlaufs während und nach der Behandlung einsetzbar sein und damit auf evtl. notwendige Korrekturen im Behandlungsplan hinweisen.

Die relative Bedeutung dieser verschiedenen Aufgaben ist unter anderem abhängig von der klinischen Population. Zur klassischen Zielgruppe zählen Kinder mit neurologischen Erkrankungen. In jüngster Zeit wird vermehrt der Gruppe der Kinder mit systemischen Erkrankungen Beachtung geschenkt, die die Entwicklung des Gehirns beeinträchtigen können, u.a.Erkrankungen des Herz-Kreislauf-Systems und des endokrinen Systems (vgl. Berg u. Linton 1989). Der empirisch gut gesicherte Befund, daß Kinder mit einer Hirnschädigung gehäuft psychische Auffälligkeiten entwickeln (Shaffer 1985; Lehmkuhl u. Thoma 1987) und daß unter psychiatrisch auffälligen Kindern gehäuft Kinder mit Teilleistungsschwächen anzutreffen sind (Esser u. Schmidt 1987), macht diese Gruppe für die neuropsychologische Dignostik bedeutsam. Schließlich ist die Anwendung neuropsychologischer Verfahren bei Kindern mit Entwicklungsretardierungen sowie Lern- und Schulleistungsstörungen indiziert (vgl. Hynd et al. 1988).

Klassifikation und Validität neuropsychologischer Testbatterien

Neuropsychologische Testbatterien lassen sich wie folgt klassifizieren:

- Quantitative Ansätze über Standardtestbatterien, eklektische Standardtestbatterien und flexible Testbatterien;
- qualitative Ansätze;
- prozeßorientierte Ansätze.

Neuropsychologische Diagnostik über Standardtestbatterien oder flexible Batterien ist ein Ansatz, mit dem das Ausmaß eines Defizites quantifiziert werden soll. Qualitative Ansätze dagegen legen den Schwerpunkt auf die Art und Weise, in der das Individuum eine spezifische Aufgabe bewältigt oder nicht. Ein Kind kann beispielsweise eine Additionsaufgabe meistern, indem es mit Hilfe der Finger durchzählt, indem es Zwischenschritte beim Zehnerübergang einlegt oder das Ergebnis sofort aus dem Gedächtnis abruft. Die Erfassung dieses Prozesses kann für die Behandlungsplanung genutzt werden. Teststandardisierung oder Heranziehung von Vergleichsnormen ist dabei von untergeordneter Bedeutung, vielmehr geht es darum, Aufgaben systematisch so zu variieren, daß sich jene spezifischen Komponenten herausarbeiten lassen, deren Ausfall zu einer Beeinträchtigung des funktionalen Systems führt. Luria (1970, 1973) gilt als der prominenteste Vertreter dieses qualitativen Ansatzes.

Quantitative Ansätze

Bei den quantitativen Ansätzen lassen sich Standardtestbatterien von flexiblen Batterien unterscheiden. In den angelsächsischen Ländern ist die Anwendung von Standardtestbatterien der am häufigsten angewandte Weg neuropsycholgoischer Diagnostik. Im deutschen Sprachraum wurden die Bemühungen zur Entwicklung solcher Batterien erst in den letzten Jahren intensiviert. Eine Standardtestbatterie besteht aus verschiedenen Testverfahren, die ein breites Spektrum an neuropsychologischen Funktionen erfassen und einer gemeinsamen Testkonstruktion und Standardisierung unterworfen wurden. Eklektische Standardbatterien werden dagegen aus verschiedenen veröffentlichten Testverfahren zusammengestellt. Standardbatterien werden unabhängig von der spezifischen Fragestellung angewandt. Bei flexiblen Testbatterien wählt der Untersucher die einzelnen Testverfahren in Abhängigkeit von der spezifischen diagnostischen Fragestellung aus. Hauptvorteile von Standardbatterien sind, daß sie ein breites Spektrum neuropsychologischer Leistungen erfassen, daß sie bei Aggregation der Untersuchungsbefunde eine systematische Datenbasis für verschiedene klinische Gruppen liefern können und daß sie - eklektische Standardbatterien ausgenommen - auf einer gemeinsamen Normierungsgrundlage stehen und damit Unterschiede zwischen einzelnen Subtestleistungen leichter zu bewerten sind. Flexible Batterien zeichnen sich durch eine höhere Testökonomie aus, da sie es gestatten, spezifische Funktionsbereiche ausführlicher und differenzierter zu untersuchen, häufig auch bei einer geringeren Testdauer als bei Standardbatterien.

Zu den klassischen neuropsychologischen Standardtestbatterien zählen die Halstead-Reitan Neuropsychological Batteries, die in 2 Versionen, einer für 5- bis 8jährige Kinder (Reitan-Indiana Neuropsychological Test Battery for Children) und einer für Kinder im Alter von 9 bis 14 Jahren (Halstead Neuropsychological Test Battery for Children) vorliegt (Reitan u. Davison 1974) sowie die Kinder-Version der Luria-Nebraska Neuropsychological Battery (Golden 1981, 1987) (ausführliche Darstellung der deutschsprachigen Adaptationen der Luria-Skala s. Beitrag Neumärker u. Bzufka, in diesem Band, sowie Deegener u. Nödl, in diesem Band). Die aus dem angloamerikanischen Sprachraum vorliegenden Validierungsstudien zu diesen Skalen lassen sich wie folgt zusammenfassen.

Kinderversionen der Halstead-Reitan Neuropsychological Battery: Beide Kinderversionen wurden aus der Halstead-Reitan Neuropsychological Battery für Erwachsene (Reitan u. Wolfsun 1985) entwickelt, der zur Zeit bekanntesten, effizientesten und mit Abstand am besten validierten neuropsychologischen Testbatterie (vgl. Wittling 1983). Die Version für jüngere Kinder enthält neben modifizierten Verfahren auch eine Reihe völlig neuer Untersuchungsmethoden. Diese Batterien dominierten die neuropsychologische Diagnostik im Kindesalter in den letzten 20 Jahren. Mehrere Studien belegen die gute Diskriminationsfähigkeit beider Testbatterien zwischen Kindern mit bekannter Hirnschädigung und gesunden Kindern (Klonoff et al. 1969; Reitan 1974; Boll 1974; Reed et al. 1965) und auch zwischen Kindern mit Hirnschädigung, schulleistungsschwachen und unauffälligen Kindern (Selz u. Reitan 1979: Trefferquote 73 %). Versuche der Lokalisation der Hirnschädigung mit Hilfe der Testbatterie mißlangen im allgemeinen (vgl. Chadwick u. Rutter 1983). Die Testbatterie korreliert relativ hoch mit den Wechsler-Intelligenzskalen (z.B. r = 0,59 bei Tramontana et al. 1984), wobei Maße der motorischen Koordination und der sensorisch-perzeptiven Fähigkeiten die geringste Redundanz aufweisen. Daraus schlußfolgern Tramontana u. Hooper (1988), daß sich vergleichbare Ergebnisse hinsichtlich der Differenzierung der verschiedenen Gruppen auch durch Intelligenztests plus Schulleistungstests plus ausgewählte Tests zur Erfassung motorischer und sensorisch-perzeptiver Fähigkeiten erzielen lassen müßten. Entsprechend der Vorstellungen über die Ziele neuropsychologischer Diagnostik zum Zeitpunkt der Testkonstruktion orientierte sich die Zusammensetzung der Batterien hauptsächlich an der Sensitivität der Testverfahren zur Erfassung hirngeschädigter Kinder. Eine detaillierte Analyse basaler Komponenten einzelner Funktionsstörungen ist daher nur begrenzt möglich. Einige Testverfahren erfordern ein sehr komplexes Zusammenspiel verschiedener Fähigkeiten, so daß, wenn ein Leistungsdefizit vorliegt, nicht präzise feststellbar ist, welche Funktionen nun eigentlich gestört sind.

Kinderversionen der Luria-Nebraska Neuropsychological Battery: Gut 10 Jahre nach der Entwicklung der Halstead-Batterien entwickelte Golden (1981, 1987, 1989) die Kinderversion der Luria-Nebraska Neuropsychological Battery für 8- bis 12jährige Kinder auf der Basis von Lurias Ansatz über die höheren kortikalen Funktionen des Menschen und deren Störungen (Luria 1970) und der Darstellung seiner Untersuchungsmethodik durch Christensen (1975). Neben der quantitativen Auswertung basiert die Interpretation auf einer sorgfältigen qualitativen Analyse der Leistungen auf Itemebene. Im Vergleich zu den Halstead-Batterien sind die Aufgaben eher dazu geeignet, basale Kompetenzen zu erfassen, die komplexeren Funktionen zugrundeliegen. Jedoch ist die Reliabilität auf diesem Analyseniveau aufgrund der geringen Itemzahl fraglich. Die Batterie kann zuverlässig zwischen hirngeschädigten und gesunden Kindern unterscheiden (Gustavson et al. 1984; Sawicki et al. 1984). Die Treffsicherheit liegt bei etwa 85 % (Gustavson et al. 1984). Neumärker et al. (1984b) konnten anhand der deutschsprachigen Adaptation Schädigungsprofile bei Kindern mit frontal, temporal und parietal lokalisierten Läsionen nachweisen, ansonsten gibt es in der Literatur bislang kaum Hinweise auf eine läsionsspezifische Differenzierungsfähigkeit der Batterie (vgl. Tramontana u. Hooper 1988). Die Batterie unterscheidet zwischen Kindern mit und ohne Lernstörungen. Wird jedoch der Einfluß der Intelligenz kontrolliert, dann reduziert sich die Diskriminationsfähigkeit hauptsächlich auf Skalen, die unmittelbar schulrelevante Fähigkeiten erfassen: Lese-, Rechtschreib- und expressive Sprachfähigkeit (Geary u. Gilger 1984; Nolan et al. 1983). Allerdings konnten Myers et al. (1989) lese- und rechtschreibschwache Kinder von Kindern ohne Schulleistungsprobleme auch bei Ausschluß des Einflusses der Skalen, die Lese- Rechtschreib- und Sprachleistungen erfassen, mit einer Trefferquote von 84 % korrekt klassifizieren. Dabei erreichten die Skalen zur Messung der akustisch-motorischen Koordination und der motorischen Funktionen die beste Diskriminationsfähigkeit. Zwischen der Halstead- und der Luria-Batterie wurden hohe Übereinstimmungen (91 %) bei der Identifikation hirngeschädigter Kinder belegt (Berg et al. 1984). Zumindest bei der allgemeinen Klassifikation hirngeschädigter und gesunder Kinder erweisen sich beide Batterien als gleichermaßen effektiv, obwohl die Luria-Skala nur die Hälfte der Testzeit benötigt. Ein Hauptproblem der Luria-Skala ist die geringe Itemzahl, die eine reliable Erfassung der einzelnen Komponenten der Funktionen verhindert.

Eklektische Testbatterien: Bei eklektischen Testbatterien werden Testverfahren aus den genannten neuropsychologischen Standardtestbatterien mit intramodalen neuropsychologischen Tests, die nur eine umschriebene Modalität differenziert zu erfassen suchen, z.B. den Wechsler-Gedächtnisskalen (Wechsler 1945), sowie mit standardisierten Testverfahren kombiniert, die nicht auf explizit neuropsychologischer Basis entwickelt wurden. So besteht die Victoria Battery aus einer losen Zusammenstellung von 50 Einzeltests verschiedener Autoren, u.a. den Wechsler-Intelligenzskalen, dem im deutschen Sprachraum als Psycholinguistischer Entwicklungstest bekannten Verfahren sowie Schulleistungstests (Gaddes 1985).

Zu den Verfahren, die in letzter Zeit immer häufiger in eklektischen Testbatterien Verwendung finden, zählt die von Kaufman u. Kaufman (1983a,b) entwickelte Kaufman Assessment Battery for Children, ein Intelligenz- und Leistungstestverfahren für Kinder im Alter von 2,6 bis 12,6 Jahren. Die Batterie basiert auf einem theoretischen Modell der sequentiellen und simultanen

Informationsverarbeitung und bezieht sich explizit auf die Theorie von Luria (1970) und die empirischen Befunde zur Hemisphärenspezialisierung (vgl. Reynolds et al. 1989). Simultane Reizverarbeitung („ganzheitliches Denken") beschreibt die Fähigkeit zur Synthese sukzessiv eingehender Informationen anhand räumlicher, analoger und ganzheitlicher Schemata und ist eine Fähigkeit, die primär der rechten Hemisphäre zugeschrieben werden kann. Sequentielle Reizverarbeitung („einzelheitliches Denken") umfaßt die Fähigkeit, Reize in einer linearen, zeitlichen Reihenfolge zu verarbeiten und wird primär der linken Hemisphäre zugeschrieben. Diese beiden Methoden der Informationsverarbeitung interagieren ständig miteinander, wobei je nach Aufgabe eine der beiden Strategien die führende Rolle übernimmt. Dieses Verfahren wurde von Preuss (1986) und Melchers (1986) für den deutschsprachigen Raum adaptiert und erprobt. Eine umfangreiche Normierungsstudie in der Bundesrepublik, in Österreich und der Schweiz wurde bereits abgeschlossen, die Publikation des Verfahrens ist noch für 1991 geplant. Die Untertests zur Erfassung des einzelheitlichen und des ganzheitlichen Denkens bilden die Gesamtskala „intellektuelle Fähigkeiten". Daneben werden Tests zur Erfassung von im starken Maße bildungsabhängigen Leistungen in der Fertigkeitenskala zusammengefaßt. Tabelle 1 gibt einen Überblick über die einzelnen Testverfahren.

Zur Reliabilität und Validität dieses Verfahrens liegt eine Fülle von Untersuchungen aus dem angloamerikanischen Sprachraum vor. Bereits bei der Publikation des Testverfahrens konnten Kaufman u. Kaufman (1983b) 43 Validitätsstudien anführen. Mehrere Faktorenanalysen bestätigten die Dichotomie der simultanen und sequentiellen Informationsverarbeitung (vgl. Rey-nolds et al. 1989). Korrelationsstudien mit der Luria-Nebraska-Skala zeigen, daß Subtests der Kaufman-Batterie deutliche Beziehungen zu neuropsychologischen Funktionen aufweisen, wie sie von der Luria-Skala erhoben werden. Die Korrelationen liegen jedoch nicht so hoch, daß die Kaufman-Batterie als redundant einzuschätzen wäre. Kinder mit eindeutigen Hinweisen auf linkshemisphärische Funktionsstörungen (erfaßt über neurologische Untersuchungen, EEG oder CT) weisen signifikant geringere Leistungen im einzelheitlichen Denken, Kinder mit rechtshemisphärischen Funktionsstörungen geringere Leistungen im ganzheitlichen Denken auf (vgl. Reynolds et al. 1989).

Solange im deutschen Sprachraum keine Testbatterien zur Verfügung stehen, die psychometrischen Gütekriterien genügen und hinreichend normiert sind, bleiben eklektische Testbatterien die einzige Möglichkeit einer an neuropsychologischen Prinzipien orientierten Diagnostik. Darüber hinaus werden standardisierte Testverfahren als Ergänzung zu neuropsychologischen Batterien weiterhin von großer Bedeutung sein. Neben den Lese- und Rechtschreibtests haben mehrdimensionale Intelligenz- und Leistungstests, u.a. der French-Bilder-Intelligenz-Test (Hebbel u. Horn 1976), der Psycholinguistische Entwicklungstest (Angermeier 1977), der revidierte Hamburg-Wechsler-Intelligenztest für Kinder (Tewes 1983), das Adaptive Intelligenz-Diagnosti-

Tabelle 1. Untertests der Kaufman Assessment Battery for Children (K-ABC)

Subtest	Aufgabenart
Skala einzelheitliches Denken	
Handbewegungen	Imitation von Handbewegungen
Zahlennachsprechen	Nachsprechen von Zahlenreihen
Wortreihe	Serie von Objekten zeigen
Skala ganzheitliches Denken	
Zauberfenster	Objekt benennen, dessen Teile sequentiell dargeboten werden
Wiedererkennen von Gesichtern	Wiedererkennen von Gesichtern
Gestaltschließen	Unvollständiges Objekt benennen
Dreiecke	Dreiecke nach Vorlage zusammenlegen
Bildhaftes Ergänzen	Muster vervollständigen (analog RAVEN)
Räumliches Gedächtnis	Position von Bildern erinnern
Fotoserie	Fotos entsprechend Handlungsablauf ordnen
Fertigkeitenskala	
Wortschatz	Fotos benennen
Gesichter und Orte	Erkennen von bekannten Personen und Orten
Rechnen	Zahlenerkennen/ Zählen/Rechnen
Rätsel	Erraten von Objekten anhand vorgegebener Merkmale
Lesen/Buchstabieren	Vorlesen von Buchstaben/ Worten
Lesen/Verstehen	Ausführen von schriftlich vorgegebenen Anweisungen

kum (Kubinger u. Wurst 1988), der Intelligenztest für körperbehinderte und nichtbehinderte Kinder (Neumann 1981) oder das Prüfsystem für Schul- und Bildungsberatung (Horn 1969) ebenso eine Bedeutung wie Tests zur Erfassung motorischer, visueller und verbaler Leistungen.

Eine solche eklektische Testbatterie wurde im Rahmen einer eigenen Studie zur Erfassung der Effekte einer teilstationären Langzeittherapie bei verhaltensauffälligen Vorschulkindern (Döpfner et al. 1989) zusammengestellt und an einer kinderpsychiatrischen Inanspruchnahmestichprobe von 119 Kindern im Alter von 4 bis 7 Jahren mit einem Altersmedian von 5,4 Jahren faktorenanalytisch untersucht. Zur Erfassung der rezeptiven Sprachentwicklung wurden die Untertests „Bilder-Wortschatz" (FBIT-BW) und „Information und Verständnis" (FBIT-IV) aus dem French-Bilder-Intelligenztest

(FBIT) von Hebbel u. Horn (1976) sowie der Untertest „Verstehen grammatischer Strukturformen" (HSET-VS) aus dem Heidelberger Sprachentwicklungstest (HSET) von Grimm u. Schöler (1978) verwendet. Diese Verfahren erlauben die Bestimmung des passiven Wortschatzes, des Wissensbestandes und des Verständnisses der näheren und weiteren Umwelt und schließlich des grammatischen Regelwissens, das für das Verständnis verschiedener Satzkonstruktionen notwendig ist. Die expressive Sprachentwicklung wurde durch den Lautbildungstest (LBT) von Fried (1980), den Aktiven Wortschatz-Test (AWST) von Kiese u. Kozielsky (1979) und durch den Untertest „Imitation grammatischer Strukturformen" (HSET-IS) aus dem Heidelberger Sprachentwicklungstest erfaßt, der das Nachsprechen komplexer Sätze erfordert und vor allem Defizite bei Kindern mit dysgrammatischer Spontansprache deutlich werden läßt. Motorikfreie und motorikabhängige visuelle Wahrnehmungsfähigkeit werden durch die beiden Untertests „Formunterscheidung" (FBIT-FU) und „Kurzzeitgedächtnis" (FBIT-KG) aus dem French-Bilder-Intelligenztest und durch die Untertests des Frostig-Entwicklungstests der visuellen Wahrnehmung (FEW) (Lockowandt 1979) erhoben. Der Subtest „Ähnlichkeiten" (FBIT-Ä) aus dem French-Bilder Intelligenztest dient der Erfassung des Abstraktionsvermögens und des schlußfolgernden Denkens. Der Untertest „Mengen und Zahlen" (FBIT-MZ) prüft das Erkennen von Größer-kleiner-Relationen, Mengenbegriffe, Zahlenkenntnis, Abzählen und (für ältere Kinder) einfache Rechenoperationen.

Die Durchschnittswerte und Standardabweichungen der einzelnen Testverfahren, ausgedrückt in standardisierten altersbezogenen T-Werten, sind Tabelle 2 zu entnehmen. Wie die Summenwerte des French-Bilder-Intelligenztests und des Frostig-Tests zeigen, liegen die Leistungen im Durchschnitt eine Standardabweichung vom Mittelwert der jeweiligen Altersgruppe (T = 50) entfernt, wobei die verbalen Leistungen geringer ausgeprägt sind als die visuellen Leistungen.

Eine Faktorenanalyse (Hauptkomponentenanalyse mit orthogonaler Rotation nach Varimaxkriterium) erbrachte eine gut interpretierbare 2faktorielle Lösung mit einem verbal-kognitiven und einem visuellen Faktor sowie eine 3faktorielle Lösung, die 64 % der Varianz aufklärt (Tabelle 3). Auf dem 1. Faktor weisen alle Sprachtests hohe Ladungen auf, der 2. Faktor wird durch die Tests zu Erfassung der visuellen Leistungsfähigkeit aufgemacht. Auf dem 3. Faktor laden die Tests zur Erfassung des schlußfolgernden Denkens und von Mengen- und Zahlbegriffen. Außerdem weisen 3 visuelle Tests bedeutsame Ladungen auf diesem Faktor auf: Formunterscheidung, Lage im Raum und - am stärksten - die Wahrnehmung räumlicher Beziehungen. Visuelle Leistungen bilden die Voraussetzung für die Lösung der stark wahrnehmungsbetonten Aufgaben in den Untertests „Ähnlichkeiten" und „Mengen und Zahlen". Getrennte Faktorenanalysen für 4jährige und 5- bis 7jährige erbrachten vergleichbare Faktorenstrukturen. In einer Studie zur Wirksamkeit langfristiger teilstationärer Behandlung, in der Untersuchungen mit dieser Testbatterie in 6monatigen Abständen mehrfach wiederholt durchgeführt

Tabelle 2. Mittelwerte (T-Werte) und Standardabweichungen

Dimension	Test[1]	Arithmetisches Mittel	Standard-abweichung
Passiver Wortschatz	FBIT-BW	40	12,8
Information und Verständnis	FBIT-IV	41	11,2
Aktiver Wortschatz	AWST	32	11,4
Grammatikalisches Verständnis	HSET-VS	39	10,9
Satzimitation	HSET-IS	34	11,7
Lautbildung	LBT	40	12,5
Verbale Leistung Gesamt		37	9,2
Formunterscheidung	FBIT-FU	39	11,0
Kurzzeitgedächtnis	FBIT-KG	47	12,0
Visuomotorische Koordination	FEW-VK	44	11,8
Figur-Grund Unterscheidung	FEW-FG	44	11,4
Formkonstanz	FEW-FK	43	10,7
Lage im Raum	FEW-LR	48	13,4
Räumliche Beziehungen	FEW-RB	44	10,6
Visuelle Leistung Gesamt		45	9,3
Schlußfolgerndes Denken	FBIT-Ä	44	10,9
Mengen- und Zahlbegriff	FBIT-MZ	41	9,9
Intelligenzleistung Gesamt		42	8,9
FBIT-Gesamtleistung	FBIT	39	11,0
Frostig-Gesamtleistung	FEW	39	12,9

1)

FBIT-BW	=	French-Bilder-Intelligenztest, Untertest Bilderwortschatz
FBIT-IV	=	French-Bilder-Intelligenztest, Untertest Information und Verständnis
AWST	=	Aktiver Wortschatztest
HSET-VS	=	Heidelberger Sprachentwicklungstest, Untertest Verständnis grammatischer Strukturen
HSET-IS	=	Heidelberger Sprachentwicklungstest, Untertest Imitation grammatischer Strukturen
LBT	=	Lautbildungstest
FBIT-FU	=	French-Bilder-Intelligenztest, Untertest Formunterscheidung
FBIT-KG	=	French-Bilder-Intelligenztest, Untertest Kurzzeitgedächtnis
FEW-VK	=	Frostig Entwicklungstest der visuellen Wahrnehmung, Untertest Visuomotorische Koordination
FEW-FG	=	Frostig Entwicklungstest der visuellen Wahrnehmung, Untertest Figur-Grund-Unterscheidung

Tabelle 2. (Fortsetzung)

FEW-FK   =   Frostig Entwicklungstest der visuellen Wahrnehmung, Untertest
Formkonstanz
FEW-LR   =   Frostig Entwicklungstest der visuellen Wahrnehmung, Untertest
Erkennen der Lage im Raum
FEW-RB   =   Frostig Entwicklungstest der visuellen Wahrnehmung, Untertest Erfas-
sen räumlicher Beziehungen
FBIT-Ä   =   French-Bilder-Intelligenztest, Untertest Ähnlichkeiten
FBIT-MZ =   French-Bilder-Intelligenztest, Untertest Mengen und Zahlen
FBIT   =   French-Bilder-Intelligenztest
FEW   =   Frostig Entwicklungstest der visuellen Wahrnehmung

Tabelle 3. Faktorenanalyse, Gesamtstichprobe N = 119, dreifaktorielle Lösung, Varianzaufklärung: 64,3 %, Ladungen > .40

| | | Faktoren | | | |
Dimensionen	Test [1]	1	2	3	h^2
Passiver Wortschatz	FBIT-BW	.55			.52
Information und Verständnis	FBIT-IV	.64			.63
Aktiver Wortschatz	AWST	.73			.70
Grammatikalisches Verständnis	HSET-VS	.63			.56
Satzimitation	HSET-IS	.75			.59
Lautbildung	LBT	.61			.41
Formunterscheidung	FBIT-FU		.59	.43	.58
Kurzzeitgedächtnis	FBIT-KG		.49		.47
Visuomotorische Koordination	FEW-VK		.58		.50
Figur-Grund-Unterscheidung	FEW-FG		.83		.79
Formkonstanz	FEW-FK		.69		.55
Lage im Raum	FEW-LR		.57	.43	.55
Räumliche Beziehungen	FEW-RB		.51	.57	.58
Schlußfolgerndes Denken	FBIT-Ä			.42	.34
Mengen- und Zahlenbegriffe	FBIT-MZ			.66	.60

1) siehe Tabelle 2

wurden, erwies sich allerdings nur die 2faktorielle Lösung mit der Unterteilung in verbal-kognitive Leistungen (Untertests zur rezeptiven und expressiven Sprachentwicklung, zum schlußfolgernden Denken und zur Erfassung von Mengen- und Zahlbegriffen) und in visuelle Leistungen als zeitstabil (Döpfner 1988). Auf beiden Dimensionen konnten ausgeprägte Therapieeffekte nachgewiesen werden (Döpfner et al. 1989).

Prozeßorientierte Ansätze

Prozeßorientierte Strategien versuchen, die Vorteile der quantitativen Ansätze über Standardtestbatterien und flexible Batterien mit den Vorteilen qualitativer individualisierter Diagnostik in einem mehrstufigen diagnostischen Prozeß zu verknüpfen. Tarter u. Edwards (1986) schlagen eine neuropsychologische Untersuchung als 3stufigen Prozeß vor, der von der Vorgabe von Standardscreeningbatterien zur Feststellung von Ausfällen in spezifischen Funktionsbereichen (z.B. mit der Luria-Skala) über die Anwendung von standardisierten Subbatterien für Einzelbereiche bis hin zu einer vollkommen individualisierten Form der Testung verläuft (Abb. 2).

Diese Vorgehensweise wird als äußerst effizient betrachtet, weil der Kliniker auf jeder Stufe des Prozesses entscheiden kann, ob die vorliegenden Informationen für die Beantwortung der diagnostischen Fragestellung ausreichen. Einen vergleichbaren Ansatz entwickelte Wilson (1986) für die neuropsychologische Untersuchung von Vorschulkindern. Zunächst werden Instrumente zur Erhebung komplexer kognitiver Funktionen eingesetzt. In Abhängigkeit von den Ergebnissen werden zusätzliche Verfahren ausgewählt, die spezifische Funktionen differenzierter erfassen.

Neuropsychologische Untersuchungen werden zunehmend spezialisiert und zielen immer mehr auf die Analyse von Teilprozessen und deren Einfluß auf die Bewältigung von Anforderungen des Alltags. Daher entsteht zunehmend die Notwendigkeit, neuropsychologische Meßmethoden maßzuschneidern (Tramontana 1988). Deshalb werden zukünftig prozeßorientierte Ansätze in den Mittelpunkt des Interesses rücken. Mit dem zunehmenden Einsatz computergestützter Diagnoseverfahren lassen sich auch die Möglichkeiten eines adaptiven Testens - der Vorgabe von Items in Abhängigkeit von den Antworten auf das jeweils vorhergehende Item - verbessern. Dadurch werden nur jene Items bearbeitet, die der differenzierten Erfassung des individuellen Leistungsniveaus dienen, ohne daß durch zu leichte oder zu schwere Aufgaben die Testung unnötig verlängert wird (vgl. Kubinger 1988).

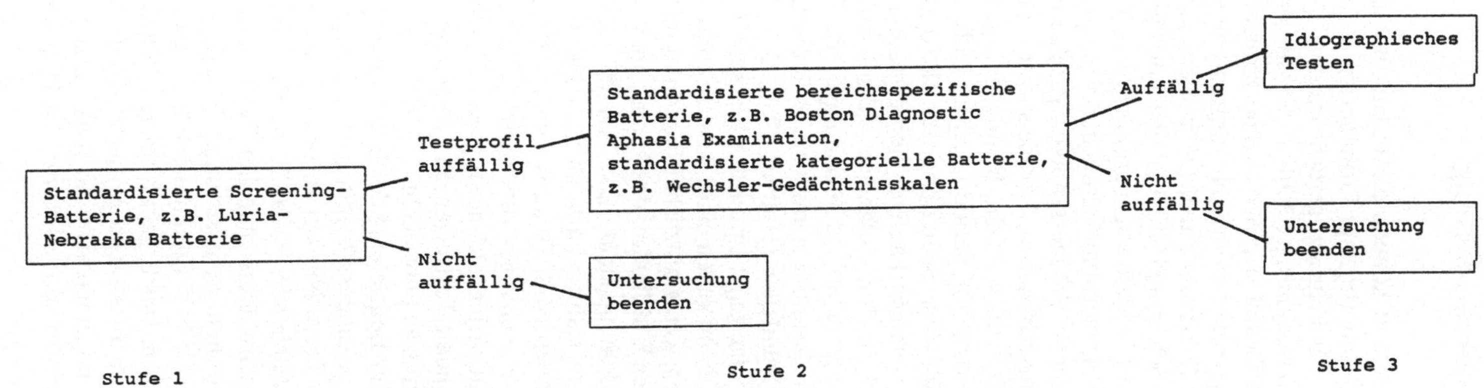

Abb. 2. Ablauf einer neurosychologischen Untersuchung nach Tarter u. Edwards (1986). (Aus Schulze et al. 1989)

Zusammenfassung

Insgesamt können die bislang publizierten neuropsychologischen Testbatterien den eingangs formulierten 6 Aufgaben neuropsycholgogischer Diagnostik nur begrenzt gerecht werden. Der Fähigkeit neuropsychologischer Testbatterien, hirngeschädigte Kinder zu identifizieren, wurden in den vergangenen Dekaden große Aufmerksamkeit gewidmet. Diese Aufgabe tritt jedoch zunehmend in den Hintergrund zugunsten der differenzierten Beschreibung der Fähigkeiten und Defizite der Patienten in den verschiedenen Funktionsbereichen und der Untersuchung jener Teilprozesse, die komplexen psychischen Funktionen zugrundeliegen. Vor allem bei Kindern mit Lernstörungen und Teilleistungsschwächen wird dieser Fragestellung in den letzten Jahren vermehrt Aufmerksamkeit geschenkt. Bei Kindern mit spezifischen Teilleistungsschwächen, beispielsweise bei lese- und rechtschreibschwachen Kindern, wird versucht, homogene Subgruppen mit unterschiedlichen Störungsmustern auf basalen Leistungsebenen herauszuarbeiten (vgl. Hynd et al. 1988). Die Bedeutung der ökologischen und der prognostischen Validität wird immer häufiger herausgestellt, Untersuchungen dazu stecken jedoch noch in den Anfängen. Zu solchen Validierungsstudien gehören Untersuchungen über die Beziehungen von Testleistungen zum Schulerfolg oder über den Zusammenhang von Teilleistungen im Vorschulalter mit Lernstörungen im Schulalter (Hooper 1988). Die Verwendung homogener Testverfahren, die eine eng begrenzte psychische Funktion erfassen, ist für die Bestimmung der Fähigkeiten eines Kindes, komplexe Anforderungen des Alltags zu bewältigen, wenig nützlich. Ein reduktionistischer Ansatz kann nur ein fragmentarisches Bild liefern, das kaum zum alltäglichen Funktionsniveau des Kindes in Beziehung steht. Die Analyse der Leistungsprofile neuropsychologischer Testverfahren kann im Einzelfall schon heute wertvolle Hinweise auf die zu trainierenden Teilfunktionen liefern. Allerdings fehlen bislang systematische Untersuchungen zum Beitrag dieser Tests zur Behandlungsplanung und -kontrolle. Eine auf neuropsychologischen Prinzipien basierende, aus entsprechenden Testverfahren abgeleitete Therapie beginnt sich erst in den letzten Jahren zu entwickeln.

Zur Beurteilung der Bedeutung eines Testverfahren sind neben der Validität zumindest 2 weitere Aspekte zu beachten: Reliabilität und Normierung des Tests. Nur ein zuverlässiges, ein reliables Testverfahren kann auch eine hinreichende Validität besitzen. Bezogen auf die Reliabilität scheinen die Konstrukteure mancher Testbatterien erneut die Quadratur des Kreises anzustreben, wenn sie unter dem Druck der Zeitökonomie ein weites Spektrum psychischer Funktionen über eine relativ geringe Itemzahl zu erfassen suchen. Das Ergebnis solcher Bemühungen sind Testbatterien mit inhomogenen Subtests und geringen Wiederholungszuverlässigkeiten. Die mangelnde Homogenität wäre noch akzeptabel, wenn man die Testbatterie als Screeninginstrument einsetzte, das Hinweise darauf gibt, welche psychischen Funktionsbereiche möglicherweise beeinträchtigt sind und genauerer Analyse bedürfen. Die geringe Zeitstabilität aber ist völlig unakzeptabel, ist doch die Analyse weitgehend stabiler Funktionen das Ziel neuropsychologischer Diagnostik.

Neben Reliabilität und Validität ist die Güte der Normierung für die klinische Anwendung von herausragender Bedeutung. Die enorme Entwicklungsabhängigkeit der meisten psychischen Funktionen gebietet eine altersorientierte Normierung zumindest in Jahresabständen. Wegen der starken Abhängigkeit vieler Funktionen von soziokulturellen Einflüssen wäre gerade unter den Aspekten der ökologischen Validität eine schulformabhängige Normierung ausgesprochen hilfreich. Daß die bislang publizierten deutschsprachigen Ansätze diesen Kriterien nicht entsprechen können, ist nicht verwunderlich, aber auch im angloamerikanischen Sprachraum werden mangelnde Reliabilität und unzureichende Normierung entsprechender Verfahren beklagt (Tramontana u. Hooper 1988).

Der Feststellung von Neumärker u. Bzufka (1988), daß die neuropsychologische Forschung sich in vielem auf einem Stand befinde, den die Intelligenzdiagnostik bereits zu Beginn des Jahrhunderts erreicht hatte, kann nur zugestimmt werden. Der generelle Ansatz, Testverfahren anhand von Vorstellungen über Funktionsweisen des Gehirns zu entwickeln, das Zusammenspiel zwischen den einzelnen psychischen Funktionen, vor allem auf unterschiedlichen Komplexitätsebenen, zu ergründen und mit direkten Messungen von Hirnstrukturen und Hirnfunktionen einerseits und der Fähigkeit zur Bewältigung gegenwärtiger und zukünftiger Anforderungen des Alltags andererseits in Beziehung zu setzen, diese Forschungsperspektive erscheint jedoch, trotz aller damit verknüpfter Probleme, besonders reizvoll und erfolgversprechend.

Literatur

Angermeier M (1977) Psycholinguistischer Entwicklungstest. Beltz, Weinheim

Benton AL (1986) Der Benton-Test, 5. überarb. u. erw. Aufl. Huber, Bern Stuttgart Wien

Berg RA, Bolter JF, Ch'ien LT, Williams SJ, Lancaster W, Cummins J (1984) Comparative diagnostic accuracy of the Halstead-Reitan and the Luria-Nebraska neuropsychological adult and children's batteries. Clin Neuropsychol 6:200-204

Berg RA, Linton JC (1989) Neuropsychological sequelae of chronic medical disorders. In: Reynolds CR, Fletcher-Janzen E (eds) Handbook of clinical child neuropsychology. Plenum, New York, pp 107-127

Boll TJ (1974) Behavioral correlates of cerebral damage in children age 9-14. In: Reitan RM, Davison LA (eds) Clinical neuropsychology: Current status and applications. Winston, Washington/DC, pp 91-120

Burgmayer S (1986) Neuropsychologie: Gegenstand - diagnostische Methoden - therapeutische Konsequenzen. In: Brack UB (Hrsg) Frühdiagnostik und Frühtherapie. Psychologie-Verlags-Union, Weinheim, S 215-231

Chadwick O, Rutter M (1983) Neuropsychological assessment. In: Rutter M (ed) Developmental neuropsychiatry. Guilford, New York, pp 181-212

Chelune GJ, Edwards P (1981) Early brain lesions: Ontogenetic environmental considerations. J Consult Clin Psychol 49:777-790

Christensen AL (1975) Luria's neuropsychological investigation. Spectrum, New York

Cronbach LJ, Rajaratnam N, Gleser GC (1963) Theory of generalizability: A liberalization of reliability theory. Br J Statist Psychol 16:137-163

Döpfner M (1988) Die teilstationäre Behandlung verhaltensauffälliger und entwicklungsrückständiger Vorschulkinder - eine Verlaufs und Effektivitätskontrolle. Dissertation, Universität Heidelberg

Döpfner M, Berner W, Schmidt MH (1989) Effekte der teilstationären Behandlung verhaltensauffälliger und entwicklungsrückständiger Vorschulkinder. Z Kinder Jugendpsychiatr 17:131-139

Ernhart CB, Graham FK, Eichman PL, Marshall JM, Thurston D (1963) Brain injury in the preschool child: some developmental considerations. II. Comparison of brain-injured and normal children. Psychol Monogr 77:17-33

Esser G, Schmidt MH (1987) MCD - Leerformel oder Syndrom? Enke, Stuttgart

Fennell EB, Bauer RM (1989) Models of inference in evaluating brain-behavior relationships in children. In: Reynolds CR, Fletcher-Janzen E (eds) Handbook of clinical child neuropsychology. Plenum, New York, pp 167-177

Fletcher JM, Taylor HG (1984) Neuropsychological approaches to children: Towards a developmental neuropsychology. J Clin Neuropsychol 6:39-56

Fried L (1980) Lautbildungstest für Vorschulkinder. Testmanual. Beltz, Weinheim

Gaddes WH (1985) Learning disabilities and brain function: A neuropsychological approach, 2nd edn. Springer, New York

Geary DC, Gilger JW (1984) The Luria-Nebraska Neuropsychological Battery-Children's Revision: Comparison of learning disabled and normal children matched on full scale IQ. Percept Mot Skills 58:115-118

Golden CJ (1981) The Luria-Nebraska Children's Battery: Theory and formulation. In: Hynd GW, Obrzut JE (eds) Neuropsycholological assessment and the school-age child: Issues and perspectives. Grune & Stratton, New York, pp 277-302

Golden CJ (1987) Manual for the Luria-Nebraska Neuropsychological Battery Children's Revision. Western Psychological Services, Los Angeles/CA

Golden CJ (1989) The Nebraska Neuropsychological Children's Battery. In: Reynolds CR, Fletcher-Janzen E (eds) Handbook of clinical child neuropsychology. Plenum, New York, pp 193-204

Graham FK, Ernhart CB, Craft M, Berman PW (1963) Brain injury in the preschool child: Some developmental considerations: I. Performance of normal children. Psychol Monogr 77:1-16

Grimm H, Schöler H (1978) Heidelberger Sprachentwicklungstest. Handanweisung. Westermann, Braunschweig

Gustavson JL, Golden CJ, Wilkening GN, Hermann BP, Plaisted JR MacInnes WD, Leark RA (1984) The Luria-Nebraska neuropsychological battery-children's revision: Validition with braindamaged and normal children. J Psychoeduc Assess 2:199-208

Hebbel G, Horn R (1976) French-Bilder-Intelligenz-Test. Testmanual. Beltz, Weinheim

Herbert M (1964) The concept and testing of brain damage in children: A review. J Child Psychol Psychiatry 5:197-216

Hillers F, Weidlich S (1972) Diagnosticum für Cerebralschädigung. Huber, Bern

Hooper SR (1988) The prediction of learning disabilities in the preschool child: A neuropsychological perspective. In: Tramontana MG, Hooper SR (eds) Assessment issues in child neuropsychology. Plenum, New York, pp 281-312

Horn W (1969) Prüfsystem für Schul- und Bildungsberatung. Testmanual. Hogrefe, Göttingen

Hynd GW, Connor RT, Nieves N (1988) Learning disabilities subtypes: Perspectives and methodological issues in clinical assessment. In: Tramontana GT, Hooper SR (eds) Assessment issues in child neuropsychology. Plenum, New York, pp 281-312

Hynd GW, Snow J, Becker MG (1986) Neuropsychological assessment in clinical child psychology. In: Lahey B, Kazdin A (eds) Advances in clinical child psychology, vol 9. Plenum, New York, pp 35-86

Jungmann J, Göbel D (1983) Zur differentialdiagnostischen Effizienz des Göttinger Form-Reproduktions-Tests. Diagnostica 29: 136-144

Kaufman AS, Kaufman NL (1983a) Kaufman Assessment Battery for Children (K-ABC) administration and scoring manual. American Guidance Service, Circle Pines/MN

Kaufman AS, Kaufman NL (1983b) K-ABC interpretive manual. American Guidance Service, Circle Pines/MN

Kiese C, Kozielsky P (1979) Aktiver Wortschatztest für drei- bis sechsjährige Kinder. Testmanual. Beltz, Weinheim

Klonoff H, Robinson JC, Thompson G (1969) Acute and chronic brain syndroms in children. Dev Med Child Neurol 11:198-213

Kubinger KD (Hrsg) (1988) Moderne Testtheorie. Psychologie-Verlags-Union, Weinheim München

Kubinger KD, Wurst, E (1988) Adaptives Intelligenz-Diagnostikum. Testmanual. Beltz, Weinheim

Lehmkuhl G, Thoma W (1987) Langfristige Verhaltens- und Leistungsveränderungen nach einem Schädel-Hirn-Trauma im Kindesalter. Monatsschr Kinderheilk 135:402-405

Lockowandt O (1979) Frostigs Entwicklungstest der visuellen Wahrnehmung. Testmanual, 3. Aufl. Beltz, Weinheim

Luria AR (1970) Die höheren kortikalen Funktionen des Menschen und ihre Störungen bei örtlichen Hirnschädigungen. Deutscher Verlag der Wissenschaften, Berlin

Luria AR (1973) The working brain. Basic Books, New York

Melchers P (1986) Erprobung der Kaufman-Assessment Battery for Children an deutschen Kindern: Validität. Dissertation, Universität Köln

Myers D, Sweet JJ, Deysach R, Myers FC (1989) Utility of the Luria-Nebraska Neuropsychological Battery-Childrens Revision in the evaluation of reading disabled children. Arch Clin Neuropsychol 4:201-215

Neumann K (1981) Intelligenztest für 6- bis 14jährige körperbehinderte und nichtbehinderte Kinder. Manual. Beltz, Weinheim

Neumärker KJ, Bzufka MW (1988) Berliner-Luria-Neuropsychologisches Verfahren für Kinder. Psychodiagnostisches Zentrum, Berlin

Neumärker KJ, Eckstein WE, Kemmerling S (1984a) Ein Beitrag zur Diagnostik von Hirnfunktionsstörungen im Kindesalter. I. Die Luria-Nebraska-Neuropsychologische Batterie für Kinder. Z Kinder Jugendpsychiatr 12:178-188

Neumärker KJ, Eckstein WE, Kemmerling S (1984b) Ein Beitrag zur Diagnostik von Hirnfunktionsstörungen im Kindesalter. II. Erfahrungen mit der Luria-Nebraska-Neuropsychologischen Batterie für Kinder. Z Kinder Jugendpsychiatr 12:391-405

Nolan DR, Hammeke TA, Barkley RA (1983) A comparison of the patterns of the neuropsychological performance in two groups of learning disabled children. J Clin Child Psychol 12:13-21

Nussbaum NL, Bigler ED (1989) Halstead-Reitan Neuropsychological Test Batteries for Children. In: Reynolds CR, Fletcher-Janzon E (eds) Handbook of clinical child neuropsychology. Plenum, New York, pp 181-191

Preuss U (1986) Erprobung der Kaufman Assessment Battery for Children an deutschen Kindern: Aufgabenanalyse u. Reliabilität. Dissertation, Universität Köln

Reed HBC, Reitan RM, Klove H (1965) Influence of cerebral lesions on psychological test performances of older children. J Consult Psychol 29:247-251

Rees UM, Thoma W, Schulze C, Lehmkuhl G (1989) Testtheoretische Probleme der Diagnostik von Hirnschädigungen im Kindesalter am Beispiel der Validität neuropsychologischer Testverfahren. Z Kinder Jugendpsychiatr 17:17-22

Reitan RM (1974) Psychological effects of cerebral lesions in children of early school age. In: Reitan RM, Davison LA (eds) Clinical neuropsychology: current status and applications. Winston, Washington/DC

Reitan RM, Davison LA (eds) (1974) Clinical neuropsychology: Current status and applications. Winston, Washington/DC

Reitan RM, Wolfsun D (1985) The Halstead-Reitan Neuropsychological Test Battery: Theory and clinical interpretation. Neuropsychology Press, Tuscon/AZ

Remschmidt H, Stutte H (1980) Neurologische, psychische und psychosoziale Folgen von Schädel-Hirn-Traumen im Kindes- und Jugendalter. In: Remschmidt H, Stutte H (Hrsg) Neuropsychiatrische Folgen nach Schädel-Hirn-Traumen bei Kindern und Jugendlichen. Huber, Bern, S 45-89

Reynolds CR, Kamphaus RW, Rosenthal BL (1989) Applications of the Kaufman Assessment Battery for Children (K-ABC) in neuropsychological assessment. In: Reynolds CR, Fletcher-Janzon E (eds) Handbook of clinical child neuropsychology. Plenum, New York, pp 205-226

Rourke BP (1982) Central processing deficiencies in children: Toward a developmental neuropsychological model. J Clin Neuropsychol 4:1-18

Rourke BP, Fisk JL, Strang JD (1986) Neuropsychological assessment of children - a treatment-orientated approach. Guilford, New York

Sawicki RF, Leark R, Golden CJ, Karras D (1984) The development of the pathognomonic, left sensorimotor and right sensorimotor scales for the Luria-Nebraska Neuropsychological Battery - Children's Revision. J Clin Child Psychol 13:165-169

Schlange H, Stein B, von Boetticher I, Taneli S (1977) Göttinger Formreproduktions-Test, 3. Aufl. Hogrefe, Göttingen Toronto Zürich

Schneider F, Remschmidt H (1977) Der Einfluß des Schädigungszeitpunktes auf Wahrnehmung, kognitive und soziale Entwicklung hirngeschädigter Kinder. Z Kinder Jugendpsychiatr 5:317-329

Schulze C, Rees UM, Thoma W, Lehmkuhl G (1989) Die Bedeutung neuropsychologischer Testbatterien für die Diagnostik von Hirnfunktionsstörungen im Kindesalter. Z Kinder Jugendpsychiatr 17:23-30

Selz M, Reitan RM (1979) Rules for neuropsychological diagnosis: classification of brain function in older children. J Consult Clin Psychol 47:258-264

Shaffer D (1985) Psychische Störungen nach früh erworbenen Hirnschädigungen. In: Remschmidt H, Schmidt MH (Hrsg) Kinder- und Jugendpsychiatrie in Klinik und Praxis, Bd II. Thieme, Stuttgart, S 142-160

Tarter RE, Edwards KL (1986) Neuropsychological batteries. In: Incagnoli T, Goldstein G, Golden CJ (eds) .Clinical application of neuropsychological test batteries. Plenum, New York, pp 135-153

Tewes U (Hrsg) (1983) Hamburg-Wechsler Intelligenztest für Kinder - Revision 1983. Huber, Bern

Tramontana MG (1988) Problems and prospects in child neuropsychological assessment. In: Tramontana MG, Hooper SR (eds) Assessment issues in child neuropsychology. Plenum, New York, pp 369-376

Tramontana MG, Hooper SR (1988) Child neuropsychological assessment. In: Tramontana MG, Hooper SR (eds) Assessment issues in child neuropsychology. Plenum, New York, pp 3-38

Tramontana MG, Hooper SR (1989) Neuropsychology of child psychopathology. In: Reynolds CR, Fletcher-Janzen E (eds) Handbook of clinical child neuropsychology. Plenum Press, New York, pp 87-106

Tramontana MG, Klee SH, Boyd TA (1984) WISC-R interrelationships with the Halstead-Reitan and Children's Luria Neuropsychological Batteries. Int J Clin Neuropsychol 6:1-8

Wechsler D (1945) A standardized memory scale for clinical use. J Psychol 19:87-95

Wilson BC (1986) An approach to the neuropsychological assessment of the preschool child with developmental deficits. In: Filskov SB, Boll TJ (eds) Handbook of clinical neuropsychology, vol 2. Wiley, New York, pp 121-171

Wittling W (1983) Neuropsychologische Diagnostik. In: Groffmann KJ, Michel L (Hrsg) Methodologie und Methoden, Psychologische Diagnostik, Verhaltensdiagnostik (Enzyklopädie der Psychologie, Bd IV. Hogrefe, Göttingen, S 193-335)

Zur Anwendung des Berliner neuropsychologischen Verfahrens nach Luria für Kinder bei frontalen und okzipitalen Hirnfunktionsstörungen

K.-J. Neumärker und M.W. Bzufka

Bei der Diagnostik und Therapie von Hirnfunktionsstörungen oder Teilleistungsschwächen im Kindes- und Jugendalter kommt man ohne neuropsychologische Konzepte nicht aus. Die klinische Neuropsychologie als interdisziplinäres Gebiet sieht ihre Aufgabe in Aufklärung und Analyse der Zusammenhänge zwischen den unterschiedlichen Funktionen des Gehirns und den psychischen Leistungen, die durch lokale oder diffuse Läsionen beeinträchtigt sein können. Es ist naheliegend, daß sich der methodische Zugang durch Vielfältigkeit auszeichnet, daß das Ziel jedoch darin besteht, menschliches Verhalten bzw. Verhaltensänderungen sowie psychopathologische Erscheinungsformen umfassend zu erkennen, zu beschreiben und den Hirnfunktionen zuzuordnen. Die topographische Betrachtungsweise erlebte mit der Beschreibung von Aphasie, Apraxie und Agnosie ihren klassischen Höhepunkt, als Kleist (1934) nach 12jähriger Arbeit seine *Gehirnpathologie* vorlegte. Kleist war es auch, der die Notwendigkeit und Ableitung einer allgemeinen Psychopathologie auf hirnpathologischer Grundlage mit folgenden Sätzen aufzeigte:

„Die Aufgabe einer neuen Darstellung der Hirnpathologie bestand in anatomisch-lokalisatorischer Hinsicht darin, die auf klinischem Wege gefundenen Störungen mit der neuen architektonischen Ansicht vom Gehirn, in Sonderheit von der Hirnrinde in Beziehung zu setzen. Dabei war sowohl die architektonische Rindenfelderung zu berücksichtigen ..., wie der Aufbau der Hirnrinde aus mehreren Schichten zu beachten, deren unterschiedliche Bedeutung von den Arbeiten von Cajal, Kappers, Mott, van Valkenburg und Nissl hervorgeht."

Die zeitgenössischen Erkenntnisse über den Aufbau der Hirnrinde wurden also sinnvoll in ein klinisch-hirnpathologisches Konzept integriert, so wie wir heute neue Forschungsergebnisse über strukturelle und funktionelle Organisationsformen des Gehirns in unsere gängigen neuropsychologischen Konzepte übertragen müssen. Dies betrifft folgende Bereiche:

- die Aufklärung der einzelnen Neuronentypen und deren Verschaltungsprinzipien;

- die modulare Organisation des Neokortex, wonach vertikal zur Oberfläche ausgerichtete Zellkolumnen als funktionelle Einheitsmodule an jeder Stelle der Großhirnrinde prinzipiell die gleiche Arbeitsweise garantieren;
- die aufgrund dieser modularen Organisation der Grosshirnrinde ermöglichte umfassende Informationsaufnahme, repetitive Bearbeitung und damit dynamische Tätigkeit im Sinne einer lokalisierten Funktion auf der Basis eines raum-zeitlichen Tätigkeitsmusters,
- die Umweltabhängigkeit der postnatalen Neuronenreifung, der Synaptogenese und der Bildung von Verschaltungsnetzen, die Störungen mit der Folge von Mikrodysgenesien der Großhirnrinde und damit Hirnfunktionsstörungen unterliegen kann;
- die Tatsache, daß die Prinzipien des deterministischen Chaos für das Gehirn eine wichtige Funktion haben, da auf diese Weise die neuronalen Netze lernfähig bleiben und von daher neue Eindrücke stets als neue erkannt und gelernt werden (u.a. Gazzaniga 1989; Rakic u. Singer 1988).

Hinzu kommen die Ergebnisse, die mittels bildgebender Diagnostik, Neuropsychologie, Neurochemie oder Neuroendokrinologie gewonnen wurden. Nimmt man alle Ergebnisse und Erkenntnisse zusammen, so reflektieren diese auch die Problematik der Anwendung neuropsychologischer Verfahren zur Aufdeckung von Zusammenhängen zwischen Lokalisation einer Läsion und Funktionsstörungen. Hinzu kommt weiter eine Vielzahl testtheoretischer Probleme bei der Diagnostik von Hirnfunktionsstörungen, die vornehmlich eine Zustandsdiagnostik bei oder nach einer Läsion sein kann, aber ebenso den Anspruch einer neuropsychologischen Verlaufsdiagnostik impliziert, um Progredienz, Therapie bzw. Rehabilitationseffekte zu erfassen.

Trotz dieser methodischen Probleme entwickelten Neurologen, Psychiater oder klinische Neuropsychologen immer wieder neuropsychologische Testverfahren. Die theoretischen Positionen sind unterschiedlich. Wir haben uns mit jenen Lurias (1970, 1980) auseinandergesetzt und versucht, sie klinisch und testpsychologisch bei Kindern mit *Hirnfunktionsstörungen* oder *Teilleistungsschwächen* umzusetzen. Dabei gingen wir davon aus, daß es sich bei *Hirnfunktionsstörungen* um umschriebene oder diffuse, angeborene oder erworbene Ausfälle handelt. Bei *Teilleistungsschwächen* folgten wir der Definition von Graichen (1973), der Lurias Konzept weitgehend in seine Betrachtungsweise mit einschließt, wenn er formuliert:

„Als Teilleistungsschwächen wollen wir Leistungsminderungen einzelner Faktoren oder Glieder innerhalb eines größeren funktionellen Systems ansehen, das zur Bewältigung einer bestimmten komplexen Anpassungsaufgabe erforderlich ist."

Daß nicht alle hirnorganisch bedingten Teilfunktionsschwächen während der kindlichen Entwicklung verschwinden, konnte Graichen u.a. am Beispiel der Sprachstörungen eindrucksvoll belegen.

Funktionsweisen einzelner Hirnregionen

Funktionsbild und -störungen des Frontallappens

Allgemein werden 4 Regionen des Frontallappens unterschieden:

- der motorische und prämotorische Kortex (Damasio 1985; Fuster 1988);
- der präfrontale Kortex („frontaler Assoziationskortex");
- das Broca-Zentrum und
- der orbitale Kortex (Damasio 1985; Fuster 1988).

Eine der letzten umfassenden deutschsprachigen Übersichten zur Psychopathologie des Stirnhirns stammt von Häfner aus dem Jahre 1957; sie stand unter dem Eindruck der Erfahrungen der Psychochirurgie. Das Konzept der Werkzeugstörungen wurde für den Frontallappen als gescheitert betrachtet, da es hier im Gegensatz zu anderen Großhirnanteilen bei Läsionen zu einer Veränderung der ganzen Persönlichkeit kommt, „die nur schwer exakt zu objektivieren ist" (Häfner 1957, S. 241).

Auch heute wird die Diskussion um die Funktionen des Frontallappens, einer Hirnregion, die wohl als eine der bestuntersuchten gelten kann, kontrovers geführt. Leonhard (1961) war Verfechter und Beschreiber zweier Formen der Antriebsstörung bei Stirnhirnschädigung: „Im ersten Fall ist die Impulsgebung erhalten ... es fehlt die Nachhaltigkeit" (S. 363) = primäre Antriebsschwäche; „im zweiten Fall setzt die Handlung erschwert ein, läuft aber mit normaler Nachhaltigkeit fort, wenn sie einmal im Gang ist" (S. 363) = intellektuelle Antriebsschwäche. Er vertrat die Ansicht, daß viele dazu neigen, „in der Gehirnpathologie Grenzen nicht aufzurichten, sondern zu verwischen" und daß „vielmehr die wenigen Fälle ausschlaggebend sind, bei denen wirklich isoliert eine einzige Funktion Schaden" leidet. So ist auch die Beschreibung der Verhaltensänderung bei einer 43jährigen Patientin mit einem links frontal lokalisierten arachnoidalen Endotheliom durch Luria et al. (1964, S. 258) zu verstehen: „... the patient with frontal lobe destruction is often unable to fulfil instructions, is unable to inhibit impulsive reactions or to hold back the tendency towards fixed repetition of movement".

Die aus Fallbeschreibungen, aber auch Tierexperimenten gewonnenen Ergebnisse gleichen sich hinsichtlich einer Vielzahl von Verhaltensparametern. Interessanterweise finden sich bei Durchsicht der Literatur mit Ausnahme aphasischer Störungen kaum Angaben über frontale Läsionen und deren Ausfälle bzw. Auffälligkeiten im Kindesalter. Nun ist hinlänglich bekannt, daß der frontale Kortex in der Ontogenese am spätesten reift und die Myelinisierung beim Menschen erst im 5. und 6. Lebensjahr abgeschlossen ist. Vergleichende Studien, wie die von Goldmann u. Galkin (1978) oder Kolb (1984), sind hier hilfreich, weil Grundprinzipien der Funktionen (Motorik, Verhalten, Gedächtnis) und ebenso Probleme der Plastizität, des Alters und des Läsionsortes angesprochen werden, zumal nach Kolb „Vergleiche zwischen den Effekten von Frontallappenläsionen bei Ratten, Affen und Menschen gezeigt haben, daß die Verhaltenssymptome bemerkenswert ähnlich sind" (1984, S. 88).

Trägt man die aktuellen Ergebnisse und Erkenntnisse zusammen, so zeigen sich bei *ausgedehnten, beidseitigen frontalen Läsionen* Störungen:

- der Persönlichkeit,
- des Antriebs,
- der kognitiven Leistungen,
- des mimischen und sprachlichen Ausdrucks,
- des emotionalen und sozialen Verhaltens und
- der Handlungskontrolle (Tendenz zur Perseveration).

Es lassen sich auch *Syndrome* abgrenzen, die für Schädigungen des dorsalen und ventralen (orbitalen) Frontalhirns typisch sind. Nach Creutzfeldt (1983) weisen dorsale Frontalhirnschädigungen Antriebsmangel und Unangepaßtheit des emotionalen Verhaltens mit mangelnder Einsicht auf, bei *Schädigung des Frontallappens der dominanten Hemisphäre* finden sich:

- Abnahme des sprachlichen Ausdrucks, der Spontansprache (Sprachantrieb, wahrscheinlich infolge einer Läsion des vorderen Abschnittes der supplementären motorischen Area, SMA; s. Goldberg 1985) und
- Verlangsamung und Vergröberung des Denkens bis zur „frontalen Demenz".

Bei *orbitalen Läsionen* treffen wir auf:

- emotionale Störungen mit Enthemmung, Eßsucht, Polydipsie;
- Verschiebung der Affektskalen;
- Impulsivität mit unkontrolliertem Verhalten (Taktlosigkeit, Distanzverlust, mangelnde soziale Rücksichtnahme) und
- Verminderung der Schmerzresonanz.

Taylor (1989) unternahm den Versuch, die Ähnlichkeit des hyperaktiven Verhaltens bei Kindern mit den beschriebenen Phänomenen bei Frontallappenfunktionsstörungen darzustellen und wies auf die frontale Hypoperfusion bei hyperaktiven Kindern hin, die von Lou (1990), allerdings nicht nur in dieser Region, bestätigt werden konnte.

Funktionsbild und -störungen des Okzipitallappens

Aufgrund der von Brodmann (1909) vorgegebenen architektonischen Einteilung wird der visuelle Kortex in die Felder 17, 18 und 19 unterteilt. Die Aufteilung der visuellen Felder wird unter funktionellen Gesichtspunkten in Visuell 1 (V 1, Area 17, Striatum), V 2 (Area 18, prästriäres Feld) und V 3 (Area 19, peristriäres Feld) vorgenommen. Die Felder 18 und 19 werden auch als zirkumstriäre Felder („zirkumstriärer Gürtel") bezeichnet, da sie das

Feld 17 umschließen. Nach früheren Annahmen zur Funktionsteilung im Okzipitallappen sammelt Feld 17 (primärer visueller Kortex; nach Brodmann „zentrale optische Perception") elementare visuelle Empfindungen, die in Feld 18, dem sekundären visuellen Kortex, zu bedeutungshaltigen Wahrnehmungen umgeformt werden und als Wahrnehmungsinformation zu Feld 19, dem tertiären Kortex, weitergeleitet werden, wo eine Integration mit anderen Sinnesdaten, z.B. aus dem temporalen Kortex, einschließlich einer intersensorischen Integration erfolgt.

Diese älteren Annahmen können nach den Untersuchungen von Hubel u. Wiesel (zusammenfassende Literatur s. bei Hubel 1982) nicht mehr aufrechterhalten werden. Danach empfängt der primäre visuelle Kortex bereits strukturierte Informationen, die jeweils spezifisch beantwortet werden. Das Verdienst dieser Autoren besteht darin, Zellsysteme des visuellen Kortex nachgewiesen zu haben, die vertikal zur Kortexoberfläche in Neuronensäulen geschichtet sind und jeweils nur auf einen in bestimmter Richtung laufenden Lichtstreifen optimal reagieren. Solche Orientierungskolumnen sprechen auf retinale Reize nur eines Auges an. Mehrere Kolumnen lassen sich funktionell zu Hyperkolumnen oder okulären Dominanzsäulen zusammenfassen. Bereits hier erfolgt eine erste Entzifferung von Form, Kontur und Tiefe. So werden in V 2 stereoskopische, in V 3 Bewegungsreize analysiert, bzw. es wird auf diese reagiert. Spezifische Neuronen reagieren zudem auf Farbe und Kontur. Nach Poeck (1989) muß davon ausgegangen werden, daß die elementare Sinnesempfindung, die zum Erkennen führt, als kontinuierlicher Integrationsprozeß zu betrachten ist, der in allen Phasen gestört sein kann. Eine Funktionstrennung von Wahrnehmen und Erkennen ist neuropsychologisch also nicht haltbar.

Unter diesem Aspekt geriet das Konzept der Agnosie als einer spezifischen Störung des Erkennens („Seelenblindheit") gleichermaßen in die Kritik wie die Unterteilung in akustische, taktile und visuelle Agnosie (Orgass u. Kerchensteiner 1975; Poeck 1989). Strittig ist auch die Prosopagnosie als einer Sonderform der visuellen Agnosie, bei der eine Störung im Erkennen von Gesichtern vorliegt. Dennoch werden immer wieder neuropsychologische Belege für das Vorkommen einer Prosopagnosie (s. z.B. Landis et al. 1986) bei unilateraler rechtsseitiger posteriorer Läsion vorgelegt. Aufschlußreich sind auch Untersuchungen an Tieren und deren visuelle Erinnerungsfähigkeit bei experimenteller Okklusion der A. cerebri posterior (Bachevalier u. Mishkin 1989) oder die Ergebnisse bei Posteriorinfarkten als häufigster Läsionsätiologie des Okzipitallappens (Hebel u. v. Cramon 1987). Zihl u. v. Cramon (1986) legten eine zusammenfassende und differenzierte Übersicht über zerebrale Sehstörungen vor, die sowohl die Störungen der visuellen Raumwahrnehmung als auch die der Objekterkennung umfaßt und von pauschalen Beurteilungen abrückt. Eine ähnliche Position nimmt Kölmel (1988) ein.

Bei keinem der Autoren werden jedoch die spezifischen Probleme des Kindesalters berücksichtigt. Lediglich im Zusammenhang mit dem Auftreten einer akuten kortikalen Blindheit bei Hirndruck (Makino et al. 1988), infolge

postanoxischer Zustände (Ducarne et al. 1981), bei transitorisch posttraumatischen Ereignissen (Sacher u. Klöti 1987) oder verschiedenen anderen Erkrankungen (Barnet et al. 1970; Corbett et al. 1982) sowie im Rahmen epileptogener Aktivitäten in der Okzipitalregion (Schäffler u. Karbowski 1988) wird
auch über spezifische klinische Ergebnisse bei Kindern berichtet. Dieses Defizit war für uns Anlaß, Kinder mit lokalisierten okzipitalen Läsionen vor allem auch neuropsychologisch zu untersuchen.

Wege zur Entwicklung des Berliner neuropsychologischen Verfahrens nach Luria für Kinder (BLN-K)

Lurias Theorien zur Hirnfunktion, insbesondere seine Einteilung in drei
funktionelle Systeme: 1. Regulation von Tonus, Aktivierung, Wachheit, Bewußtheit; 2. Aufnahme, Analyse, Speicherung von Informationen sowie 3.
Programmierung, Regulation, Ausführung von Aktivitäten wurden in ihrer
theoretischen und praktischen Konsequenz vielfältig umgesetzt. Zunächst unternahm Christensen (1975) den Versuch, Lurias Untersuchungsinventar zu
standardisieren. Golden et al. (1980) wagten, was Luria immer strikt abgelehnt hatte, nämlich aus dem patientenbezogenen Itempool eine „starre"
Testbatterie zu entwickeln. Praktikabilität und Effizienz der Luria-Nebraska
Neuropsychological Battery (LNNB) führten zu rascher Verbreitung, riefen
aber auch Kritiker auf den Plan, die das Verfahren u.a. wegen seiner evaluativen Schwächen attackierten. 1981 entwickelten Golden et al. eine Kinderform (LNNB-C), die wir seit 1984 zur differenzierten, umfassenden und vergleichbaren neuropsychologischen Untersuchung unserer Patienten mit Hirnfunktionsstörungen verwenden.

In Auseinandersetzung mit der LNNB-C und unter Berücksichtigung auf
Lurias Untersuchungsprinzipien entwickelten wir in den Jahren 1985 - 1989
das BLN-K mit folgender Subtest-Struktur (Neumärker et al. 1984a, b; Neumärker u. Bzufka 1986, 1989b):

- motorische Funktionen (MOT): motorische Geschwindigkeits-, Koordinations- und Konstruktionsfähigkeit;
- akustisch-motorische Koordination (AUD): Tonhöhenunterscheidung und
  Tonproduktion, Singen, rhythmische Koordination;
- höhere taktil-kinästhetische Funktionen (TAK): taktile Wahrnehmung,
  epikritische Sensibilität, Stereognosie;
- höhere visuelle Funktionen (VIS): Differenzierung von Objekten und Abbildungen, visuelles Gedächtnis, räumliches Operieren;
- Sprachverständnis (REZ): Lautunterscheidung, Sprachverarbeitung auf
  phonematischer, syntaktischer und semantischer Ebene, Relationskommunikation;

- expressive Sprache (EXP): Sprachproduktion in elementarer und komplexer Form, Sprachflüssigkeit;
- Schriftsprachproduktion (SCR) und
- Schriftsprachperzeption (LES): Beherrschung der Kulturtechniken, Buchstabenkenntnis, Wortanalyse und -synthese, Automatisierung;
- arithmetische Fähigkeiten (KAL): Ziffernbeherrschung, Orientierung im Zahlenraum, Stabilität der Stellenwertstruktur, Automatisierungsgrad der Grundrechenarten, Unterstützung durch Vorstellungen in Mengenbegriffen;
- Gedächtnisfunktionen (GED): verbales, visuelles und kinetisches Kurzzeitgedächtnis, Lernfähigkeit, Interferenzneigung;
- Denkprozesse (DNK): informelle Intelligenzüberprüfung, begrifflich-logisches Denken.

Das Verfahren ist an gesunden Schulkindern genormt, wobei für jeden Subtest ein C-Wert ermittelt wird. Wir folgen Luria aber in der Betonung des qualitativen Aspektes. Durch die Anwendung des BLN-K wird ein patientenspezifisches „Störungsmuster" abgebildet; dabei sind die Art der Leistungserbringung und die Kombination einzelner Fehlleistungen von besonderer Bedeutung. Bei engbegrenzten Funktionsausfällen und ansonsten erhaltenen Leistungsvorbedingungen (Konzentration, Tempo, Gedächtnis, Koordination) ergeben sich für die meisten der 150 Items unauffällige Leistungen; daher sind auch die C-Werte vieler Subtests (noch) im normalen Bereich.

Dieser scheinbare Nachteil erweist sich von großer Bedeutung für den rehabilitativen Ansatz. In erster Linie wird nämlich nicht der „Defekt' gemessen, sondern gesunde Leistungsreserven können im Sinne einer „Förderungsdiagnostik" mit Rehabilitationsprogrammen verbunden werden. Neben diesem erwünschten Effekt, daß auch bei Patienten viele unauffällige, nichtpathologische Leistungen erfaßt werden, tritt in unserer Stichprobe allerdings das Problem der Vergleichbarkeit zwischen einzelnen Vorformen in der Verfahrensentwicklung auf. Wir haben uns bemüht, durch nachträgliche Bewertung der LNNB-C-Items ein Maximum an Vergleichbarkeit mit den BLN-K-Normen zu erreichen. Tendenziell sind die mit den älteren Varianten untersuchten Kinder besser, z.T. erreichen sie sogar die Obergrenze des Skalierungsbereiches, was aber als Artefakt einzustufen ist. Bei der Interpretation muß also immer von der Antwortqualität zu einzelnen Items ausgegangen werden, in einem 2. Schritt wird der Bezug zur Störung einzelner oder komplexer Hirnfunktionen nach der Beschreibung Lurias hergestellt.

Anwendungsstrategien und Beispiele bei frontalen und okzipitalen Läsionen bzw. Hirnfunktionsstörungen

Allgemeine Voraussetzungen

Bei der Erfassung des Störungsmusters spielen Ursache, Schweregrad, Lokalisation, individuelles Leistungsprofil sowie Verlaufsentwicklung mit Blick auf die Leistungsveränderungen eine wesentliche Rolle. Funktionsausfall bzw. Funktionsdefizit, aber auch „falsche Funktionen" (Dendritensprossung) und Funktionsneuerwerb nach Rehabilitation bzw. durch Funktionsübernahme anderer Hirnregionen sind bei der Beurteilung von Interesse. Besonders im Kindes- und Jugendalter ergeben sich aber auch Einschränkungen der Verallgemeinbarkeit, und zwar aufgrund von:

- heterogenen und zu kleinen Untersuchungsstichproben,
- Problemen der rechts- und linkshirnigen, anterioren/posterioren Lokalisation von Läsionen sowie der Rechts- und Linkshändigkeit,
- Reifungsproblematik und Entwicklungsdynamik sowie
- zeitlichem Abstand zwischen Erstsymptomatik, Vollsymptomatik und Untersuchung (Zeitfaktor),
- kaum vorhandenen neuro- oder testpsychologischen Ausgangswerten,
- heterogenen Ätiologien bei supratentoriellen kortikalen Läsionen bzw. Hirnfunktionsstörungen,
- fehlendem linearen Verhältnis von Ursache und Wirkung und der Frage nach der Bedeutung des Ausmaßes der Läsion bzw. Lokalisation.

Angesichts dieser Probleme können wir unsere Erfahrungen einbringen, die mit dem BLN-K bei Kindern mit geistiger Behinderung (Neumärker u. Bzufka 1989a), Tumoren der hippokampalen und parahippokampalen Gehirnformation (Neumärker et al. 1986) sowie Thalamustumoren (Neumärker u. Bzufka 1991) und anhand von 170 Untersuchungen gesammelt werden konnten. Erfahrungsgemäß treten Tumoren oder Gefäßmißbildungen in der frontalen und okzipitalen Hirnregion im Kindesalter selten auf. Unsere differenzierten klinisch-neurologischen sowie neuropsychologischen Untersuchungen bei 11 Kindern mit frontalen und 6 Kindern mit okzipitalen Läsionen sowie die Tatsache, daß in den letzten Jahren wenig einschlägige Publikationen zu verzeichnen waren, veranlaßten uns, der Frage nachzugehen, ob sich spezifische frontale oder okzipitale Störungsmuster abzeichnen.

Untersuchungen bei Frontalhirnläsionen im Kindesalter

Entsprechend der Lebensalterbegrenzung von 8 - 12 Jahren, die durch die neuropsychologische Testung mit dem BLN-K vorgegeben war, wurden 11 Patienten differenziert analysiert. Es handelte sich um 6 links-frontale und 5 rechtsfrontale Läsionen. Eine weitere Unterteilung in links posterior bzw. rechts posterior wurde nicht vorgenommen. Bei allen Patienten konnte mittels CT oder MRT, bei den Gefäßmißbildungen angiographisch die Größenausdehnung exakt markiert werden. Exemplarisch sollen 2 Patienten, jeweils mit rechts- bzw. linksseitiger Läsion, dargestellt werden:

Fall 1: B.L., weiblich, 11,7 Jahre (Angiom, rechter Frontallappen). *Prämorbid* unauffällig, in allen Schulfächern sehr gute Leistungen, außer Mathematik, hier sehr langsame Arbeitsweise, Schwierigkeiten bei der Erfassung logischer Zusammenhänge, erhöhte Ablenkbarkeit. *Symptome:* 2 Jahre vor Aufnahme „Gelegenheitsanfall" vom atonischen Charakter, ca. 1 h Bewusstseinsverlust. *EEG:* rechts frontaler Herd. Antikonvulsive Therapie. Dennoch wiederholt 2 - 5 Anfälle/Monat sowie belastungsabhängige frontale klopfende oder hämmernde Kopfschmerzen. *CT* (Abb. 1a): frontopräzentral kalottennah 3 cm große Raumforderung. *Carotisangiographie rechts:* in venöser Phase Anfärbung eines 2,5 x 3 cm grossen Gebietes rostral des Trigonum alare. *Operation:* Exstirpation eines ca. 3 cm grossen Angioms mit arteriellen Zuflüssen. *Kontrollangiographie* 3 Monate später: Hinweise für venöse Restangiomanteile. *CT-Kontrolle* mit Kontrastmittel: Erneut Angiomdarstellung. *Klinik:* 1- bis 2mal pro Monat Adversivanfälle mit Augenbewegungen nach links. *MRT* (Abb. 1b): Restangiomanteile im frontalen Marklager rechts, Zustand 4 Jahre nach Operation! *Neuropsychologie:* Einzelheiten siehe Abb. 1c sowie Abbildungslegenden.

Fall 2: A.K., weiblich, 13,5 Jahre (Gangliogliom, linker Frontallappen). 8 Monate vor Operation absenceartige Zustände: starrer Blick, Sekunden dauernde Bewußtlosigkeit, Verkrampfung der Hände, planloses Umherlaufen in der Wohnung. Zunahme dieser Anfälle; antikonvulsive Therapie, darunter keine Besserung. *EEG:* Herd linksfrontotemporookzipital. *CT* (Abb. 2a): Linksfrontaler parasagittaler Tumor. *Operation:* Exstirpation eines im Marklager des linken Frontallappens gelegenen, gut abgrenzbaren 3 x 4 x 5 cm großen Tumors. *Histologie:* Gemischter primärer neuroektodermaler Tumor niedriger Malignität, als Gangliogliom (mit astrozytären, oligodendrogliösen, ependymalen neuroblastischen Anteilen) interpretiert. *Postoperative CT-Kontrolle* nach 1,4 Jahren (Abb. 2b): linksfrontal Substanzdefekt, kein Resttumor oder Rezidiv. *Neuropsychologie:* präoperativ lebhaft, albern, distanzgemindert, oberflächliche Arbeitsweise, Tempo und Ausdauer nicht beeinträchtigt. Postoperativ Antrieb eher zugenommen, Distanzminderung, albern, oberflächlich, unkritisch, Tempo, Ausdauer und Belastbarkeit gut altersgerecht (Test d2). Intelligenz (WIPKI) entspricht knapp dem Altersdurchschnitt, keine isolierte Minderleistungen. BLN-K-Profil in Abb. 2c.

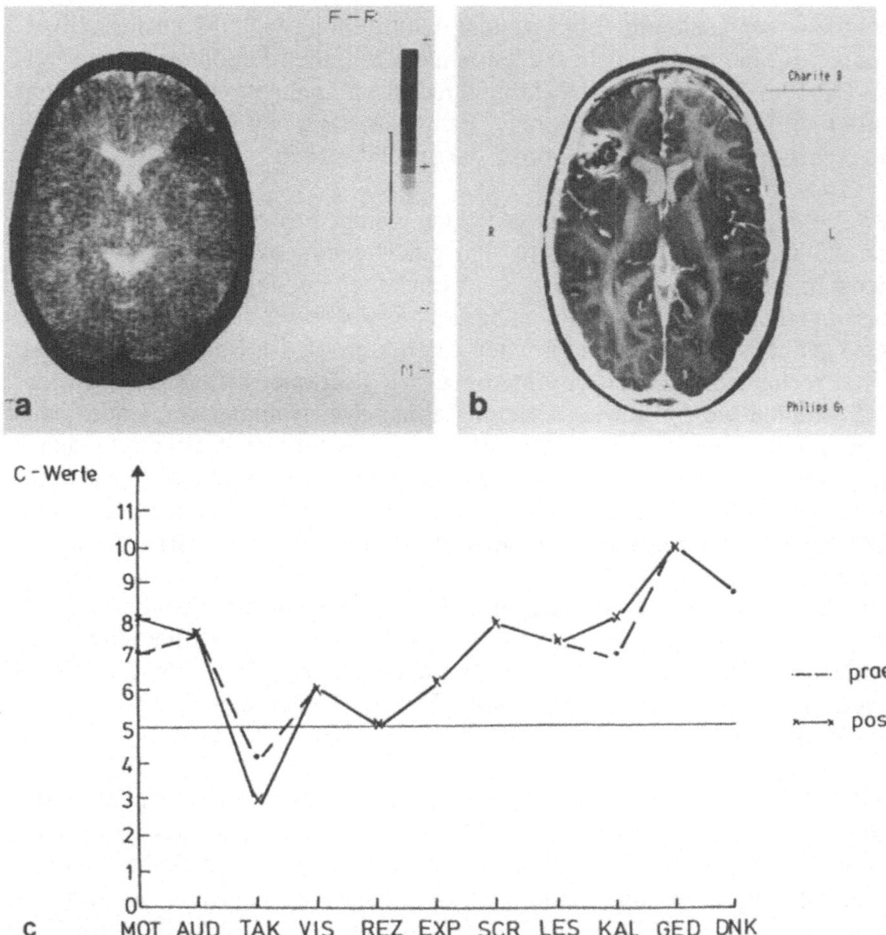

Abb. 1.a. CT-Nativ. Rechts frontopräzentral ca. 3 cm große Raumforderung mit teils kalkdichten Elementen. Kein perifokales Ödem, keine Massenverschiebung. **b** MRT (Spinecho-Mode mit axialer T2-gewichteter Schichtung) 3,9 Jahre nach Operation: Leichte Erweiterung des rechten Frontalhornes. Lateral davon im Marklager inhomogene Densitätsmuster: Restangiom rechtsfrontal (Seitenwechsel gegenüber CT technisch bedingt). **c** Prä- und postoperative Untersuchungsergebnisse im BLN-K. Präoperative Untersuchung (7 Wochen vor Operation): Im BLN-K liegen 9 Skalenwerte (noch) im Normalbereich, deutlich pathologisch sind die höheren taktilen Leistungen (Tastwahrnehmung, epikritische Sensibilität, Stereognosie, meist rechts schlechter als links), geringere Defizite finden sich beim Sprachverständnis (phonematische Differenzierung) und beim Rechnen. Postoperative Untersuchung (13 Wochen nach Operation): Gut belastbar, etwas antriebsvermindert, Tempo herabgesetzt, die Intelligenzleistung (HAWIK-R) liegt im unteren Drittel des Normalbereiches, vor allem höhere und komplexe geistige Leistungen sind aber schwach entwickelt. Im BLN-K insgesamt gleiche oder bessere Leistungen, vereinzelte Verschlechterungen sind als Zufallsbefunde zu werten. Größere Schwierigkeiten bestehen noch bei der optischen Diskrimination

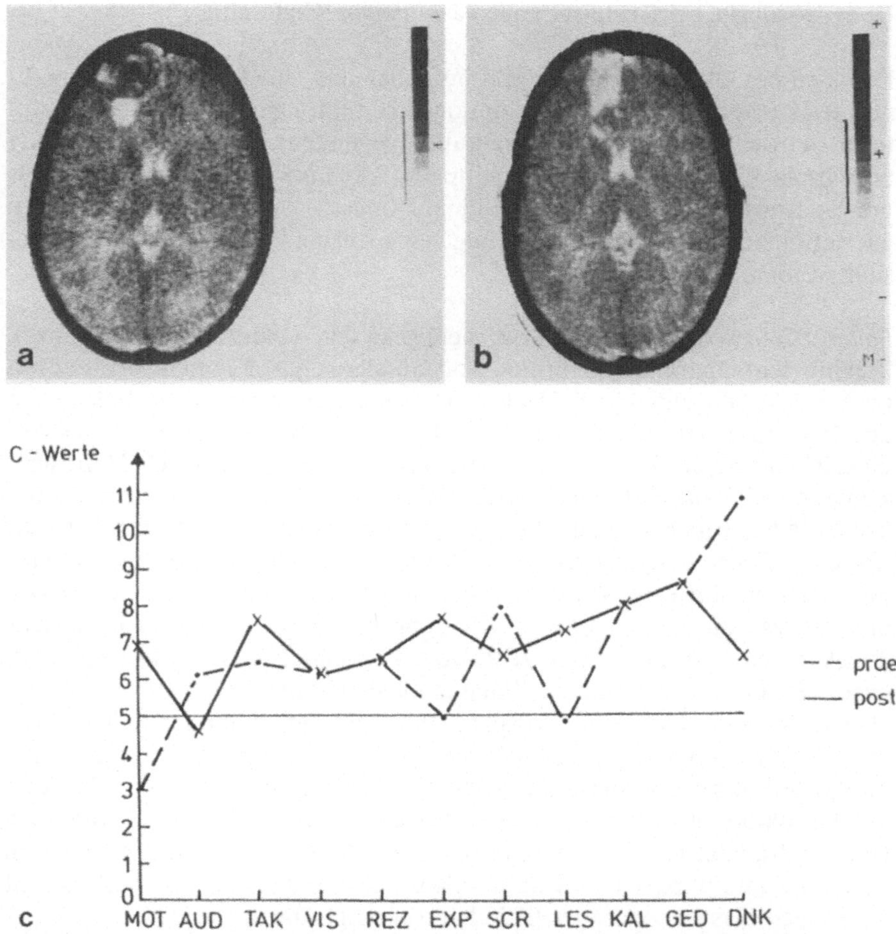

Abb. 2.a. Präoperatives CT mit Kontrastmittel. Linksfrontal parasagittaler Prozeß mit kleiner kalkdichter Struktur und zystischem Anteil. **b** Postoperatives CT mit Kontrastmittel. Substanzdefekt linksfrontal, geringe Erweiterung der linken Vorderhornspitze. Kein Hinweis auf Tumorrezidiv. **c** BLN-K präoperativ. Erschwerte Diadochokinese, Probleme bei der Rechts-links-Orientierung sowie in der expressiven Sprache. Es treten Benennungsstörungen und Paraphasien auf. Postoperativ kommt es im BLN-K zur Leistungsverbesserung: Es finden sich keine pathologischen Werte. Allerdings Unsicherheiten bei der Rechts-links-Orientierung, der feinmotorischen Koordination, der taktilen Wahrnehmung sowie beim Instruktionsverständnis. Keine auffällige Sprachsymptomatik

Abb. 1. (Fortsetzung) und dem räumlichen Vorstellungsvermögen. Diese sind auch zur Nachuntersuchung 4 Jahre später nachweisbar, wobei einfache Anforderungen (DCS, Bilderergänzen, Bilder ordnen) gut kompensiert bearbeitet und nur komplexe Reize weiterhin vermindert realisiert werden

Untersuchungen bei Okzipitallappenläsionen im Kindesalter

Läsionen des Okzipitallappens im Kindesalter sind ebenfalls relativ selten. In unserer Stichprobe ist die Lateralisation auch sehr ungleichmässig: 6 linksseitigen steht eine rechtsseitige Lokalisation gegenüber. Art und Ausdehnung des Krankheitsprozesses wurden mittels CT und/oder Angiographie jeweils prä- und postoperativ sowie mit Hilfe anatomisch-morphologischer Befunde aus der Operation objektiviert. Im folgenden soll ein Fall exemplarisch dargestellt werden.

Fall 3: B.W., weiblich, 13,0 Jahre (Aneurysma der A. cerebri posterior links). 2 Jahre vor Operation Auftreten von anfallsartigen Kopfschmerzattacken über 4 Wochen anhaltend. Nach 2 Monaten erneut vor allem linksseitige Schläfenkopfschmerzen nach körperlicher Belastung. *Neurologie:* Linkshändigkeit, homonyme Hemianopsie nach rechts, sonst o. B.. *EEG:* Herd linkstemporal. *CT:* kalkdichte inhomogene Zone vom Plexus choriodieus des linken Seitenventrikels bis in die linke Cisterna ambiens reichend. *Vertebralisangiographie links:* Medialisierung der linken A. cerebelli superior und A. cerebri posterior, die eine Konstrastmittelanreicherung auf Höhe des Tentoriumschlitzes aufweist. Operation: Klippung und Resektion des Aneurysmas der A. cerebri posterior links. *Histologie:* kongenitales Aneurysma mit stark hyalinisierten, teils verkalkten Wandanteilen. *Postoperative Vertebralisangiographie:* Im a.-p.- und seitlichen Bild kein Aneurysma mehr darstellbar. *Neuropsychologie:* auch postoperativ homonyme Hemianopsie nach rechts, gut durchschnittliche Konzentrationsleistung (Test d2), im DCS keine Hinweise auf Hirnfunktionsstörung, Intelligenzleistung (WIPKI) gut durchschnittlich (IQ = 110). Sehr guten visuellpraktischen Leistungen sowie Allgemeinwissen steht eine unterdurchschnittliche soziale und sachliche Kombinationsfähigkeit gegenüber. Das postoperative BLN-K-Profil zeigt Abb 3.

Gruppenvergleich für Patienten mit frontaler und okzipitaler Läsion

Ein Vergleich auf der Basis von Durchschnitts-C-Werten für die einzelnen Aufgabengruppen kann wegen der methodischen Schwierigkeiten (s. oben) nur hinweisenden Charakter haben. Da sich unter Einbeziehung der Variable Lateralisation zu kleine, von individuellen Unterschieden geprägte Gruppen ergaben, wurde das Leistungsprofil für die beiden Gruppen von Kindern mit frontalen und okzipitalen Hirnfunktionsstörungen verglichen (Abb. 4). Die Unterschiede sind statistisch nicht sicherbar: für die Skalen „motorische Funktionen", „höhere taktile und kinästhetische Funktionen" sowie „höhere visuelle Funktionen" ergeben sich höhere Leistungen bei Kindern mit okzipitalen Störungen. Eine Funktionsminderung der motorischen Areale ist für Frontalhirnläsionen ebenso wie für gestörte taktil-kinästhetische Leistungen anzunehmen.

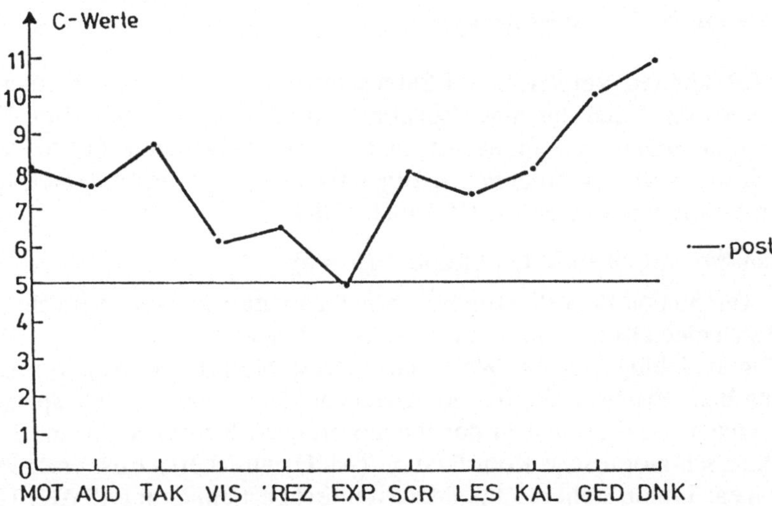

Abb. 3. Im BLN-K werden Werte im Normalbereich erreicht, umschriebene Defizite beim Zeichnen, dem Erkennen unscharfer Abbildungen und der Sprechproduktivität unterstreichen eher das Bild unbeeinträchtigter bzw. gut kompensierter zerebraler Funktionen

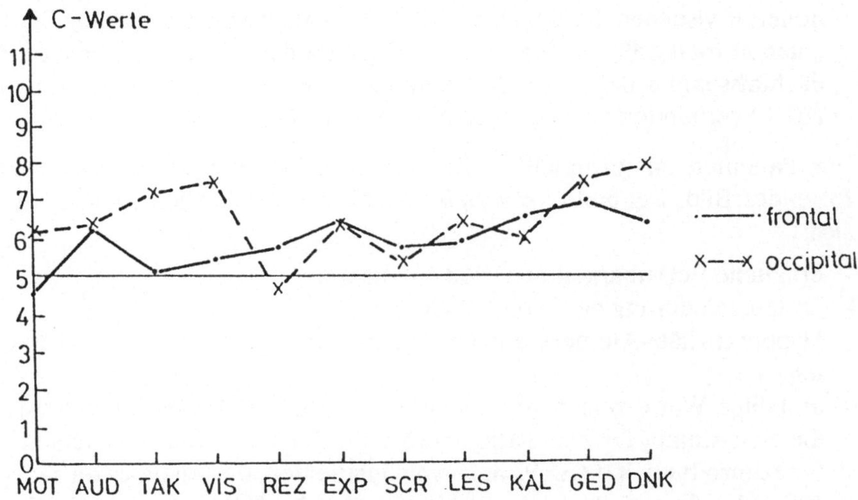

Abb. 4. Vergleich der Durchschnitts-C-Werte für die Patienten mit frontalen und okzipitalen Läsionen

Vergleich einzelner Leistungsstrukturen

Letztendlich können Vergleiche auf Subtestebene - auch wegen der heterogenen Itemstruktur und des hinweisenden Charakters der quantitativen Ergebnisse - eine Feinanalyse auf der Ebene einzelner Aufgaben nicht ersetzen. Fassen wir die neuropsychologischen Ergebnisse aller von uns untersuchten Patienten zusammen, so ergibt sich folgendes Bild:

Bei den *linksfrontal* lokalisierten Läsionen (n = 6):

- liegen Tempo und Belastbarkeit bei 5 von 6 Patienten im Normbereich;
- findet sich eine Distanzminderung bei einem Patienten;
- auffällig sind hingegen die Werte im Subtest Motorik (MOT) Verlangsamung bzw. Erschwerung bei der Diadochokinese und bei den Spiegelbewegungen, Unsicherheit in der feinmotorischen Koordination; im Subtest akustisch-motorische Koordination (AUD) unsicheres bzw. erschwertes Singen; in den höheren taktil-kinästhetischen Funktionen (TAK) Unsicherheit in der Spitzstumpf- und Zweipunktdiskrimination.

Bei den *rechtsfrontal* lokalisierten Läsionen (n = 5):

- ist die Belastbarkeit erhalten;
- finden sich bei 2 von 5 Patienten Hinweise für eine Antriebssteigerung und bei einem Patienten eine Distanzminderung. Auffällig sind die Beeinträchtigungen in der Spitzstumpf- und Zweipunktdiskrimination (TAK); bei den höheren visuellen Funktionen (VIS); Erkennen von unscharfen Bildern, „mental rotation"; bei den Gedächtnisfunktionen (GED) verminderte Gedächtnisspanne bei 3 von 5 Patienten sowie in der expressiven Sprache (EXP) verminderte Sprachproduktivität bei 2 Patienten.

Für Patienten mit okzipitalen Hirnfunktionsstörungen ergibt sich dagegen folgendes Bild. Bei den *linksokzipital* lokalisierten Läsionen (n = 6) finden sich:

- erhaltene Belastbarkeit bei 3 von 6 Patienten;
- Distanzminderung bei 2 von 6 Patienten;
- Hyperaktivitäts-Aufmerksamkeitsdefizit-Auffälligkeit bei 2 von 6 Patienten;
- auffällige Werte zeigen verschiedene Items unterschiedlicher Subtests, so die Spitzstumpf-Diskrimination rechts (TAK) bei 3 von 5 Patienten; die Sprachproduktivität (EXP) bei 3 von 5 Patienten; die Analyse von Wörtern (SCR) bei 3 von 5 Patienten und im Bereich der Denkprozesse (DNK) einmal inhaltsarmes Erzählen. Bei den höheren visuellen Funktionen (VIS) konnte bei 2 von 5 Patienten eine mangelhafte Differenzierung nachgewiesen werden. Bei dem einzigen rechtsokzipital beeinträchtigten Patienten fand sich bei erhaltener Belastbarkeit kein Anhalt für ein Psychosyndrom. Die Unterschiede zu den linksokzipital gestörten Patienten bestanden im schlechteren Verständnis komplexer Anweisungen (REZ), in besseren Leistungen der epikritischen Sensibilität (TAK) und in besseren Leseleistungen (LES).

Zusammenfassende Diskussion

Die Diskussionen um Teilleistungsschwächen und Hirnfunktionsstörungen als auch um hirnlokales und hirndiffuses Psychosyndrom halten unvermittelt an. Dabei handelt es sich um ein zentrales Thema nicht nur der Neuropsychiatrie des Kindes- und Jugendalters, wo es jedoch, bedingt u.a. durch den Zeit- und Entwicklungsfaktor, einen besonderen Stellenwert hat. Die Vorgehensweisen zur weiteren Klärung des Problems sind unterschiedlich. Wir wählten den Zugang über ätiologisch und lokalisatorisch bekannte, d.h. mittels CT, MRT, Angiographie und/oder durch neurochirurgische Exploration verifizierte neuroanatomische Defizite, die einer subtilen anamnestischen, klinischen, verhaltenspsychopathologischen und neuropsychologischen Analyse unterzogen wurden. Es kam begünstigend hinzu, daß genaue Angaben zur prämorbiden Entwicklung eingeholt werden konnten, die den registrierten Auffälligkeiten gegenübergestellt wurden.

Der vorliegende Beitrag basiert auf der klinischen Untersuchung von Kindern mit frontalen Läsionen (6 linksfrontal, 5 rechtsfrontal) sowie 7 Kindern mit okzipitalen Läsionen (6 linksokzipital, 1 rechtsokzipital). Weiter konnten wir bei der Bearbeitung der Thematik auf Ergebnisse zurückgreifen, die bei Kindern mit geistiger Behinderung sowie mit Tumoren der hippokampalen, parahippokampalen und Thalamusregion gewonnen wurden. Die neurologischen Defizite bei frontalen und okzipitalen Läsionen in Form von Sprachstörungen, Paresen oder Hemi- bzw. Quadrantenanopsien können zweifelsfrei topographisch zugeordnet werden. Verhaltensauffälligkeiten bzw. psychopathologische Befunde in Form von Verlangsamung oder Steuerungsschwäche, erhöhter Ablenkbarkeit oder Kritik- und Distanzminderung sind aber nicht durchgängig bei allen Patienten mit frontaler Läsion anzutreffen. Die neuropsychologischen Testergebnisse machen dabei keine Ausnahme.

Analysiert man die einzelnen Profile, so ergeben sich Beeinträchtigungen in unterschiedlichen Subtests, wenngleich auffällige Werte, so im Subtest Motorik oder hinsichtlich der Gedächtnisfunktionen bei rechts frontal lokalisierten Läsionen, zu erwarten wären. Daß bei frontalen Läsionen Veränderungen der Persönlichkeit und des Sozialverhaltens unterschiedlichen Ausmaßes ebenso wie intellektuelle Störungen auftreten können, ist gut belegt worden. Ebenso verhält es sich mit der auch bei unseren Patienten gefundenen Störung der Diskrimination. Die im Sinne des Hyperaktivitätssyndroms zu verzeichnenden Antriebssteigerungen bei 2 von 5 Patienten mit rechtsfrontal lokalisierten Läsionen fügen sich zwar nahtlos in die Untersuchungsergebnisse über die Beziehungen des Frontallappens zum hyperkinetischen Syndrom ein, diese Einzelbeispiele können jedoch nur mit Vorbehalt verallgemeinert werden, denn 2 von 6 Patienten mit linksokzipitaler Läsion zeigten dieselbe Auffälligkeit. Hier wird das Problem der Überschneidung zwischen lokaler und allgemein bedingter Funktionsstörung deutlich. Hinzu kommen nicht unmittelbar läsionsspezifische Ursachen verminderter Leistungen, die einerseits aus gestörten Leistungsvorbedingungen wie Tempo, Ausdauer, Konzentration oder Gedächtnis resultieren, zum anderen aus allgemeinen intellektuellen Schwächen, z.B. in der Verarbeitung verbal-begrifflicher Informationen.

Unter Zugrundelegung all dieser Faktoren wird die Bezeichnung „organisches Psychosyndrom" in der Tat fragwürdig, wenn damit mehr als eine Summation verschiedener Verhaltens-, psychologischer- und neuropsychologischer Auffälligkeiten oder Defizite gemeint ist. Trotz der methodologischen Probleme ist es heute möglich und notwendig - im vorliegenden Fall mit dem BLN-K - spezielle neuropsychologische Leistungsstörungen, die aus einer Störung umschriebener Hirnregionen und/oder der Beeinträchtigung von Zentren bzw. die Hemisphären übergreifender funktioneller Systeme resultieren, in ihrer quantitativen, mehr aber noch in ihrer qualitativen Ausprägung zu beschreiben. Von daher bedarf es einer Neuorientierung bei der Beschreibung des traditionellen lokalen oder diffusen Psychosyndroms. Weder bei den frontalen und okzipitalen noch bei den Läsionen der Thalamusregion konnten wir bisher ein spezifisches frontales, okzipitales oder thalamisches neuropsychologisches Profil herausarbeiten. Es fanden sich vielmehr, dem Luriaschen Konzept der funktionellen Hirnsysteme entsprechend, unterschiedlich abgrenzbare Leistungsstörungen, die mehrere Hirnfunktionsbereiche betrafen.

Die Konzepte der Teilleistungsschwächen und Hirnfunktionsstörungen, die neuropsychologisch einer differenzierten leistungsorientierten Analyse unterzogen werden können, erweisen sich von daher sowohl für klinische als auch theoriebezogene Fragestellungen als tragfähig und verlangen nach weiterer, nicht nur neuropsychologischer Bearbeitung.

Wir danken Prof. Dr. Planitzer (Leiter der Abteilung Neurotomographie) der Klinik und Poliklinik für Neurologie und Psychiatrie der Medizinischen Fakultät (Charité) der Humboldt-Universität zu Berlin für die Bereitschaft, die CT- und MRT-Bilder zur Verfügung zu stellen. Die Operationen wurden in der Klinik für Neurochirurchie (Leiter: Prof. Dr. Vogel) der Medizinischen Fakultät (Charité) der Humboldt-Universität zu Berlin durchgeführt.

Literatur

Bachevalier J, Mishkin M (1989) Mnemonic and neuropathological effects of occluding the posterior cerebral artery in macaca mulatta. Neuropsychologia 27:83-105

Barnet AB, Manson JI, Wilner E (1970) Acute cerebral blindness in childhood. Neurology 20:1147-1156

Brodmann K (1909) Vergleichende Lokalisationslehre der Großhirnrinde. Barth, Leipzig

Christensen AL (1975) Luria's neuropsychological investigation. Spectrum, New York

Corbett JJ, Savino PJ, Thompson HS, Kansu T, Schatz NJ, Orr LS, Hopson D (1982) Visual loss in pseudotumor cerebri. Follow-up of 57 patients from five to 41 years and a profile of 14 patients with permanent visual loss. Arch Neurol 39:461-474

Creutzfeldt OD (1983) Cortex cerebri. Leistung, strukturelle und funktionelle Organisation der Hirnrinde. Springer, Berlin Heidelberg New York

Damasio AR (1985) The frontal lobes. In: Heilman KM, Valenstein E (ed) Clinical neuropsychology, 2nd edn. Oxford University Press, Oxford, pp 339-375

Ducarne B, Bergego C, Barbeau M (1981) Etude sémiologique de la restauration de la fonction visuelle dans deux cas de cécité occipitale post-anoxique. Rev Neurol 137:741-784

Fuster JM (1988) The prefrontal cortex. Anatomy, physiology and neuropsychology of the frontal lobe. 2nd edn. Raven Press, New York

Gazzaniga MS (1989) Organization of the human brain. Science 245:947-952

Goldberg G (1985) Supplementary motor area structure and function: Review and hypotheses. Behav Brain Sci 8:567-616

Golden CJ (1981) The Luria-Nebraska Childrens' Battery: Theory and formulation. In: Hynd GW, Obrzut JE (eds) Neuropsychological assessment and the school-age child: Issues and procedures. Grune & Stratton, New York, pp 277-302

Golden CJ, Purisch AD, Hammeke TA (1980) The Luria-Nebraska Neuropsychological Battery Manual. Western Psychological Services, Los Angeles

Goldman PS, Galkin TW (1978) Prenatal removal of frontal association cortex in the fetal rhesus monkey: Anatomical and functional consequences in postnatal life. Brain Res 152:451-485

Graichen J (1973) Teilleistungsschwächen, dargestellt an Beispielen aus dem Bereich der Sprachnützung. Z Kinder Jugendpsychiatr 1:113-143

Graichen J (1983) Verschwinden Teilfunktionsschwächen? Z Kinder Jugendpsychiatr 11:355-362

Häfner H (1957) Psychopathologie des Stirnhirns 1939-1955. Fortschr Neurol Psychiatr 25:205-252

Hebel N, Cramon von DY (1987) Der Posteriorinfarkt. Fortschr Neurol Psychiatr 55:37-53

Hubel DH (1982) Evolution of ideas on the primary visual cortex, 1955-1978: A biased historical account. Biosci Rep 2:435-469

Kleist K (1934) Gehirnpathologie. Barth, Leipzig

Kolb B (1984) Functions of the frontal cortex of the rat: A comparative review. Brain Res 8:65-98

Kölmel HW (1988) Die homonymen Hemianopsien. Klinik und Pathophysiologie zentrale Sehstörungen. Springer, Berlin Heidelberg New York Tokyo

Landis T, Cummings JL, Christen L, Bogen JE, Imhof H-G (1986) Are unilateral right posterior cerebral lesions sufficient to cause prosopagnosia? Clinical and radiological findings in six additional patients. Cortex 22:243-252

Leonhard K (1961) Zwei Formen der Antriebsstörung bei Stirnhirnschädigung. Psychiatr Neurol Med Psychol (Leipz) 13:361-364

Lou HC (1990) Methylphenidate reversible hypofusion of striatal regions in ADHD. In: Conners K, Kinsbourne M (eds) Attention deficit hyperactivity disorder. MMV, München, p 137

Luria AR (1969) Frontal lobe syndroms. In: Vinken PJ, Bruyn GW (eds) Handbook of clinical neurology, vol 2. Elsevier, Amsterdam, pp 725

Luria AR (1970) Die höheren kortikalen Funktionen des Menschen und ihre Störungen bei örtlichen Hirnschädigungen. Deutscher Verlag der Wissenschaften, Berlin

Luria AR (1980) Higher cortical functions in man, 2nd edn. Basic Books, New York

Luria AR, Pribram HK, Homskaya ED (1964) An experimental analysis of the behavioural disturbance produced by a left frontal arachnoidal endothelioma (Meningioma). Neuropsychologia 2:257-280

Luria AR, Homskaya ED, Blinkov SM, Critchley M (1967) Impaired selectivity of mental processes in association with a lesion of the frontal lobe. Neuropsychologia 5:105-117

Makino A, Soga T, Obayashi M et al. (1988) Cortical blindness caused by acute general cerebral swelling. Surg Neurol 29:393-400

Neumärker K-J, Bzufka MW (1986) Konzeption der klinischen Neuropsychologie bei Hirnfunktionsstörungen und deren Diagnostik im Kindesalter am Beispiel des Berliner Luria-Neuropsychologischen Verfahrens für Kinder (BLN-K). Z Arztl Fortbild (Jena) 80:1021-1024

Neumärker K-J, Bzufka MW (1989a) An evaluation of neuropsychological investigation method for the mentally handicapped. Acta Paedopsychiatr 52:307-316

Neumärker K-J, Bzufka MW (1989b) Berliner-Luria-Neuropsychologisches Verfahren für Kinder (BLN-K). Verfahren zur Diagnostik von Hirnfunktionsstörungen bei 8- bis 12jährigen Kindern. Hogrefe, Göttingen Toronto Zürich

Neumärker K-J, Bzufka MW (1991) Thalamustumoren im Kindesalter. Zwischen Neurologie, Psychopathologie und Neuropsychologie. In: Neumärker K-J, Janz D, Seidel M, Kölmel HW (Hrsg) Grenzgebiete zwischen Psychiatrie und Neurologie. Springer, Berlin Heidelberg New York Tokyo, S 59-84

Neumärker K-J, Eckstein W-E, Kemmerling S (1984a) Ein Beitrag zur Diagnostik von Hirnfunktionsstörungen im Kindesalter. I. Die Luria-Nebraska-Neuropsychologische Batterie für Kinder. Z Kinder Jugendpsychiatr 12:178-188

Neumärker K-J, Eckstein W-E, Kemmerling S (1984b) Ein Beitrag zur Diagnostik von Hirnfunktionsstörungen im Kindesalter. II. Die Luria-Nebraska-Neuropsychologische Batterie für Kinder. Z Kinder Jugendpsychiatr 12:391-405

Neumärker K-J, Bzufka MW, Kemmerling S, Planitzer J, Vesper J, Vogel S, Wunderlich U (1986) Über Tumoren der hippokampalen, parahippokampalen Gehirnformation im Kindesalter. Z Klin Med 41:1595-1599

Orgass B, Kerschensteiner M (1975) Die visuellen Agnosien. Aktuel Neurol 2:189-197

Poeck K (1989) Klinische Neuropsychologie, 2. Aufl. Thieme, Stuttgart New York

Rakic P, Singer W (1988) Neurobiology of neocortex. Wiley, Chichester New York Brisbane Toronto Singapore

Sacher P, Klöti J (1987) Die transitorische posttraumatische zerebrale Blindheit. Schweiz Med Wochenschr 117: 656-659

Schäffler L, Karbowski K (1988) Zur Frage der epileptischen Aktivität des Okzipitallappens. Klinisch-elektroenzephalographischer Beitrag. Fortschr Neurol Psychiatr 56:288-301

Taylor E (1989) Frontal lobes and childhood hyperactivity. Proceedings of the first meeting of the British Neuropsychiatry Association held in London 8.7.1988. J Neurol Neurosurg Psychiatry 52:420-422

Zihl J, v Cramon D (1986) Zerebrale Sehstörungen. Kohlhammer, Stuttgart

Entwicklung einer neuropsychologischen Testbatterie für Kinder

H. Nödl und G. Deegener

Ausgangspunkt für die Entwicklung der Tübinger neuropsychologischen Untersuchungsreihe für Kinder nach Luria-Christensen (TÜKI) (Deegener et al. 1991a) im Jahre 1985 war der Wunsch nach einer neuropsychologischen Untersuchungsreihe für Kinder, die vom Vorschulalter an eine an den Belangen der klinisch-therapeutischen Praxis orientierte Diagnostik ermöglichte. Wir suchten ein neuropsychologisches Screeningverfahren, das in einer Reihe von Bereichen einen differenzierten Einblick in das komplexe Gefüge der an der Lösung einer Aufgabe beteiligten Basisfunktionen und Teilleistungen - ihrer Stärken und ihrer Schwächen - ermöglicht. Bereits vorhandene oder nutzbare Kompensationsstrategien sollten erfaßbar sein. Dieses Ziel erforderte den Versuch einer Verbindung der eigentlich entgegengesetzten Vorgehensweisen von standardisierter Durchführung und quantitativer Auswertung einerseits mit der Möglichkeit zur individuell angepaßten, systematischen Aufgabenvariation mit Beachtung qualitativer Aspekte beim Lösungsverhalten andererseits. Insofern lag eine Kombination einer standardisierten Vorgehensweise mit Lurias (1970) Untersuchungsansatz nahe. Die Ziele dieses Ansatzes sind in Tabelle 1 dargestellt.

Luria (1973) teilt das Gehirn in *3 hierarchisch gegliederte funktionale Einheiten* ein:

Tabelle 1. Ziele von Lurias Untersuchungsansatz (nach Majovski et al. 1979)

---

1. Qualitative Analyse und Beschreibung des Syndroms

2. Bestimmung der Stärke der Funktionsausfälle

3. Verknüpfung der Beobachtungen auf der Grundlage einer Theorie der Hirnfunktionen

4. Bestimmung von Kompensationsmöglichkeiten und Schwächen des Patienten

5. Formulierung eines Grundkonzeptes für Rehabilitationsmaßnahmen

---

108

1. Die *Aktivationseinheit* (Formatio reticularis) dient der Regulation des kortikalen Erregungsniveaus und der allgemeinen Aufmerksamkeit sowie der Informationsfilterung. Hier erfolgt die Beurteilung der allgemeinen Wichtigkeit von Reizen.
2. Die *Einheit zur Aufnahme, Verarbeitung und Speicherung von Informationen* (hinterer Kortex) führt von der konkreten Wahrnehmung elementarer Sinneseindrücke in den primären Projektionsarealen (z.B. Blitzlicht, aber kein Mustererkennen; Summen, aber kein Sprachverstehen) über die bedeutungsverleihende Verarbeitung von Wahrnehmungsreizen in den sekundären Assoziationsarealen (wo sukzessive Änderungen an Reizen wahrgenommen werden können und das Zusammenfassen von Informationen aus verschiedenen Analysatoren möglich wird) bis zu den Grundlagen intelligenten Verhaltens, wie z.B. Grammatikgebrauch, Abstrahieren oder räumliche Operationen in den tertiären Überlappungsfeldern. Die *Informationsverarbeitung* (Luria 1966) in den sekundären und tertiären Feldern kann entweder simultan (insbesondere bei visuellen und taktilen Reizen) oder sukzessiv (insbesondere bei motorischen und akustischen Reizen sowie der Sprache) erfolgen.
3. Die *Einheit zur Planung, Entscheidung und Bewertung von Handlungen sowie zur Kontrolle der Ausführung* (frontaler Kortex) sollte nach Jantzen (zit. nach Brand et al. 1985) noch durch eine *4. Einheit* ergänzt werden, die u.a. zur *Regulation von Emotionen und Affektivität* dient (limbisches System, Hypothalamus).

Die Reifung der funktionalen Einheiten des Gehirns erfolgt nach Golden (1981) in 5 Stufen:

- Im 1. Lebensjahr die Ausreifung der Formatio reticularis;
- ebenso im 1. Lebensjahr die Ausreifung der primären motorischen und sensorischen Areale;
- im 1. - 5. Lebensjahr die Ausreifung der sekundären Assoziationsfelder, die ab dem 2. Lebensjahr in der Verhaltenskontrolle dominant werden, d.h. Lernen erfolgt jetzt vor allem intramodal;
- im 5. - 8. Lebensjahr die Ausreifung der tertiären Areale und damit die Schaffung der Voraussetzungen zum akademischen Lernen;
- etwa ab dem 6. - 12. Lebensjahr die Ausreifung des frontalen Kortex (diese zeitliche Zuordnung ist am meisten umstritten).

Lurias Prinzip der dynamischen Lokalisation funktionaler Systeme (Luria 1973) geht davon aus, daß alle höheren psychischen Tätigkeiten durch das dynamische Zusammenwirken einer Reihe von Teilfunktionen - verteilt über die drei oben beschriebenen Ebenen - im Rahmen eines sog. funktionalen Systems erfolgen. Die einzelnen Teilfunktionen wirken jeweils ähnlich bei einer Reihe von funktionalen Systemen mit. Tritt eine Störung auf, d.h. fallen eine oder mehrere der mitwirkenden Teilfunktionen aus, so kommt es zu einem Zerfall der Funktion. Um die „Funktion" wiederzuerlangen, müssen alle ausgefallenen Teilfunktionen durch andere, erhalten gebliebene ersetzt werden. Dies führt zu einer Umstrukturierung des Gesamtsystems, d.h. die Funktion wird nun qualitativ anders erbracht.

Auch im Rahmen der normalen Entwicklung kommt es durch die Möglichkeit der Nutzung neuer, durch das dynamische Wechselspiel von Anlage und Umwelt erworbener Funktionen zu qualitativen Änderungen bei der Durchführung einzelner Proben. Dabei zeigen sich *2 große Entwicklungstrends* (Luria 1970):

- eine Reduzierung der Anzahl der benötigten Teilfunktionen, z.B. durch Automatisierung und Ausnutzen von Übergangswahrscheinlichkeiten bei verbesserter simultaner Aufmerksamkeit;
- ein Wechsel in der Führungsrolle der Teilfunktionen von den motorischen und sensorischen Funktionen hin zur Sprache.

Luria (1970) entwickelte seine Konzepte im Rahmen seiner Arbeit mit Erwachsenen mit lokalisierten Hirnschädigungen. Bei der Anwendung dieser Theorien auf das Kindesalter sind nachfolgende Gesichtspunkte zu berücksichtigen:

- bei Kindern handelt es sich meist um diffuse Hirnschädigungen und globale Beeinträchtigungen (Obrzut et al.1986);
- scheinbar gleiche Leistungen können von Kindern je nach Entwicklungsstand durch unterschiedliche funktionale Systeme erbracht werden (Fletcher u. Taylor 1984);
- bei Störungen im Kindesalter handelt es sich um andere Syndrome, sog. Aufbaustörungen (Graichen 1985). So kann ein Ausfall einer Teilfunktion zu einem früheren Zeitpunkt infolge der Entwicklung auch Leistungsproben (funktionale Systeme) betreffen, für die die gestörte Teilfunktion auf der gegenwärtigen Entwicklungsstufe eigentlich nicht mehr nötig wäre, zu deren Entwicklung sie aber hätte beitragen müssen (z.B. taktil-kinästhetische Grundlage der Figur-Grund-Wahrnehmung);
- bei Kindern ist das Lösungsverhalten infolge Übung und Motivation stark materialabhängig.

Zur Entwicklung der TÜKI

Die Einteilung der TÜKI (Deegener et al. 1991a) in 8 große Untersuchungsbereiche mit insgesamt ca. 200 Proben erfolgt gemäß Lurias (1970) Vorschlägen zur Untersuchung höherer kortikaler Funktionen und der darauf beruhenden TÜLUC (Hamster et al. 1980). Tabelle 2 gibt eine Übersicht der Untersuchungsbereiche.

Die Aufgaben wurden im Blick auf die Zielgruppe der Kinder im Alter von 4 - 14 Jahren überarbeitet. Die Aufteilung in Untersuchungsbereiche hat reinen Ordnungscharakter und stellt die zentralen Untersuchungsziele heraus. Zur Auswertung wurden 17 Funktionsbereichsskalen gebildet, die auf der

Tabelle 2. Untersuchungsbereiche der TÜKI

Motorische Funktionen

Akustisch-motorische Funktionen

Höhere hautkinästhetische Funktionen

Höhere visuelle Funktionen

Rezeptive Sprache

Expressive Sprache

Mnestische Prozesse

Denkprozesse

Unterteilung größerer Untersuchungsbereiche beruhen, wobei in seltenen Fällen einzelne Aufgaben auf Grund der Untersuchungsergebnisse neu zugeordnet wurden (Tabelle 3).

Die Aufgabendurchführung erfolgt standardisiert gemäß der Beschreibung im Manual. Ein gesondert abgefaßter Reader zur TÜKI (Deegener et al. 1991b) enthält u.a. in einem eigenen, umfassenden Kapitel:

- generelle Anmerkungen zu den Funktionsbereichen, insbesondere unter entwicklungspsychologischem Aspekt;
- Hinweise auf die an der Ausführung der Probe beteiligten Funktionen und auf mögliche qualitative Auswertungswege;
- mögliche Aufgabenvarianten und Zusatzaufgaben sowie
- Verweise auf psychodiagnostische Verfahren, die den betreffenden Funtionsbereich erfassen.

Die quantitative Auswertung der Einzelproben erfolgt zumeist nach „gekonnt" vs. „nicht gekonnt" (0-1), wobei im Sinne Lurias (1970) die für das Kind bestmögliche Leistung angestrebt wird. Neben den einzelnen Aufgaben ist im Protokollheft genügend Platz für Notizen zur qualitativen Auswertung. Auf dem Boden der Ergebnisse der zumeist klinischen Stichproben wurden Prozentrangwerte für jede einzelne Aufgabe und die Funktionssummenbereiche erstellt. Zusätzlich besteht die Möglichkeit einer übersichtsartigen Profilauswertung der 17 Funktionsbereiche getrennt nach den 3 Altersgruppen, die sich im Rahmen der Auswertung ergeben. Zur raschen Orientierung bei der qualitativen Auswertung zeigt eine Tabelle die bei jeder Aufgabe wichtigen Modalitäten und Merkmale in bezug auf Input, Informationsverarbeitung und Output. Damit wird im Sinne des theoretischen Grundkonzeptes neben der quantitativen Auswertung das Augenmerk auf qualitative Aspekte gelenkt, und es besteht die Möglichkeit, je nach Ergebnis individuell gezielt weiter zu untersuchen, um die gestörte Funktion möglichst isoliert zu erfassen

Tabelle 3. Funktionsbereichsskalen (gruppiert nach den zugehörigen Untersuchungs-
bereichen)

Gesamtkörperkoordination
Motorische Funktionen der Hände
Orale Praxie
Sprachliche Regulation motorischer Vollzüge

Akustisch-motorische Koordination

Höhere hautkinästhetische Funktionen
Stereognosie

Höhere visuelle Funktionen
Räumliche Orientierung
Mosaiktest

Wortverständnis und Verständnis für einfache Sätze
Verständnis für logisch-grammatikalische Strukturen

Artikulation von Sprachlauten und reproduzierende Sprache
Nominative Funktion des Sprechens und erzählende Sprache

Lernprozeß: Wortreihe
Mnestische Prozesse

Denkprozesse

---

und so ggf. auch Hinweise zur Planung von Rehabilitationsmaßnahmen zu erhalten. Die Testdauer beträgt je nach Alter des Kindes 1,3 - 2,15 h.

Zur Standardisierung wurden in Homburg folgende Stichproben erhoben:

- 85 Kinder im Alter zwischen 5,1 und 13,3 Jahren, die in der Kinder- und Jugendpsychiatrie vorgestellt worden waren. Bei all diesen Kindern erfolgte während der Testung regelmäßig nach jedem Funktionsbereich eine Verhaltenseinstufung hinsichtlich der in Tabelle 4 aufgeführten Bereiche.
- Diese Bereiche ließen sich zu 3 Faktoren zusammenfassen. Dabei korrelierte der erste am stärksten mit den Ergebnissen der meisten Untersuchungsbereiche. Außerdem wurde bei 80 der Kinder der HAWIK-R (Tewes 1984) durchgeführt, und es erfolgte gemäß den Kriterien von Schlange et al. (1972) eine Einstufung nach „Hirnschaden", „Hirnschadenverdacht" bzw. „kein Hirnschaden";
- 40 Kindergartenkinder im Alter von 4 - 6 Jahren; bei ihnen wurde zusätzlich mittels des Raven-Matrizentests (CPM) (Schmidtke et al. 1978) die Intelligenz gemessen;

Tabelle 4. Bereiche der Verhaltenseinstufung

Arbeitstempo
Arbeitsgenauigkeit
Aufgabenverständnis
Leistungsmotivation

Selbstwertgefühl
Stimmungslage
Ängstlichkeit
Sozialkontakt

Ablenkbarkeit
Psychomotorische Aktivität
Aufmerksamkeit-Ermüdbarkeit

- 56 sprachgestörte Kinder im Alter zwischen 4 und 9 Jahren unter den Diagnosen Dyslalia partialis, multiple Dyslalie und verzögerte Sprachentwicklung;
- 51 Kinder einer Einrichtung für lernbehinderte und/oder verhaltensgestörte Kinder im Alter von 6 bis 14 Jahren;
- 50 Kinder einer ambulanten Einrichtung zur Therapie von Lese- und Rechtschreibschwächen im Alter von 7 - 16 Jahren, wobei nur ca. die Hälfte davon die diagnostischen Kriterien für eine Legasthenie erfüllte (der Rest hatte einen höheren Prozentrang im Rechtschreibtest).

Zusätzlich wurden in 2 Studien in Göttingen (Matthaei 1991) zur Frage der Spätfolgen bei Frühgeborenen insgesamt 97 Kinder im Kindergarten- und Grundschulalter mit TÜKI und GFT untersucht.

Der Haupteinwand gegen die bislang vorliegenden Daten - aufgrund der beschriebenen Stichproben - liegt also darin, daß es sich, abgesehen von der Kindergartengruppe, nicht um Normalpopulationen, sondern klinische Stichproben handelt, auch wenn die Symptombelastung in den einzelnen Gruppen - wie die zusätzlich erhobenen Befunde zeigten - häufig relativ gering war. Die quantitativen TÜKI-Ergebnisse können deshalb meist nur mit Werten unterschiedlicher klinischer Populationen verglichen werden, was die Frage der Vergleichbarkeit aufwirft und zu falsch negativen Ergebnissen führen kann. Zur orientierenden quantitativen Auswertung liegen Prozentangaben für jede Einzelaufgabe und die Funktionssummenbereiche für die in Tabelle 5 aufgeführten Vergleichsgruppen vor. Die TÜKI bedarf daher dringend der Ergänzung durch weitere Untersuchungen an Normalpopulationen, um so für jeden der 3 sich abzeichnenden Altersbereiche (5, 6 - 8, 9 - 14 Jahre) Normwerte anbieten zu können.

Tabelle 5. Vergleichsgruppen zur orientierenden quantitativen Auswertung mit Prozentangaben für jede Einzelaufgabe und die Funktionssummenbereiche

Gesamtstichprobe Homburg (N = 282)
- nach Altersjahrgängen von 4 - 12 Jahren
- nach Altersgruppen: 6 - 8 Jahre; 9 - 16 Jahre; 13 - 16 Jahre
- nach dem Geschlecht

Kinderpsychiatrische Stichprobe
- Gesamtgruppe N = 85)
- nach IQ: < 76; 76 - 100; > 100
- mit Hirnschädigung vs. ohne Hirnschädigung

Kindergartenkinder
- Gesamtgruppe (N = 40)
- nach IQ: bis 100; ab 101

Sprachgestörte Kinder
- Gesamtgruppe (N =56)

Lernbehinderte und/oder verhaltensgestörte Kinder
- Gesamtgruppe (N = 51)

Lese-rechtschreib-schwache Kinder
- Gesamtgruppe (N = 50)

Zur Überprüfung der Reliabilität erfolgte die Berechnung der internen Konsistenz zum einen nach Spearman-Brown (Testhalbierung nach „odd"-„even"), zum anderen mittels Guttman-Koeffizient. Dabei fanden sich in 14 bzw. 12 von 16 Bereichen (Wortreihe nicht berücksichtigt, da nur 1 Untertest) Werte zwischen 0,70 und 0,91. In allen Stichproben außer der kinder- und jugendpsychiatrischen Gruppe wurden nach 6 Monaten Retests durchgeführt, wobei im Durchschnitt 82 % der Kinder im Ergebnis konstant geblieben waren, 13 % sich verbesserten und 5 % schlechter waren (letzteres insbesondere in Aufgabenbereichen mit hoher Aufmerksamkeitskomponente). Eine Faktorenanalyse für jeden Funktionsbereich nach der Hauptkomponentenmethode sprach für eine ausreichende Homogenität. Die Interkorrelation zwischen den einzelnen Funktionsbereichen (Pearson-Korrelations-Koeffizient) lag etwas höher als die von Neumärker u. Bzufka (1988) für die BLN-K mitgeteilten Werte. Dies mag z.T. an der höheren Altersstreuung der TÜKI liegen.

Die Altersabhängigkeit im Lösungsverhalten ist in den einzelnen Funktionsbereichen unterschiedlich (Tabelle 6). Die Befunde sprachen für die Aufteilung in 3 Altersgruppen: 5, 6 - 8 und 9 - 14 Jahre (Abb. 1).

Tabelle 6. Altersabhängigkeit der Funktionsbereiche

Deutlicher (0,50 bis 0,54):
Räumliche Orientierung
Denkprozesse
Motorische Funktionen der Hände
Gesamtkörperkoordination
Mnestische Prozesse
Mosaiktest

Weniger deutlich (0,19 bis 0,33):
Akustisch-motorische Koordination
Orale Praxie
Höhere hautkinästhetische Funktionen
Sprachliche Regulation motorischer Vollzüge
Höhere visuelle Funktionen

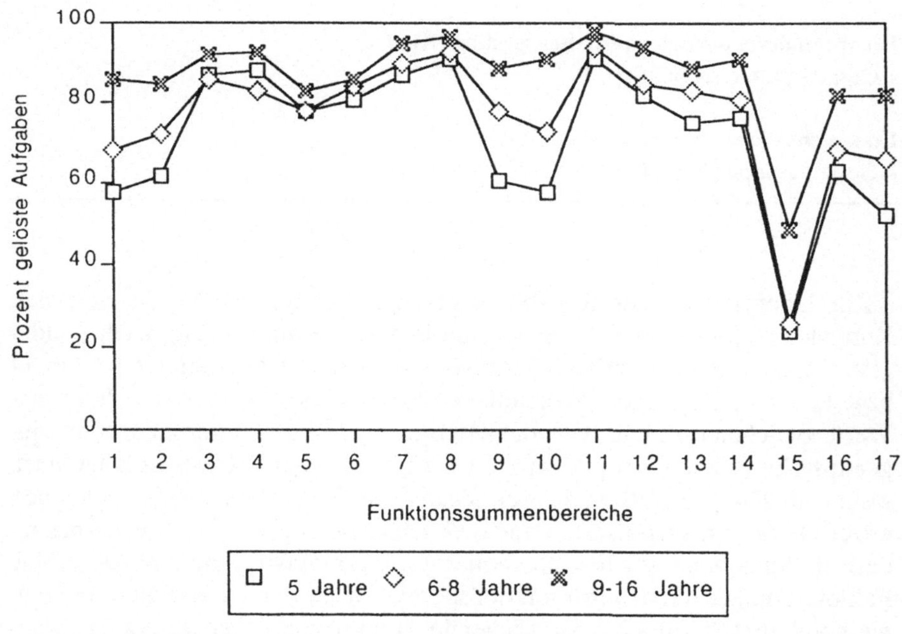

Abb. 1. Übersicht über die mittlere Anzahl richtiger Lösungen, in Prozent, die jede der drei Altersgruppen in den 17 Funktionssummenbereichen erzielt hat

Die wenigen 15- und 16jährigen Jugendlichen der Gesamtstichprobe wurden bei dieser Auswertung zu den 9- bis 14jährigen hinzugezählt. Die obere Altersgrenze soll bei 14 Jahren liegen, da sonst ein zu starker Deckeneffekt auftritt. Bedeutsame Unterschiede in bezug auf Geschlecht, Geschwisterzahl oder soziale Schicht fanden sich nicht.

Gemäß den Kriterien von Schlange et al. (1972) wurden in der kinder- und jugendpsychiatrischen Stichprobe die Diagnosen „Hirnschaden", „Hirnschadenverdacht" und „kein Hirnschaden" gestellt. Dadurch ergaben sich bei Fehlen signifikanter Altersunterschiede in 13 der 17 Funktionsbereiche signifikante Unterschiede. Gleichzeitig unterschieden sich die 3 Gruppen auch signifikant im HAWIK-R hinsichtlich Gesamt-IQ, Verbal-IQ und Handlungs-IQ. Es blieb die Frage, inwieweit die gefundenen Unterschiede in der TÜKI nicht überwiegend intelligenzabhängig sind. Die Korrelationen zwischen TÜKI und HAWIK-R sind in Tabelle 7 dargestellt. Bei den Kindergartenkindern lag die Korrelation zwischen Raven-IQ (Schmidtke et al. 1978) und den Leistungen in den einzelnen TÜKI-Funktionsbereichen unter dem Signifikanzniveau ($p < 0{,}05$). Daher ist im Durchschnitt von keiner zu hohen intelligenzabhängigen Ladung auszugehen.

Tabelle 7. Korrelationen zwischen dem HAWIK-R und den Funktionsbereichen

Relativ hoch (zwischen 0,51 und 0,69):
Akustisch-motorische Koordination
Mnestische Prozesse
Mosaiktest
Verständnis logisch-grammatikalischer Strukturen
Denkprozesse

Relativ niedrig (zwischen 0,25 und 0,38):
Höhere visuelle Funktionen
Höhere hautkinästhetische Funktionen
Gesamtkörperkoordination
Stereognosie
Sprachliche Regulation motorischer Vollzüge

Bei den 97 in Göttingen untersuchten Kindern (Matthaei 1991) korrelierte die Hirnschadendiagnostik nach den GFT-Ergebnissen relativ hoch mit 9 der 17 TÜKI-Funktionsbereiche, und dies in Übereinstimmung mit den Homburger Ergebnissen (13 von 17 Funktionsbereichen) nicht nur in den Bereichen, die besonders stark intelligenzabhängig sind. Insofern scheint die TÜKI nicht nur intelligenzabhängige Veränderungen zu messen und ist als Screeningverfahren zur Entdeckung kortikaler Funktionsstörungen geeignet. Die bisherigen Ergebnisse beim Vergleich von Kontrastgruppen (z.B. Kindergartenkinder mit den nahezu gleichaltrigen sprachgestörten Kindern oder leicht vs. deutlich sprachgestörte Kinder) sind als positiver Hinweis auf eine hinreichende kriteriumsbezogene Validität der TÜKI anzusehen.

Fallbeispiel

Vorstellungsgrund. Nach der Rückstellung von der Einschulung im Kindergarten wird der 6,2jährige Junge zunehmend auffallend durch Streit, motorische Unruhe, verminderte Aufmerksamkeitsspanne,er ist sehr um Anerkennung bemüht, da er aber beim Spiel immer verliert, ärgert er sich und nimmt den anderen Kindern Sachen weg, die er zu Hause stolz zeigt.

Vorgeschichte. EPH-Syndrom; Nabelschnurumschlingung bei der Geburt. Im Säuglings- und Kleinkindesalter Schlafstörungen; statomotorische Entwicklung angeblich o.B.; Sprachentwicklung auffallend, insbesondere durch späte Satzbildung; Sprachtherapie wegen Hypermotorik abgebrochen.

Befunde. Körperlich altersentsprechend; leichtere Störung der Bewegungskoordination und der Artikulation, deutlicher bei der Satzbildung. Motorisch unruhig; Aufmerksamkeit und Ausdauer reduziert; kooperativ, läßt sich immer wieder motivieren.

EEG. Leichte Allgemeinveränderung.

HAWIVA (Eggert, 1975). Verbal-IQ 85 - 92,5; Handlungs-IQ 92,5 - 100; bei den Untertests Formenzeichnen und Mosaiktest etwas schwächer.

Damit stellten sich die Fragen nach der Genese der Artikulations- und der Sprachstörung, außerdem bestanden Hinweise auf leichte Beeinträchtigungen der Visuomotorik und des räumlichen Denkens.

In der deutschen Fassung der Kaufman Assessment Battery for Children (KAB-C) (Melchers et al., im Druck) fanden sich deutliche Unterschiede hinsichtlich der erreichten Standardwerte zwischen der Skala einzelheitlichen Denkens (69) und der Skala ganzheitlichen Denkens (106). In der KAB-C werden die Aufgaben zur Erfassung der intellektuellen Fähigkeiten gemäß Lurias Konzept zur Informationsverarbeitung (simultan vs. sukzessiv) in getrennten Skalen berechnet. Damit bestanden Hinweise auf eine Störung der sequentiellen Informationsverarbeitung. Die Analyse der Untertests zeigte, daß das Zahlennachsprechen am schlechtesten gelang, wohingegen die Wortreihe besser ausfiel, d.h. die rein akustische Aufnahme, verbunden mit sprachlicher Verarbeitung und Antwort, gelang schlechter, als wenn die Lösung eine visuelle Identifikation erforderte. Das räumliche Gedächtnis war altersentsprechend gut. Fehler traten häufig auf, wenn die Menge der zu behaltenden Merkmale gesteigert wurde.

Die TÜKI zeigte bei rein quantitativer Auswertung der Funktionsbereiche auffallend niedrige Werte für die mnestischen Prozesse, die sprachliche Regulation motorischer Vollzüge, die akustisch-motorische Koordination, das

Verständnis logisch-grammatikalischer Strukturen, die Artikulation von Sprachlauten und die reproduzierende Sprache. Gute Werte erreichte der Junge bei den höheren visuellen Funktionen, der nominativen Funktion des Sprechens und der erzählenden Sprache. Die Händigkeit war noch nicht ausgeprägt, es bestand keine eindeutige Präferenzdominanz, die Leistungsdominanz war eher rechts.

Die qualitative Auswertung der Aufgaben zeigte, daß alle motorischen Proben, die eine dynamische Organisation erfordern, d.h. eine taktil-kinästhetische Rückkoppelung unter Zeitdruck sowie eine sequentielle Verarbeitung, besondere Schwierigkeiten bereiteten. Auch schwierigere taktil-kinästhetische Proben ohne Zeitdruck und sequentielle Verarbeitung konnten nicht gelöst werden. Durch verbale Selbstinstruktion oder visuelle Hilfen konnten die Leistungen verbessert werden. Es bestanden leichtere Probleme beim Erkennen von Tonhöhenunterschieden. Bei den visuellen Funktionen und der Sprache traten Probleme ebenfalls gehäuft bei Aufgaben auf, bei denen einer taktil-kinästhetischen Komponente besondere Bedeutung zukommt (in Ausführung oder Entwicklung). Bei den mnestischen Prozessen war die Kapazität begrenzt. Die Ergebnisse waren schlechter, wenn die Aufgabe allein den akustisch-sprachlichen Bereich ohne visuelle oder kognitive Kompensationsmöglichkeit betraf. Bei den Denkaufgaben befand er sich überwiegend auf der Stufe der anschaulich-verallgemeinernden Operationen (z.B. „Fisch und Vogel haben beide Augen, können sich bewegen...”). Beim Verständnis für Situationsbilder blieb er auf der Stufe der nominativen Bezeichnung der Gegenstände (noch keine Bezeichnung des Handlungszusammenhanges).

Im Zentrum der Schwierigkeiten standen also Störungen der taktil-kinästhetischen Funktionen, die sich in der TÜKI lediglich bei schwierigeren Proben sowie in Funktionen zeigten, an deren Aufbau die taktil-kinästhetischen Funktionen beteiligt sind. Ferner fanden sich leichtere Einbußen beim Erkennen von Tonhöhenunterschieden, eine begrenzte Kapazität des Kurzzeitgedächtnises und Probleme bei der sequentiellen Verarbeitung von Reizen. Als Kompensationsmöglichkeiten könnten der verstärkte Einsatz visueller Hilfen sowie die Anleitung zur Nutzung der Sprache bei der internen Regulation von Handlungen dienen.

Schlußbemerkung

Zusammenfassend läßt sich sagen, daß die TÜKI als neuropsychologisches Screeningverfahren für das Kindesalter brauchbar erscheint, auch wenn weitere Überarbeitungen und Ergänzungen sicherlich notwendig sind. Ihre besonderen Stärken und Schwächen liegen im Versuch der Kombination von quantitativen und qualitativen Ansätzen. Die TÜKI ist keine allumfassende Testbatterie, und sie kann auch keine Patentrezepte bieten. Sie ermöglicht aber, so hoffen wir, einen Einstieg in die Untersuchung und regt an zum weiteren Nachdenken bei der Suche nach einer angemessenen Lösung für die diagnostischen und therapeutischen Probleme des jeweiligen Patienten.

Literatur

Brand I, Breitenbach E, Maisel V (1985) Integrationsstörungen. Marienverein, Würzburg

Deegener G et al. (1991a) Tübinger Luria-Christensen Neuropsychologische Untersuchungsreihe für Kinder. Beltz, Weinheim

Deegener G, Dietel B, Matthaei R, Nödl H (1991b) Reader zur TÜKI. Beltz, Weinheim

Eggert D (1975) Hannover-Wechsler-Intelligenztest für das Vorschulalter (HAWIVA). Huber, Bern

Fletcher JM, Taylor HG (1984) Neuropsychological approaches to children: Towards a developmental neuropsychology. Clin Neuropsychol 6: 39-56

Golden CJ (1981) The Luria-Nebraska children's battery: theory and formulation. In: Hynd GW, Obrzut JE (eds) Neuropsychological assesment and the school-age child. Grune & Stratton, New York

Graichen J (1985) Neuropsychologische Differrenzierung des Dysgrammatismus durch artikulatorische Regelprogramme. In: Rothe M (Hrsg) Zentral bedingte Kommunikationsstörungen. Deutsche Gesellschaft für Sprachheilpädagogik, Hamburg

Hamster W, Langner W, Mayer K (1980) TÜLUC - Tübinger - Luria - Christensen Neuropsychologische Untersuchungsreihe. Beltz, Weinheim

Luria AR (1966) Human brain and psychological processes. Harper & Row, New York

Luria AR (1970) Die höheren kortikalen Funktionen des Menschen und ihre Störungen bei örtlichen Hirnschädigungen. Deutscher Verlag der Wissenschaften, Berlin

Luria AR (1973) The working brain. An introduction to neuropsychology. Basic Books, New York

Majovski LV, Tanguay P, Russel A, Sigman M, Crumley K, Goldenberg I (1979) Clinical neuropsychological screening instruments for assessment of higher cortical deficits in adolescents. Clin Neuropsychol 1:3-19

Matthaei R (1991) Zur Validität der TÜKI - Untersuchungen an ehemaligen Frühgeborenen im Kindergarten- und Grundschulalter. In: Deegener G, Dietel B, Matthaei R, Nödl H (Hrsg) Reader zur TÜKI. Beltz, Weinheim

Melchers P, Preuß U (im Druck) Vorläufige deutschsprachige Fassung der Kaufman-Assessment Battery for Children von Kaufman A und Kaufman N. Swets & Zeitlinger, Lisse

Neumärker KJ, Bzufka MW (1988) Berliner-Luria-Neuropsychologisches Verfahren für Kinder (BLN-K). Handanweisung. Psychodiagnostisches Zentrum Humboldt-Universität, Berlin

Obrzut JE, Hynd GW (1986) Child neuropsychology: an introduction to theory and research. In: Obrzut JE, Hynd GW (eds) Child neuropsychology. Academic Press, Orlando

Schlange H, Stein B, Boetticher I, Taneli S (1972) Göttinger Formreproduktionstest. Hogrefe, Göttingen

Schmidtke A, Schaller S, Becker P (1978) Raven-Matrizen-Test (CPM). Beltz, Weinheim

Tewes U (1984) Hamburg Wechsler Intelligenztest für Kinder. Revision 1983. Handbuch. Huber, Wien

Neuropsychologie der Sprachstörungen

G. Niebergall

Zur Epidemiologie von Sprachstörungen
im Kindes- und Jugendalter

Die Sprachentwicklung hat eine große Bedeutung für die Persönlichkeitsentwicklung von Kindern. Für den normalen Sprech- und Spracherwerb ist ein ungestörter Hör-Sprach-Kreis die wichtigste Voraussetzung (von Arentsschild 1982).

Wie epidemiologische Untersuchungen zeigen, spielen sprachliche Auffälligkeiten im Kindes- und Jugendalter eine beträchtliche Rolle. Bei einer ambulanten kinder- und jugendpsychiatrischen Inanspruchnahmepopulation (Stichprobenumfang: 279 Kinder) wurden im Alter zwischen 0 und 3 Jahren bei knapp 8 % sprachliche Auffälligkeiten festgestellt, im Alter zwischen 3 und 6 Jahren stieg dieser Prozentsatz auf etwa 33 % von insgesamt 341 vorgestellten Kindern an (Remschmidt et al. 1990). Bereits in diesen frühen Entwicklungsjahren waren die Kinder mit einer Vielzahl psychischer Symptome belastet (Niebergall 1987). Aus epidemiologischen Angaben geht hervor, daß mit zunehmendem Alter sprachliche Auffälligkeiten weniger häufig werden. Bei Reihenuntersuchungen im Kindergarten-, Vorschul- und Einschulungsalter wurden bei etwa 48 % Symptome von Sprech- und Sprachstörungen angetroffen. Diese Zahl reduzierte sich auf 3,7 bzw. 2 % bei Realschülern und Gymnasiasten. Der höchste Prozentsatz von Sprech- und Sprachstörungen fand sich bei geistig behinderten Schülern (87 %), aber auch bei lernbehinderten Sonderschülern war er hoch (46 %). Diese Angaben sind jedoch abhängig vom methodischen Vorgehen sowie von der Enge und Weite der Definition einer Sprachstörung.

Unter 423 stationär behandelten Patienten einer kinder- und jugendpsychiatrischen Klinik fand Metzker (1974) einen Anteil von 25 % mit sprachlichen Auffälligkeiten. Eine Stottersymptomatik kommt in der Gesamtbevölkerung mit ca. 1 % vor (Remschmidt u. Niebergall 1985).

Diese Zahlen belegen, daß die neuropsychologische Diagnostik bei Patienten mit sprachlichen Auffälligkeiten auch im klinischen Alltag von großer Bedeutung ist. Mit der systematischen Anwendung psychologischer Verfahren lassen sich einerseits diagnostische Erkenntnisse auch hinsichtlich der Ätiologie und evtl. der Lokalisation der gestörten Funktionen bei Sprachstörungen gewinnen, andererseits können daraus Schlüsse für Therapiemaßnahmen abgeleitet werden (vgl. Niebergall u. Wiesse 1978).

Während sprachpathologische Symptome, wie Dyslalie, Dysgrammatismus, Stottern und Poltern, bei Kindern und Jugendlichen häufig sind, treten aphasische Sprachstörungen in diesem Lebensalter eher selten auf. Aber auch auf diesem Sektor wurde in den letzten beiden Jahrzehnten eine Reihe neuropsychologischer Untersuchungen durchgeführt.

Neuropsychologische Untersuchungen bei Sprachstörungen

Zum Rückbildungsverlauf aphasischer Störungen

Wir selbst (Remschmidt et al. 1980) hatten die Möglichkeit, den Rückbildungsverlauf aphasischer Sprachstörungen im Kindes- und Jugendalter näher zu untersuchen. Dabei setzten wir mit verschiedenen anderen Methoden auch den Tokentest ein. Mit diesem ursprünglich von De Renzi u. Vignolo (1962) entwickelten Test gelingt es besonders gut, das Sprachverständnis und ggf. eine Aphasie zu erfassen. Für unsere Untersuchungen setzten wir den Tokentest in der deutschen Version von Orgass u. Poeck (1966) mit 61 Aufgaben ein. In Abb. 1 sind die Ergebnisse dargestellt, wobei die einzelnen Meßpunkte die Zahl der richtigen Aufgabenlösungen für die Patienten wiedergeben. Das Alter dieser 5 Patienten variierte bei Beginn der Schädigung zwischen 10 und 17 Jahren, hinsichtlich der Ursache der Aphasien handelte es sich ausschließlich um Schädel-Hirn-Traumen infolge von Verkehrsunfällen. Außerdem sind in diese Abbildung mathematische Funktionen aufgenommen, mit denen es recht gut gelang, den testmetrisch erfaßten Rückbildungsverlauf darzustellen. Diese mathematischen Funktionen gestatten es, z.B. für den einzelnen Patienten relativ sichere Prognosen nach einem kurzen Beobachtungsintervall vorzunehmen.

Aus dieser Verlaufsdarstellung lassen sich noch weitere Schlüsse ziehen. Es zeigte sich, daß der Rückbildungsverlauf der Aphasie um so günstiger war, je rasanter die Fortschritte nach dem Trauma waren. Zusätzlich ergab sich eine Bestätigung der klinischen Beobachtungen, daß die Prognose bei aphasischen Sprachstörungen auch vom Alter der Patienten abhängig ist. Der in dieser Darstellung mit *B* bezeichnete Patient war in der Stichprobe der älteste (17 Jahre); er wies den ungünstigsten Verlauf auf. Die anderen Patienten waren zwar auch in sprachlicher Hinsicht vielfach noch nach mehr als 100 Tagen auffällig, sie erreichten jedoch raschere Fortschritte, bis es zu einer Plateaubildung kam.

Bei diesen Untersuchungen wurde bei einzelnen Patienten die Beobachtung gemacht, daß es während des Restitutionsverlaufes zu einem Wechsel

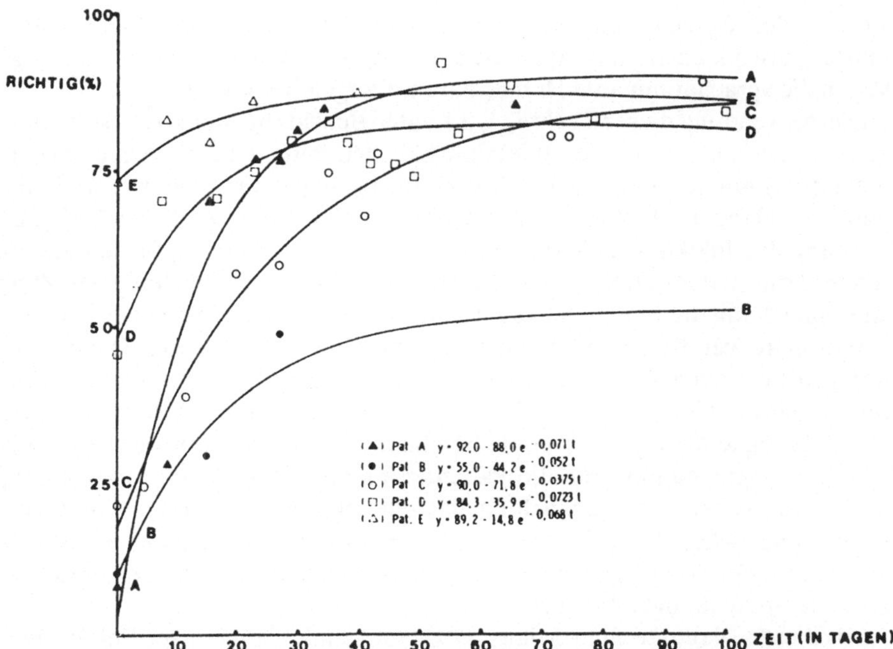

Abb. 1. Verlaufskurven für die Ergebnisse von 5 aphasischen Patienten im Tokentest und ihre mathematische Annäherung

der Händigkeit kam. Bei einem Jungen mit Rechtshändigkeit entwickelte sich nach einer Schädigung der linken Hirnhälfte zunehmend Linkshändigkeit. Diese Beobachtung stimmte mit der Hypothese überein, daß hier möglicherweise die rechte Hemisphäre kompensatorisch die Sprachfunktionen übernommen hatte - mit der Ausbildung einer Linkshändigkeit einhergehend. Dabei wird vorausgesetzt, daß die Händigkeit ein relativ guter Indikator für die Lokalisation der Sprachfunktionen ist. Bereits seit den Ursprüngen der systematischen Aphasieforschung (Broca, Wernicke) war festgestellt worden, daß Rechtshändigkeit mit dem Sitz der Sprachfunktionen in der linken Hemisphäre und Linkshändigkeit, wenn auch nicht in demselben Ausmaß, mit der Lokalisation der Sprachfunktionen in der rechten Hemisphäre hoch korrelieren.

Spätere Untersuchungen mit dem Natriumamytaltest führten zu methodisch gut gesicherten Ergebnissen. Diese Methode wurde von Wada entwickelt (Wada u. Rasmussen 1960). Wada führte im Rahmen von Untersuchungen über zerebrale Anfallsleiden „eine Injektion in die Carotis mit *Sodium-Amytal* und Metrazol durch, um den Mechanismus der Ausbreitung von epileptischer Entladung zwischen den Hemisphären beim Menschen zu untersuchen" (Wada und Rasmussen 1960, S. 266). Dabei stellte er fest, daß eine Injektion mit einer Natriumamytallösung zu einem vorübergehenden

Verlust der Sprachfunktionen der ipsilateralen zerebralen Hemisphären führte, einschließlich einer aphasischen Störung, wenn die Injektionsflüssigkeit in die sprachdominante Hemisphäre weitergeleitet wurde.

Die Anwendung dieser Technik wird unter Beachtung mehrerer Bedingungen vorgenommen: Bei der Injektion hält der Patient beide Arme waagerecht, führt mit den Fingern willkürliche Bewegungen durch oder ergreift mit ihnen die Hand des Untersuchers, während er gleichzeitig zählt. Nach Verabreichung der Injektion stellen sich eine Hemiplegie zu der injizierten Hemisphäre kontralateralen Seite sowie eine kurzzeitige Unterbrechung des Zählens ein. Ist nun die Injektion in die für die Sprachfunktionen nicht dominante Hemisphäre verabreicht worden, kann der Patient nach einer Dauer von wenigen Sekunden Gegenstände nach Aufforderung exakt benennen, während weiterhin eine komplette Hemiplegie der kontralateralen Seite bestehen bleibt. Erfolgte die Injektion in die dominante Hemisphäre, in welche die Injektion erfolgte, dann waren die Patienten unfähig, das Zählen fortzusetzen, und es war weiterhin zu beobachten, daß eine mehrminütige Periode mit typischen aphasischen Reaktionen, z.B. Perseverationen und Sprachverlust bei der Benennung von Gegenständen, auftraten. Nach dieser Periode kehrte die normale Sprachfähigkeit zurück.

Mit dieser Methode fand Milner (1974) folgende Ergebnisse: Bei Rechtshändern waren zu 97 % die Sprachfunktionen in der linken Hemisphäre lokalisierbar, bei 1,5 % in der rechten, bei weiteren 1,5 % in beiden Hemisphären, bei Linkshändern zu 70 % in der linken Hemisphäre, jeweils bei 15 % in der rechten oder in beiden Hemisphären (Milner 1974). In diesem Zusammenhang liegt es nahe, die Frage zu untersuchen, in welcher Weise die Entwicklung der funktionellen Hemisphärenasymmetrie verläuft.

Zur Entwicklung der Sprachdominanz

Hinsichtlich der Entwicklung der Sprachdominanz bestehen bei Betrachtung dieser in Abhängigkeit von dem Lebensalter der Kinder verschiedene Hypothesen, von denen besonders die von Lenneberg (1972) und Kinsbourne (vgl. Kinsbourne u. Hiscock 1983) zu nennen sind. Nach Lenneberg handelt es sich bei der Sprachlateralisation um einen kontinuierlichen Prozeß bis zum Pubertätsalter. Auf der Grundlage von Analysen der Störungsverläufe bei aphasischen Kindern glaubte Lenneberg weiter Belege dafür gefunden zu haben, daß in den ersten beiden Lebensjahren eine funktionelle Äquipotentialität beider Hemisphären für die Sprachfunktionen besteht und daß sich diese im späteren Verlauf meist in der linken Hemisphäre etablieren. Bei einer Schädigung der sprachdominanten Hemisphäre in diesem Entwicklungsabschnitt könne die nicht geschädigte Hemisphäre den Verlust der Sprache dadurch kompensieren, daß sie die Sprachfunktion übernehme („Neuroplastizität des kindlichen Gehirns").

Gegen diese Hypothese der Progression der Sprachlateralisation stellte Kinsbourne die Hypothese der „Invarianz" auf, nach der die Sprachfunktionen bereits zum Zeitpunkt der Geburt auf eine der beiden Hemisphären mehr oder weniger festgelegt seien, wobei es sich jedoch letztlich um einen komplizierten zentralnervösen Mechanismus im Sinne von Aufmerksamkeitsprozessen („attentional bias") handele. Zu berücksichtigen ist im Zusammenhang mit dieser Diskussion, daß bis zu den Ergebnissen der morphologischen Untersuchungen von Geschwind u. Levitzky (1968) angenommen wurde, daß keine entscheidenden morphologischen Unterschiede zwischen den beiden Hirnhemisphären bestehen würden, vielmehr seien es Unterschiede rein funktioneller Natur.

Eine Übersicht zu diesem Bereich zeigt jedoch, daß die entsprechenden Ergebnisse auch von den eingesetzten Methoden abhängig sind und sich die funktionelle Hemisphärenasymmetrie möglicherweise je nach erfaßtem Parameter bzw. erfaßter Modalität in Abhängigkeit vom Lebensalter unterschiedlich entwickelt. Eine Übersicht dazu stellten Remschmidt u. Niebergall (1981) zusammen (Tabelle 1). Grundlegende Ergebnisse fanden Sperry et al. bei den Untersuchungen von „split-brain"-Patienten (Sperry 1974). Danach ist die linke Hemisphäre im wesentlichen zuständig für analytische und sprachliche Vorgänge, die rechte Hemisphäre für ganzheitliche Prozesse (Tabelle 2).

Im Zusammenhang mit diesen Ergebnissen wurden zahlreiche neuropsychologisch fundierte Untersuchungen zu sehr unterschiedlichen Fragestellungen durchgeführt. Bei Kindern mit Sprachentwicklungsstörungen spielte lange Zeit die Frage eine Rolle, ob für die sprachlichen Auffälligkeiten Abweichungen von der „normalen" Entwicklung der Sprachdominanz ein verursachender Faktor sein könnten. Bei den eigenen Untersuchungen zu dieser Frage gingen wir von folgenden Hypothesen aus:

- Kinder mit Sprachentwicklungsstörungen (inklusive Stottern und Poltern) zeigen eine funktionelle Unterlegenheit der linken Hemisphäre oder
- im Unterschied zu sprachlich unauffälligen Kindern läßt sich bei jenen mit sprachpathologischen Auffälligkeiten eine funktionelle Äquipotentialität beider Hirnhemisphären nachweisen oder
- das Ausmaß der Sprachlateralisation von Kindern mit Sprachentwicklungsstörungen ist weniger ausgeprägt als bei unauffälligen Kindern.

In diese Hypothesen fanden verschiedene theoretische Auffassungen Eingang, die sich letztlich auf die Thesen von Lenneberg u. Kinsbourne zurückführen lassen.

Neben morphologischen, physiologischen, radiologischen und anderen Verfahren zur Erfassung von Hemisphärenasymmetrien wurden inzwischen auch zahlreiche verhaltenswissenschaftliche Methoden entwickelt, z.B. Händigkeitsüberprüfungen, visuelle Halbfelduntersuchungen und dichotische Hörverfahren. Diese methodischen Ansätze beruhen auf der Annahme, daß Rechtshändigkeit z.B. mit einer Sprachdominanz der linken Hemisphäre kor-

Tabelle 1. Synopse der Methoden und Ergebnisse funktioneller Hemisphärenasymmetrie. (Aus Remschmidt u. Niebergall)

Alter: Jahre	Morphologische Methoden: Hemisphäre	Physiologische Methoden (EEG): Hemisphäre	Händigkeit	Dichotisches Hören: Hemisphäre	Visuelle Halbfelder: Hemisphäre
Pränatal	links	-	-	-	-
Postnatal	links	links (verbal)	ambilateral	links	-
1	links	links (verbal)	Asymmetrie	links (verbal) rechts (nicht-verbal)	-
3 - 4	links	links (verbal)	Präferenzen	links (verbal) rechts (nicht-verbal)	ambilateral (verbal) rechts (nicht-verbal)
5 - 9	links	links (verbal)	Präferenzen	links (verbal) rechts (nicht-verbal)	links (verbal) rechts (nicht-verbal)
10 - 13	links	links (verbal)	85 % rechts 7 % links 8 % ambilateral	links (verbal) rechts (nicht-verbal)	links (verbal) rechts (nicht-verbal)
> 18	links	links (verbal)	80 % rechts 9 % links 11 % ambilateral	links (verbal) rechts (nicht-verbal)	links (verbal) rechts (nicht-verbal)

Tabelle 2. Spezifische Leistungen der dominaten und der untergeordneten Hemisphäre nach Sperry u. Levy. (Aus Eccles 1977/78)

Dominate Hemisphäre	Untergeordnete Hemisphäre
Sprachlicher Ausdruck	Nahezu keine sprachlichen Fähigkeiten
Semantische Unterscheidungen	Musikalität
Abstrakte Analogien	Bild- und Mustererfassung, optische Beziehungen
Analyse zeitlicher Abläufe	Zeitliche Intergration
Detailanalyse	Ganzheitliches Bild-Denken
Arithmetische Fähigkeiten	Geometrische und räumliche Fähigkeiten

reliert und eine Überlegenheit des Erkennens von sprachlichen Stimuli im rechten visuellen Feld ebenfalls eine funktionelle Überlegenheit der linken Hemisphäre für Sprache anzeigt. Auch eine sog. Rechtsohrüberlegenheit beim dichotischen Hören wird als funktionelle Dominanz der linken Hemisphäre interpretiert (Literaturübersicht bei Niebergall 1989).

Um die genannten Hypothesen zu überprüfen, gingen wir folgendermaßen vor: In Zusammenarbeit mit einer Sprachheilschule konnten wir im 1. Schritt dieser Untersuchung anamnestische Angaben von 152 Kindern übernehmen. Diese Ergebnisse sind in Tabelle 3 zusammengestellt. Daraus geht z.B. hervor, daß 18 % der Schüler Komplikationen bei Geburt oder Schwangerschaft aufwiesen und daß bei 36 % die statomotorische Entwicklung ebenso verzögert war wie bei 70 % die Sprachentwicklung. Leistungsausfälle und Verhaltensauffälligkeiten bestanden bei 30 %. Das Verhältnis von Jungen zu Mädchen betrug etwa 3:1.

Diese Kinder wurden mit verschiedenen Testverfahren hinsichtlich Intelligenz, Sprache und Händigkeit überprüft. Als Intelligenztests wurden die sprachfreien Grundintelligenztests CFT1 und CFT2 eingesetzt. Die damit erzielten Ergebnisse zeigten, daß in dieser Stichprobe Kinder mit relativ niedriger Intelligenz überrepräsentiert waren.

Zur Erfassung der sprachlichen Kompetenz dieser Kinder wurde der Tokentest eingesetzt. Auch dabei zeigten die in der Sprachentwicklung gestörten Probanden deutlich schlechtere Leistungen als normal sprechende Kinder. Dieses Ergebnis ist deshalb bemerkenswert, weil die Diagnosen einer Sprachentwicklungsstörung vornehmlich nach der Symptomatik der Expressivsprache gestellt werden.

Tabelle 3. Entwicklungsdaten einer Stichprobe von Kindern (n = 152) der 2., 3., und 4. Klasse einer Schule für Sprachbehinderte

	Variablen	Prozent
1	Komplikationen bei Geburt	14
	Komplikationen bei Schwangerschaft	4
2	Statomotorische Entwicklung:	
	Beginn Laufen später als 15 Monate	30
	Beginn Laufen später als 24 Monate	6
3	Sprachentwicklung:	
	Beginn Sprechen später als 15 Monate	50
	Beginn Sprechen später als 24 Monate	20
4	Sprachverzögerung bei anderen Familienmitgliedern	30
	Mutter	13
	Geschwister	8
	Vater	5
5	„Neurotische" Symptomatik bei Schulaufnahme	33
	„Regressive" Phänomene	19
	Bettnässen	9
6	Leistungsausfälle und Verhaltensauffälligkeiten in der Schule	30
8	Geschlechterverhältnis:	
	Jungen	74
	Mädchen	26
9	Schulnoten:	
	4 und schlechter in Deutsch	30
	4 und schlechter im Rechnen	30

Die Händigkeit dieser 152 Kinder wurde mit dem Handdominanztest (Steingrüber u. Lienert 1971) bestimmt. Dabei wird die Leistung bei feinmotorischen Aufgaben getrennt für die rechte und linke Hand bei einem Kind erfaßt und ein Quotient errechnet, der zu einer Klassifizierung der Ausprägung der Händigkeit führt. Es stellte sich heraus, daß die Händigkeit bei den sprachentwicklungsgestörten Kindern deutlich von den Ergebnissen der Eich-stichprobe abweicht: Bei ihnen fanden sich wesentlich mehr Links- und Beid-händer, und eine extreme Rechtshändigkeit war signifikant seltener. Dieses Ergebnis allein würde bedeuten, daß die Sprachdominanz bei diesen Kindern sich von normalsprechenden unterscheidet, vorausgesetzt, daß Rechtshän-digkeit eine linkshemisphärische Sprachdominanz anzeigt und Linkshändig-keit vorwiegend mit einer Verteilung der Sprachfunktionen auf beide Hirn-hemisphären oder mit der rechten Hemisphäre korreliert.

Hätte man mit dieser Methode die Untersuchungsserie beendet, so wäre die eingangs aufgestellte Hypothese bestätigt worden, daß Kinder mit sprach-pathologischer Symptomatik sich hinsichtlich der Entwicklung der Sprachdo-minanz offenbar von normalsprechenden Kindern unterscheiden. Doch bei der Analyse der Ergebnisse, die mit weiteren Methoden gewonnen wurde, er-gab sich ein anderes Bild. Denn im nächsten Schritt dieser Untersuchung wurden mit 22 ausgewählten Kindern der Sprachheilschule sowie 2 Kontroll-gruppen die zentralen neuropsychologischen Experimente durchgeführt. Als neuropsychologische Methoden verwendeten wir ein dichotisches Hörverfah-ren, eine visuelle Halbfelduntersuchung sowie eine von uns entwickelte Kombination des dichotischen Hörens und der visuellen Halbfelduntersu-chung, die wir „cross-modale Versuchsanordnung" nannten.

Vor den eigentlichen Experimenten wurden zunächst alle Kinder in bezug auf Sinnesbehinderungen sowie neurologische und psychiatrische Auffällig-keiten untersucht. Außerdem wurde eine aktuelle medizinische Anamnese erhoben. Die Stichproben setzten sich wie folgt zusammen: Die 22 ausgewähl-ten Kinder der Sprachheilschule wiesen noch eine deutliche sprachpathologi-sche Symptomatik auf. Bei den einzelnen Kindern waren dies vorwiegend multiple Dyslalie, Dysgrammatismus sowie Stottern, außerdem schnitten sie in Sprachleistungstests schlecht ab. Eine Kontrollgruppe von Kindern war nach den Kriterien Alter, Geschlecht, sozio-ökonomischer Status und Hän-digkeit parallelisiert. Diese Kinder ohne jegliche sprachpathologische Sym-ptomatik wiesen andererseits jedoch deutlich bessere Leistungen bei den Sprachtests sowie im Intelligenztest auf. Als weitere Kontrollgruppe unter-suchten wir Erwachsene, vor allem um festzustellen, ob hinsichtlich der Sprachdominanz überhaupt ein Entwicklungsgang nachzuweisen ist.

Beim dichotischen Hören besteht die Aufgabe des Probanden darin, Wör-ter, die beiden Ohren simultan dargeboten werden, zu reproduzieren. Bei dieser Versuchsanordnung waren es Zahl-Wort-Paare. Diese Stimuli wurden jeweils gleichzeitig beiden Ohren mittels eines Tonbandgerätes über Kopfhö-rer eingespielt, und nach mehreren Präsentationen nacheinander wurden die Probanden aufgefordert, die erinnerbaren Zahlen zu reproduzieren. In frü-heren Untersuchungen war gefunden worden, daß für Zahl-Wort-Paare eine relative Dominanz der Leistungen für das rechte Ohr besteht; dies wird als Ausdruck der Überlegenheit der linken Hemisphäre für das Sprachverständ-nis gewertet (Kimura 1961).

Die Ergebnisse dieser Untersuchung zeigen, daß die relativen Asymmetrien zwischen den verschiedenen Gruppen denselben Trend aufweisen, d.h. daß sowohl bei der Stichprobe der sprachlich auffälligen Kinder als auch bei den beiden Kontrollgruppen mehr Stimuli reproduziert wurden, die dem rechten Ohr eingespielt wurden. Man kann mit anderen Worten daraus schließen, daß bei allen 3 Gruppen eine Dominanz der linken Hemisphäre für die Sprachwahrnehmung bestand. Die Ergebnisse zwischen den Gruppen differieren lediglich hinsichtlich der Gesamtleistung. Daher läßt sich die Hypothese nicht bestätigen, daß Kinder mit einer Störung der Sprachentwicklung einen andersartigen Lateralisationsprozeß hinsichtlich der Sprachfunktionen durchlaufen. Weiter wurde eine visuelle Halbfelduntersuchung eingesetzt. Bei den visuellen Halbfelduntersuchungen handelt es sich um Modifizierungen der von Sperry et al. (1974) eingesetzten Untersuchungsverfahren zur Erfassung von funktionellen Hirnasymmetrien bei „split-brain" Patienten.

Voraussetzung ist, daß die Verarbeitung des visuell präsentierten Materials primär durch eine Hemisphäre erfolgt. In Abb. 2 sind die Grundlagen der Versuchsanordnung in groben Zügen dargestellt: Als Stimulusmaterial wurden Buchstaben eingesetzt. Untersuchungen anderer Autoren (Rizzolatti et al. 1971) hatten zu dem Ergebnis geführt, daß in Übereinstimmung mit neurologischen Befunden die linke Hemisphäre beim Erkennen einzelner Buchstaben überlegen ist, wobei dieses Ergebnis damit erklärt wurde, daß sich hier die überhaupt vorhandene Sprachdominanz der linken Hemisphäre manifestiert.

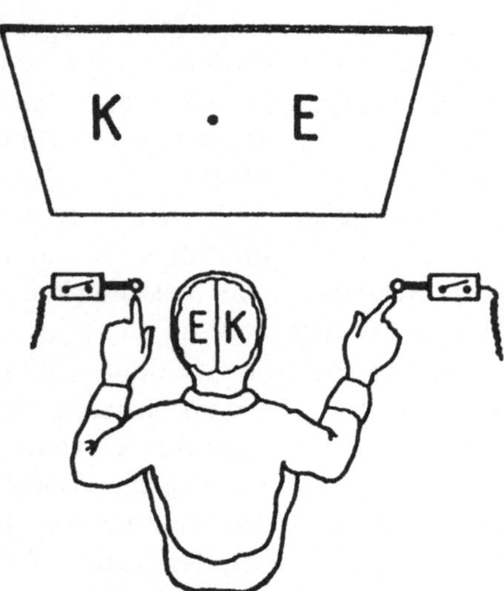

Abb. 2. Skizze der visuellen Halbfelduntersuchung (bei Buchstabenkombination mit dem Buchstaben "E" sollten die Probanden je nach Instruktion mit dem rechten oder linken Zeigefinger möglichst rasch reagieren. Angedeutet ist hier, daß bei einer Projektion des Buchstabens "E" im rechten Gesichtshalbfeld die primäre visuelle Wahrnehmung in der linken Hirnhemisphäre erfolgt)

Bei dieser Versuchsanordnung nahmen die Probanden vor einem Projektionsschirm Platz. An der rechten und linken Armlehne waren Reaktionstasten angebracht. Die Probanden hatten die Aufgabe, jeweils auf 2 präsentierte Buchstaben in bestimmter Weise möglichst rasch zu reagieren. Diese Buchstaben wurden für eine Dauer von 100 ms projiziert, sie befanden sich auf dem Projektionsschirm in einem bestimmten Abstand vom Mittelpunkt. Die Projektion auf den temporalen und nasalen Teil des linken und rechten Auges erfolgte so, daß infolge der Kreuzung der Sehbahnen die Weiterleitung primär in eine Hemisphäre gewährleistet war. Auf diese Art entstanden 6 verschiedene Versuchsbedingungen, jeweils in Abhängigkeit von der Reaktionshand und der primär involvierten Hirnhemisphäre.

Es ist schwierig, die dabei gewonnenen Ergebnisse eindeutig zu interpretieren (Abb. 3). Die Reaktionszeiten der sprachentwicklungsgestörten Kinder lagen unabhängig von der Art der Versuchsbedingung generell über denen der beiden Kontrollgruppen. Allgemein schnitten diese also schlechter ab. Die ursprünglichen Hypothesen ließen sich jedoch nicht verifizieren. So konnte nicht gesagt werden, daß die sprachgestörten Kinder eine relative Unterlegenheit der linken Hemisphäre bei diesen Aufgaben aufwiesen. Eine funktionelle Unterlegenheit der linken Hemisphäre hätte als Verzögerung

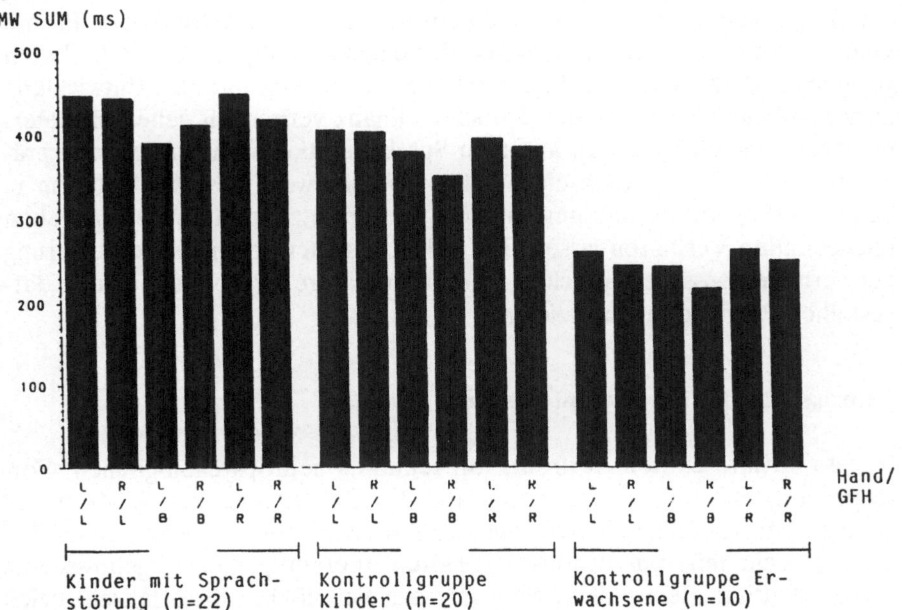

Abb. 3. Mittelwerte der Reaktionszeiten der visuellen Halbfelduntersuchungen. (Die Abkürzungen bedeuten: MW SUM = gemittelter Medianwert der Stichproben. Hand = für die Reaktionszeitmessung alternativ betätigte rechte oder linke Hand. GFM = Gesichtsfeldhälfte, in welcher der die Reaktion auslösende Stimulus, nämlich der Buchstabe E, projiziert wurde. L = linke Hand oder linkes Gesichtsfeld. R = rechte Hand oder rechtes Gesichtsfeld. B = beide Gesichtshalbfelder)

der Entwicklung der Sprachdominanz aufgefaßt werden können. Gleichfalls ließ sich nicht nachweisen, daß die erfaßte funktionelle Hemisphärenasymmetrie einem Entwicklungsvorgang unterliegt, denn die relativen Überlegenheiten der linken Hemisphäre ließ sich sowohl bei der Gruppe der sprachentwicklungsgestörten Kinder als auch bei den beiden Kontrollgruppen nachweisen.

Die Ergebnisse der *cross-modalen* Versuchsanordnung können hier nur erwähnt werden (ausführliche Darstellung aller Ergebnisse bei Niebergall 1989). Wie bereits angedeutet, bildeten wir hier eine Kombination der visuellen Halbfelduntersuchung mit dem dichotischen Hören, wobei den Probanden gleichzeitig über beide Ohren und beide Augen Sprachreize präsentiert wurden. Doch auch hier ließen sich die Ergebnisse nicht eindeutig im Sinne einer Hemisphärendominanz interpretieren. Als interessanten Nebenbefund fanden wir aber, daß die Kinder mit sprachpathologischen Symptomen generell nicht schlechter abschnitten. Für die praktisch-therapeutische Arbeit läßt sich daraus u.a. der Schluß ziehen, daß es wohl vorteilhaft ist, bei der Behandlung möglichst häufig beide Sinneskanäle bei sprachlichen Leistungen zu beteiligen.

Weitere Berechnungen der Daten und nicht zuletzt Wiederholungsmessungen führten zu enttäuschenden Ergebnissen. Hinsichtlich der Reliabilität (Wiederholungsmessungen) und Validität (Interkorrelationen) muß die kritische Frage gestellt werden, ob verhaltenswissenschaftliche Methoden für die Beantwortung so subtiler Fragen wie der eingangs aufgestellten Hypothesen geeignet sind. Neuere Ergebnisse deuten darauf hin, daß die Entwicklung hirnorganischer Korrelate der Sprachdominanz vermutlich genetisch determiniert ist und eine Lateralisation der Sprachfunktionen möglicherweise pränatal und bereits vor dem eigentlichen Spracherwerb besteht (Witelson u. Sandra 1987). In Verbindung mit den in den letzten Jahren entwickelten bildgebenden Verfahren lassen sich vielleicht später bei einer Verbesserung der verhaltenswissenschaftlichen Verfahren klarere Ergebnisse für den dargestellten Fragenkomplex erzielen.

Neuropsychologische Therapieansätze

Insgesamt wäre es wohl verfrüht, von zentralen neuropsychologischen Forschungsergebnissen Konsequenzen für die Behandlung bei Kindern mit sprachlichen Auffälligkeiten abzuleiten. Zwischenzeitlich schienen erste Therapieversuche mit dem dichotischen Hören zu ermutigenden Ergebnissen zu führen (Pettit u. Helms 1979). So wurde das dichotische Hörverfahren gezielt eingesetzt, um durch eine Stimulierung der sprachdominanten Hemisphäre bei Kindern mit Sprachentwicklungsstörungen eine sprachspezifische Reifungsverzögerung dieser Hemisphäre zu kompensieren. Versuche der Reproduktion dieser neuropsychologisch fundierten Therapieansätze scheiterten jedoch.

Literatur

Arentsschild VO (1982) Sprach- und Sprechstörungen. In: Biesalski P, Frank F (Hrsg) Phoniatrie - Pädaudiologie. Thieme, Stuttgart New York, S 114-192

DeRenzi E, Vignolo LA (1962) The Token Test: A sensitive test to detect receptive disturbances in aphasia. Brain 85:665-678

Eccles JC (1977/78) Hirn und Bewußtsein. In: Mannheimer Forum 77/78. Boehringer, Mannheim, S 9-63

Geschwind N, Levitzky W (1968) Human brain. Left-right-asymmetries in temporal speech region. Science 161:186-187

Kimura D (1961) Cerebral dominance and the perception of verbal stimuli. Can J Psychol 15:156-166

Kinsbourne M, Hiscock M (1983) The normal and deviant development of functional lateralisation of the brain. In: Mussen PH (ed) Handbook of child psychology, Vol II. Infancy and developmental psychobiology. 4th edn. Wiley, New York Manchester Brisbane Toronto Singapore, pp 158-280

Lenneberg EH (1972) Die biologischen Grundlagen der Sprache. Suhrkamp, Frankfurt

Metzker H (1974) Sprachstörungen und Lese-Rechtschreibschwäche im stationären Krankengut einer kinder- und jugendpsychiatrischen Klinik. Z Kinder Jugendpsychiatr 2:20-28

Milner B (1974) Hemispheric specialization: Scope and limits. In: Schmitt FO, Worden FG (eds) The neurosciences: Third study program. MIT Press, Cambridge/MA, pp 74-89

Niebergall G (1987) Legasthenie und psychische Störungen in einer kinder- und jugendpsychiatrischen Ambulanz. Vortrag im Rahmen der 20. wissenschaftlichen Tagung der Deutschen Gesellschaft für Kinder- und Jugendpsychiatrie

Niebergall G (1989) Sprachentwicklungsstörungen. Funktionelle Hemisphärenasymmetrien. Enke, Stuttgart

Niebergall G, Wiesse J (1978) Neuropsychologische und psychiatrische Aspekte der „Sprachentwicklungsbehinderung" am Beispiel eines 9jährigen Patienten. Klin Pädiatr 190:494-499

Orgass B, Poeck K (1966) Aphasieprüfung mit psychometrischen Verfahren. Nervenarzt 40:116-121

Pettit JM, Helms SB (1989) Hemispheric dominance in language disorders. J Learn Disab 12:12-17

Remschmidt, H, Niebergall G (1981) Language functions in children and cerebral lateralisation. In: Lebrun Y, Zangwil O: Lateralisation of Language in the Child. Swets & Zeitlinger, Lisse, pp 119-137

Remschmidt H, Niebergall G (1985) Störungen der sprachlichen Funktionen. In: Remschmidt H, Schmidt M (Hrsg) Kinder- und Jugendpsychiatrie in Klinik und Praxis, Bd 1: Grundprobleme, Pathogenese, Diagnostik, Therapie. Thieme, Stuttgart New York, S 20-37

Remschmidt H, Niebergall G, Geyer M (1980) Neuropsychologische Untersuchungen zur Rückbildung von Aphasien. In: Remschmidt H, Stutte H (Hrsg) Neuropsychiatrische Folgen nach Schädel-Hirn-Traumen bei Kindern und Jugendlichen. Huber, Bern Stuttgart Wien, S 235-283

Remschmidt H, Walter R, Kampert K, Hennighausen K (1990) Evaluation der Versorgung psychisch auffälliger und kranker Kinder und Jugendlicher in drei Landkreisen. Nervenarzt 61:34-45

Rizzolatti G, Umilta C, Berlucchi G (1971) Opposite superiorities of the right and left cerebral hemispheres in discrmination reaction time to physiological and alphabetical material. Brain 94:431-442

Sperry RW (1974) Lateral specialization in the surgically seperated hemispheres. In: Schmidt FO, Worden FG (eds) The Neurosciences: third study programm. MIT Press, Lambridge, pp 5-19

Steingrüber M-J, Lienert GA (1971) Hand-Dominanz-Test, H-D-T. Hogrefe, Göttingen

Wada J, Rasmussen T (1960) Intracariotid injection of sodium amytal for the lateralisation of cerebral speech dominance. J Neurosurg 17:266-282

Witelson N, Sandra F (1987) Neurobiological aspects of language in children. Child Dev 58:653-688

Neuropsychologie und Therapie der Legasthenie

A. Warnke und H. Remschmidt

Definition und Klassifikation

Die Legasthenie oder umschriebene Lese-Rechtschreib-Schwäche bezeichnet
Störungen, „deren Hauptmerkmal eine ausgeprägte Beeinträchtigung der
Entwicklung der Lese- und Rechtschreibfähigkeit ist, die nicht durch eine allgemeine intellektuelle Behinderung oder inadäquate schulische Betreuung
erklärt werden kann" (Multiaxiales Klassifikationsschema, deutsche Bearbeitung Remschmidt u. Schmidt 1986, S. 74 f.). Die Differentialdiagnose ist in
Abb. 1 veranschaulicht.

Die Prävalenz der Legasthenie ist im Schulalter bei 2 - 8 % anzunehmen,
1 % der Schulkinder ist schwergradig betroffen. In einer repräsentativen kin-

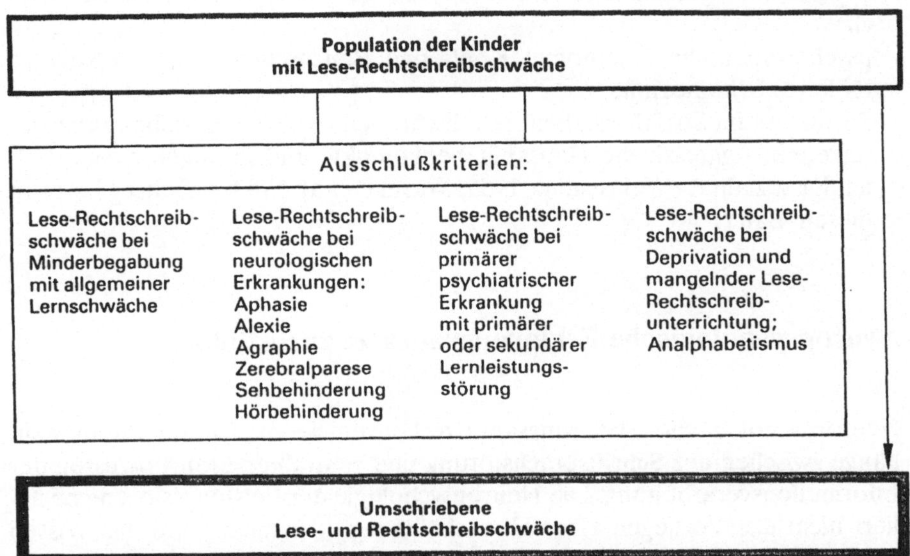

Abb. 1. Differentialdiagnose der umschriebenen Lese- und Rechtschreibschwäche
(Legasthenie) (nach Warnke 1990)

der- und jugendpsychiatrischen Inanspruchnahmepopulation errechnet sich in der Altersgruppe zwischen 6 und 18 Jahren eine Häufigkeit von 8,2 % (Remschmidt u. Walter 1989).

Symptomatologie

Die Lesestörung ist am extrem fehlerhaften, stockend langsamen oder flüchtig schnellen Lesen erkennbar. Auslassungen, Verdrehungen oder das Ersetzen von Buchstaben und Worten kennzeichnen das laute Lesen. Die Rechtschreibung ist ebenfalls extrem fehlerhaft, die Analyse des Wortes in Einzelbuchstaben und die Synthese der Buchstaben zum Wort gelingt nur unzureichend. Eine Fehlertypologie, die für Legasthenie spezifisch ist, gibt es bislang nicht (zur Diagnostik weiterführend s. Niebergall 1987)

Sekundäre Begleitstörungen entwickeln sich aus chronischen Mißerfolgserfahrungen, für die das Kind selbst zunächst keine Erklärung findet sowie Selbstwertverletzungen. Die psychopathologischen Begleitsymptome bei Kindern mit Legasthenie, die ambulante kinder- und jugendpsychiatrische Beratung suchen, sind in den folgenden Bereichen zu erwarten:

- Störungen im Lern-Leistungs-Verhalten: überwiegend mangelnde, seltener übermäßige Leistungshaltung; Hausaufgabenverweigerung;
- emotionale Störungen: insbesondere schulische Versagensängste und reaktive Depression;
- hyperaktive Symptomatik: Bewegungsunruhe und Konzentrationsschwäche;
- psychosomatische Symptome: Kopf- und Bauchschmerzen, Übelkeitsgefühle vor Schulbeginn;
- Störungen im Sozialverhalten: schulische und familiäre Erziehungsschwierigkeiten, Aggressivität, Hausaufgabenkonflikte und in ungünstigsten Fällen Dissozialität (Weinschenk 1965, Warnke et al. 1989; s. Beitrag Esser in diesem Band).

Neuropsychologische Erklärungsansätze zur Ätiologie

Neuropsychologische Erklärungsansätze konzentrieren sich auf Zusammenhänge zwischen der Schriftsprachstörung und zentralnervösen Prozessen der Informationsverarbeitung. Die Neuropsychologie der Leistungsstörung postuliert nicht das Vorliegen einer Hirnschädigung. „Vielmehr wird das Wissen um die Entwicklung zentral-nervöser Funktionen und um die Organisation des zentralen Nervensystems benutzt, um den Beitrag konstitutioneller Faktoren zu den individuellen Schwierigkeiten der Kinder zu erklären" (Klicpera 1985, S. 14). In welchen Maßen kortikale anatomisch-histologische, biochemische oder hirnelektrische Besonderheiten einzeln oder in Kombination kausal sind oder inwieweit eine abnorme Reifung zentralnervöser Funktionen oder Variationen zerebraler Funktionen erklärungsrelevant sind, bleibt zunächst offen. Die Entwicklung zentralnervöser Struktur und Funktion ist jedenfalls beeinflußt durch die neuronale Aktivierung - etwa durch genetisch bestimmte Reifungsprozesse oder durch exogene Lerneinflüsse (Singer 1986). Neuropsychologische Erklärungsansätze schließen also Umwelteinflüsse als Entwicklungsdeterminanten zerebraler Strukturen und Funktionen mit ein.

Folgende Erklärungsansätze wurden im Rahmen der Legasthenieforschung untersucht:

1. Abnorme anatomische Entwicklung (Hinshelwood et al. 1904, Galaburda et al. 1985; Galaburda u. Kemper 1979);

2. Gestörter Aufbau funktioneller Hemisphärendominanz bzw. abnorme Entwicklung der Lateralisierung schriftsprachlicher Informationsverarbeitung (Orton 1925, Bakker 1979). Untersuchungsbefunde zu dieser Hypothese sind widersprüchlich und insgesamt wenig überzeugend (Hiscock u. Kinsbourne 1982; Pirozzolo et al. 1983; vgl. auch Niebergall 1988);

3. Dysfunktion intra- und interhemisphärischer Informationsverarbeitung. Intra- und interhemisphärische Dysfunktionen der Informationsverarbeitung als Erklärung der Lese-Rechtschreib-Schwäche lassen sich aus intermodalen Assoziationsschwierigkeiten legasthener Kinder ableiten, so z.B. die Schwäche, akustische Information mit visuellen Informationen zu verknüpfen, dem Graphem das Phonem zuzuordnen (Klicpera u. Gasteiger-Klicpera 1989; Schenk-Danzinger 1984);

4. Dysfunktionen des optischen Apparates. Die Erklärungsansätze gestörter Sehfunktion ziehen Visusstörungen, Refraktionsanomalien, Interferenzen der retinalen Reizverarbeitung sowie Anomalien der Augenbewegung in Betracht. Noch immer fehlt ein überzeugender Nachweis für eine spezifische Sehfunktionsstörung bei auch nur einer Subgruppe der Legasthenie. Die sorgfältigsten Untersuchungen liegen zur *Dysfunktion der Augenbewegungen* vor. Weitgehend gesichert ist der Befund, daß Kinder mit Lese-Rechtschreib-Schwäche eine längere durchschnittliche und variablere Fixationszeit, kürzere Sakkaden (Folgen von links nach rechtsgerichteter kurzer schneller Sprünge von 5 bis 10 ms.) und mehr Regressionen (das sind während des von links nach rechts ablaufenden Lesevorgangs nach links, also rückwärts gerichtete Sakkaden) aufweisen. Nach wie vor ist es allerdings eine umstrittene Frage, inwieweit diese Abnormitäten Ursache oder Folge der Lese-Rechtschreib-Schwäche sind (Pavlidis 1986; Rayner 1986; Warnke 1990).

Nach Bouma u. Legein (1977) ist die parafoveale Registrierung „eingebetteter" Buchstaben (z.B. in der Buchstabenfolge „xax" die Registrierung des „eingebetteten a") begrenzt und zwar nicht aufgrund mangelhafter Sehschärfe, sondern offenbar aufgrund von *Interferenzeffekten*. Demnach wäre es möglich, daß eine Dysfunktion der Interferenzeffekte im parafovealen Bereich den Leseprozeß bei lese-rechtschreib-schwachen Kindern behindern könnte. Geiger u. Lettvin (1987) fanden im Widerspruch dazu, daß Normalleser foveal relativ besser, im peripheren Retinalfeld hingegen relativ schlechter als Legastheniker Einzelbuchstaben identifizierten. In diesem Zusammenhang sind die Befunde von Wenzel (1988) weiterführend. Nach Wenzel ist es möglich, daß bei normalem Visus für Einzelbuchstaben der Sehschärfewert dennoch unzureichend ist, wenn Buchstabenelemente in der Reihe eines Wortes nahe zusammenliegen und Wechseleffekte benachbarter Buchstaben eine korrekte Wortbilderfahrung erschwerten. Im Ergebnis seiner Studie war nur bei einem der 10 legasthenen Kinder der Visus für Einzeloptotypen beeinträchtigt, während bei 6 Kindern der Visus für Reihenoptotypen (Buchstabenfolgen) mit engem Intersymbolabstand (2,6 Bogenminuten) pathologisch gemessen wurde. Nach Wenzel ist anzunehmen, daß in diesen Fällen aufgrund mangelhaften Auflösungsvermögens eine korrekte Wort-Bild-Erfassung nicht möglich ist und dies die vermehrten bifovealen Abtastbewegungen mit zahlreichen Regressionen erklärt. Dieser Befund könnte bei manchen Legasthenikern das Phänomen erklären, daß Einzelbuchstaben sehr gut, die Synthese und Analyse der Buchstaben im Wort nur sehr unzureichend gelingt.

5. Störungen der Aufmerksamkeit. Lesen und Rechtschreiben setzen die Fähigkeit voraus, aus einem komplexen Reizgefüge zum richtigen Zeitpunkt in richtiger zeitlicher Aufeinanderfolge auf einen relevanten Reiz zweckgemäß zu reagieren. Subsumiert man diese Fähigkeit unter dem Aufmerksamkeitsbegriff, so sprechen nicht zuletzt unsere eigenen Untersuchungsbefunde dafür, daß bei zumindest einer Subgruppe legasthener Kinder die selektive Aufmerksamkeit wie auch hirnelektrische Vigilanz beeinträchtigt bzw. im Vergleich zu Kontrollgruppen verändert erscheinen (Schulte-Körne et al. 1991; Marx 1985).

6. Dysfunktion sequentieller Reizverarbeitung. Beim Schreiben wird eine akustische und sprachliche und zeitlich geordnete Reizfolge in eine visuelle und räumliche Reihung transformiert. Legastheniker scheitern genau darin, beim Schreiben die Phoneme in die richtige Folge der Lautzeichen umzusetzen. Nach der Übersicht von Gantzer (1979) zur sequentiellen Informationsverarbeitung ist zumindest bei einer Subgruppe der Legastheniker davon auszugehen, daß die Fähigkeit zur sequentiellen Verarbeitung auditiver und visueller Reize beeinträchtigt ist. Dabei tritt die sequentielle Verarbeitungsschwäche um so deutlicher hervor, je mehr das Reizmaterial verbalisierbar ist.

7. Dysfunktion von Gedächtnisleistungen. Bereits der Erstbeschreiber der Legasthenie, der Londoner Augenchirurg Morgan (1896), postulierte eine für Wort-Schriftbilder spezifische Störung des Gedächtnisses. Wort-

findungsstörungen einer Subgruppe legasthener Kinder verweisen auf mnestische Komponenten der Sprachentwicklung, die auch für die Schriftsprachentwicklung relevant sein könnten. Ein zu geringer Zeitaufwand für das Memorieren schriftsprachlicher Informationen sowie ungenügende Wiederholungsstrategien kennzeichnen unzweckmäßige Gedächtnisstrategien bei manchen Kindern mit Legasthenie (weiterführend Klicpera 1985, S. 29 f; Jorm 1983; Ensseln 1981).

8. Dysfunktion sprachlicher Informationsverarbeitung. Im Mittelpunkt der neuropsychologischen Erklärungsansätze steht die Hypothese gestörter sprachlicher Informationsverarbeitung. Die Subgruppe lese-rechtschreibschwacher Kinder mit Sprachentwicklungsauffälligkeiten ist groß (Boder 1971, Pirozzolo 1979; Vellutino 1978). Die Sprachdefizite bestehen in Fehlern in Syntax, Wortfindung, Lautdiskrimination und im verbalen Gedächtnis. Die klinischen Befunde belegen, daß Legasthenie und Sprachentwicklungsstörungen häufig gemeinsam auftreten (Angermaier 1974; Linder 1951). Andererseits ist bei einem hohen Anteil schriftsprachlich gestörter Kinder eine Störung der Sprech- oder Sprachentwicklung nicht nachweisbar. Linder (1951, S. 122) stellte dazu fest: „Es wäre demnach falsch, die Legasthenie einfach zu den üblichen 'Sprachstörungen' zu zählen. Es gibt bekanntlich viele sprachgestörte Kinder, die ohne weiteres lesen können, während die Legastheniker eben auch leise für sich nicht richtig zu lesen vermögen. Man kann höchstens sagen, daß die Legasthenie eine spezifische Störung in der Beziehung zwischen den gesprochenen und den geschriebenen Worten darstellt und bei einem Teil der Fälle ... auch mit Sprachstörungen, wie Stammeln, Stottern usw., verbunden ist. Es ist, wie Orton und Hallgren und andere hervorgehoben haben, auch durchaus möglich, daß Legasthenie und Sprachstörung Ausdruck einer gemeinsamen Ursache sind". Diese könnte darin liegen, daß eine Dysfunktion in der Verarbeitung sprachlicher Informationen vorliegt, eine Hypothese, die u.a. von Vellutino (1980) ausführlich untersucht wurde und die auch Gegenstand der im folgenden dargestellten eigenen Untersuchung ist.

Vellutino (1980) konnte bei schwachen Lesern keine Defizite in Auffassung oder Memorierung visuell vorgegebener Reize feststellen. Leistungsdefizite fand Vellutino hingegen bei Legasthenikern dann, wenn die visuell vorgegebenen Aufgaben verbale Kodierungen abforderten. Daher seine Schlußfolgerung, daß schwache Leser visuelle Informationen nur unzureichend in einen verbalen Kode zu transformieren vermögen.

9. Dysfunktion in der Verarbeitung visuell vorgegebener Informationen. Zur letzten Hypothese konkurrierend hat die der Dysfunktion visueller Informationsverarbeitung eine lange Tradition. Für diesen Erklärungsansatz kennzeichnend ist etwa die Untersuchung von Klicpera (1985; vgl. auch Übersichten von Müller 1974; Oehrle 1975). Die Legasthenikergruppe mit relativ geringerer nonverbaler Begabung (Verbal- IQ > Handlungs-IQ) war im Vergleich mit der Gruppe relativ hoher nonverbaler und relativ

niedriger verbaler Begabung bei visuellen Aufgaben unterlegen: Bei der Wiedergabe von Figuren aus dem Gedächtnis erschien die Reaktionszeit verlängert und die Fehlerrate erhöht, die Aufgabenlösung erfolgte stärker segmentiert. Nach Klicpera erschien nicht die Speicherung im Gedächtnis gestört, sondern die primäre Analyse visuell-räumlicher Informationen, also die Analyse der Figuren und ihre Enkodierung. Die Ergebnisse führten Klicpera zu dem Schluß: „Zumindest für eine kleinere Gruppe lesegestörter Kinder konnte wahrscheinlich gemacht werden, daß sie Schwierigkeiten bei der Analyse und Kodierung visueller Informationen hat." (Klicpera 1985, S. 214-215).

Einen Ausweg aus dieser Kontroverse der Erklärungsansätze bietet die Annahme, daß die Legasthenie multifaktoriell verursacht ist und daß es verschiedene ätiologische Subgruppen der Legasthenie geben könnte. Vorrangig wird zwischen primär auditiv-sprachlichen, visuell-räumlichen und intermodalen visuell-sprachlichen Subgruppen unterschieden. So differenzierte Boder (1973) zwischen „dysphonetic dyslexics" und „dysidetic dyslexics". Mattis et al. (1975) sprachen von „language disorder dyslexic" und „visual perceptual dys-lexic", während Pirozzolo (1979) zwischen „orditory-linguistic- dyslexic" und „visual-partial-dyslexic" unterschied. In einer Kreuzvalidierungsstudie von Mattis (1978) wurden von der Gesamtstichprobe der Legastheniker 63 % mit Sprachstörungen, 10 % der Subgruppe mit Artikulationsstörungen und grob- und feinmotorischen Koordinationsschwächen und schließlich 5 % der Subgruppe mit visuell-räumlichen Wahrnehmungsschwierigkeiten zugeordnet.

Eigene Untersuchung

Die eigene experimentelle Untersuchung setzt an diesem Diskussionsstand an. Dabei wurden die neuropsychophysiologischen Erklärungsansätze einer Dysfunktion der visuellen Verarbeitung, einer sprachlichen Verarbeitungsschwäche bzw. der Störung der Integration visuell-sprachlicher Komponenten der Schriftsprachleistung ins Auge gefaßt. Rechtschreibschwache Kinder wurden bei Leistungsanforderungen, die dem Lesen und Rechtschreiben immanent sind, untersucht. Psychometrisch erfaßbare Leseleistungen wurden mit gleichzeitig abgeleiteten hirnelektrischen Parametern korreliert. Der Schwierigkeitsgrad der Leseaufgaben wurde rechnergesteuert variiert.

Untersuchungen zur visuellen Informationsverarbeitung

Die Stichprobe der Untersuchung bestand aus 30 Jungen mit Lese-Rechtschreib-Schwäche im Alter von 9 bis 12 Jahren, die die 3.-6. Klasse der Grundschule bzw. Hauptschul- und Realschule sowie des Gymnasiums besuchten. Eingeschlossen wurden nur jene Kinder, die in einem altersentsprechenden Rechtschreibtest (DRT 3, WRT 4-5 und 6+) einen Prozentrang von < 15 hatten und deren Intelligenztestwert im HAWIK-R mit Gesamt-IQ > 85 betrug, während der Handlungs-IQ > 80 war. In der Kontrollgruppe wurden 28 nicht rechtschreibschwache Jungen aufgenommen, die u.a. nach Alter, Intelligenz und zahlreichen anamnestischen und klinischen Variablen parallelisiert waren. Die Gruppen waren hinsichtlich klinisch-neurologischer Befunde, Händigkeit, EEG vergleichbar (vollständige Stichprobenbeschreibung in Warnke 1990) und erfüllten Dencklas (1978) Kriterien einer „dyslexia pure".

Untersuchung zur sprachlichen Informationsverarbeitung

Die Experimente richteten sich auf:
- die Diskriminationsleistung bei unterschiedlicher Sprachähnlichkeit der visuell vorgegebenen Information;
- die Daueraufmerksamkeit bei Diskrimination visuell vorgegebener Buchstabenketten;
- die hirnelektrische Aktivierung bei unterschiedlicher „Leseleistung".

Die Variation der „Sprachähnlichkeit" der visuell vorgegebenen Informationen ist in Abb. 2 veranschaulicht. Aus Abb. 3 geht hervor, daß Legastheniker Aufgaben um so schlechter lösen, je mehr die visuell vorgegebene Information der Schriftsprache ähnlich ist und verbale Lösungsstrategien in Frage kommen.

Zur Prüfung der *Daueraufmerksamkeit* wurden den Kindern Buchstabenketten (RZV- B in Abb. 2) mit einer Kettenlänge von 3 Buchstaben vorgegeben. Bei richtiger Lösung wurde die Aufgabe um 10 % verkürzt (also erschwert), bei einem Fehler die Zeit um 10 % verlängert (also erleichtert). Aufgrund dieser „dynamischen Testung" wurden alle Kinder an ihre individuelle Höchstleistungsgrenze geführt, wobei sie unabhängig vom Leistungsniveau am Ende die Hälfte der Aufgaben richtig bzw. falsch beantwortet hatten. So weit methodisch möglich, wurden damit gleiche emotionale Untersuchungsbedingungen geschaffen.

Im Ergebnis war die Gruppe der Legastheniker über dem Testzeitraum von 20 min. hinweg signifikant konstant in der Diskrimination der Buchstabenketten der schriftsprachlich normal entwickelten Kontrollgruppe unterlegen. Der relative Abstand zwischen den Gruppen blieb gleich, so daß sich kein Defizit der Daueraufmerksamkeit nachweisen ließ.

Die *hirnelektrische Aktivierung* wurde elektroenzephalographisch erfaßt. Während der dynamischen Testung wurde das EEG nach dem 10-20-Schema an folgenden Punkten in Verbindung mit dem Ohr abgeleitet: F1, F2, C3, C4 und O1, O2. Als Maß der hirnelektrischen Aktivierung ergab sich aus der Vorstudie der Grad der relativen Alphareduktion. Demnach konnte für beide Gruppen eine um so höhere hirnelektrische Aktivierung angenommen werden, je geringer der relative Anteil der Alpha-Wellen am gesamten EEG-Spektrum war.

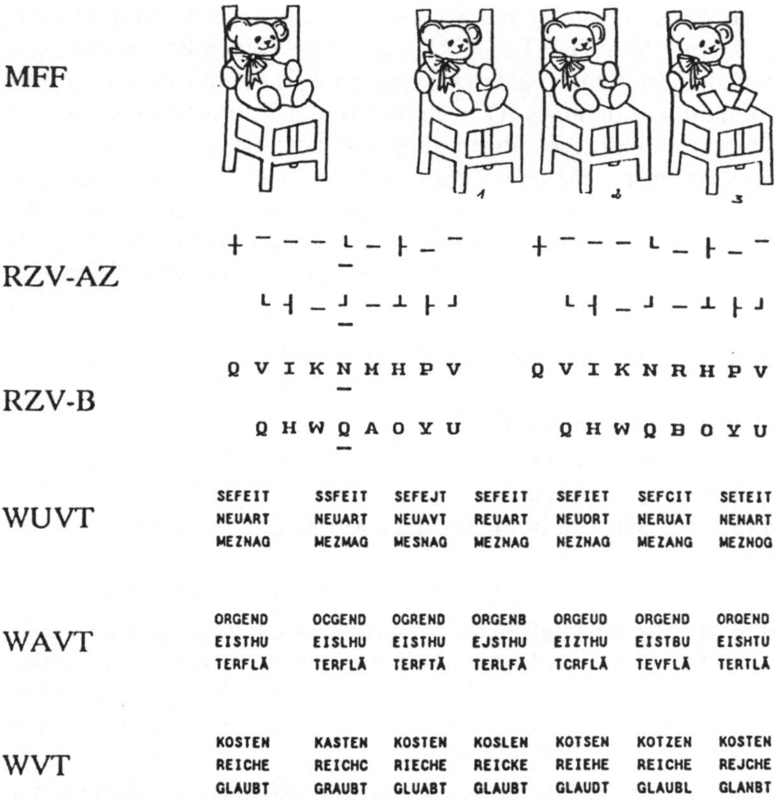

MFF

RZV-AZ

RZV-B

WUVT

WAVT

WVT

Abb. 2. Aufgaben unterschiedlicher Sprachähnlichkeit. Die vertikale Aufgabenfolge von oben nach unten entspricht zunehmender Sprachnähe; die Aufgabenfolge entspricht der Ergebnisfolge in Abb. 3.
MFF: Matching Familiar Figures Test (Kagan 1965): Der linken Figur ist die identische aus sechs Alternativen zuzuordnen (Lösung: Figur 1). RZV-AZ und RZV-B: Abstrakte Zeichen und Buchstabenkettenvergleichsteste. In der linken Kette ist jenes Element zu kennzeichnen, das in der rechten Kette nicht vorkommt oder in der Lage verändert ist (10). WUVT: Wortumkehrvergleichstest. WAVT: Wortapproximationsvergleichstest. WVT: Wortvergleichstest (jeweils nach Marx 1985). Der linken Zeichenfolge ist jeweils die identische aus sechs Alternativen zuzuordnen. Alle sechs Tests wurden rechnergesteuert auf Videobildschirm vorgegeben. Jeder Test beinhaltete eine Vielzahl solcher "Signalkettenvergleiche". Registriert wurden die richtigen Antworten. Die Ergebnisse zeigt Abb. 3

In Abb. 4 wird das Ergebnis veranschaulicht: in der Legasthenikergruppe ist der signifikant raschere Abfall der relativen Alphapower mit erhöhtem Grad der Verhaltensaktivierung bzw. mit erhöhtem Leistungsniveau während der dynamischen Testung erkennbar. Die hirnelektrische Aktivierung nahm von Ableitung in „Ruhe-Augen geschlossen" zu „Ruhe-Augen offen" und zu

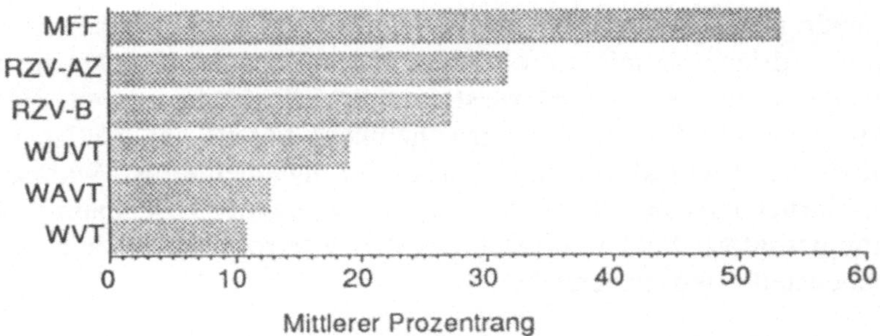

Abb. 3. Ergebnisse entsprechend der Aufgabenfolge in Abb. 2. Dargestellt sind die mittleren Prozentränge bei "sprachfernen" (Vertikale oben) und "sprachnahen" (Vertikale unten) Tests. Bei Prozentrang 50 sind Legasthenikergruppe (N = 30) und Kontrollgruppe (N = 28) leistungsgleich; bei Prozentrang 10 sind 90 % der Legastheniker schlechter in der Testleistung (nach Warnke 1990)

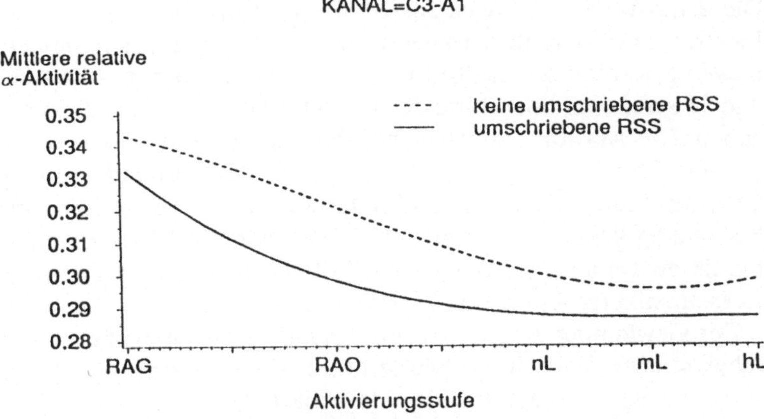

Abb. 4. Unterschiedlicher hirnelektrischer Aktivierungsverlauf über C_3-A_1 gemäß der relativen Alpha-Aktivität in Abhängigkeit von der Verhaltensleistung. Die mittlere relative Alpha-Reduktion erfolgt in der umschriebenen rechtschreibschwachen Gruppe (untere durchgezoge Kurve; N = 16) signifikant rascher als in der Kontrollgruppe (obere durchbrochene Kurve; N = 18) und erreicht bereits bei niedrigem Leistungsniveau (nL) im dynamischen Buchstabenkettenvergleichstest das Maximum hirnelektrischer Aktivierung.

RAG = Ruhe - Augen geschlossen; RAO = Ruhe - Augen offen; nL = niedriges Leistungsniveau im dynamsichen Buchstabenkettenvergleichstest (RZV-B); mL = mittleres Leistungsniveau im RZV-B; hL = höchstes Leistungsniveau im RZV-B (für quadratischen Trend $p \leq .0001$: weitere Erläuterungen im Test) RSS = Rechtscheibschwäche

„niedrigem Leseniveau" jeweils signifikant in der Legasthenikergruppe zu; von niedrigem zu mittlerem und höchstem Leseniveau nahm sie tendenziell weiterhin zu. Der Befund weist in gleiche Richtung wie das Ergebnis von Martinius (1976), daß bei Legasthenikern bereits bei mäßigem Leistungsniveau eine zentralnervöse Hyperaktivierung ableitbar ist. Wahrscheinlich ist die hirnelektrische Überaktivierung als sekundäre Erscheinung, nämlich als kompensatorische Überaktivierung bei lese-rechtschreib-immanenten Aufgabenstellungen, zu verstehen.

Untersuchungen zur visuellen Informationsverarbeitung

Die Untersuchungen zur visuellen Informationsverarbeitung beinhalteten:

- einfache Reaktionszeit auf optischen Reiz;
- visuelles musterevoziertes Potential;
- visuelle Diskrimination sprachlicher und nichtsprachlicher Reize mit Variation der Aufgabenschwierigkeit.

Die *einfache visuelle Reaktionszeit* wurde durch einfachen Tastendruck auf Lichtreiz am Computerterminal gemessen. In jeder Testreihe zur Reaktionsmessung wurden 20 Lichtreize im variablen zeitlichen Abstand zwischen 2 und 10 s auf dem Bildschirm des Computerterminals rechnergesteuert vorgegeben. Die Antwort gab das Kind über die Leertaste der Schreibmaschinentastatur. Diese Testung wurde im Verlauf der einstündigen Gesamttestung 5mal bestimmt. Über den Meßzeitpunkt hinweg zeigte sich eine im Mittel hochgradig konstante Gruppendifferenz, wobei die Legastheniker im Mittel um 28 ms verlangsamt reagierten (Mittelwert Kontrollgruppe x = 0,277 ms; Legasthenikergruppe x = 0,305 ms).

Zur Gewinnung *visuell evozierter Potentiale* diente als Signal ein konzentrisches Muster. Das Muster wurde unter Ableitebedingung der Ruhe und bei offenen Augen des Kindes 80mal invertiert und reinvertiert.

Im Ergebnis konnte für eine Subgruppe der legasthenen Kinder das in Abb. 5 dargestellte Resultat repliziert werden. In der sog. intelligenzdiskrepanten Subgruppe konnten wir lediglich und repliziert über C3-A1 einen eingipfligen Kurvenverlauf der ersten negativen Komponente im Zeitfenster von 110 bis 215 ms nachweisen, der in der Kontrollgruppe (p < 0,02) und in der nicht intelligenzdiskrepanten Legasthenikergruppe (p < 0,002) jeweils signifikant häufiger zweigipflig erschien.

Die *Schwierigkeit der visuell vorgegebenen Informationen* wurde systematisch variiert. Die in Abb. 2 skizzierten Buchstaben-, Ziffern- und abstrakte Zeichenketten waren in ihrer Länge jeweils 2-9 Elemente lang. Die Diskrimination von Kettenpaaren aus 2 Elementen in der Antwortzeit von 6 s war einfacher als die Diskrimination von Kettenpaaren mit 9 Elementen in der gleichen Antwortzeit.

Das Ergebnis in Abhängigkeit von dem Schwierigkeitsgrad der Aufgabe ist in Abb. 6 dargestellt. Repliziert wurde das Ergebnis der Vorstudie, daß die

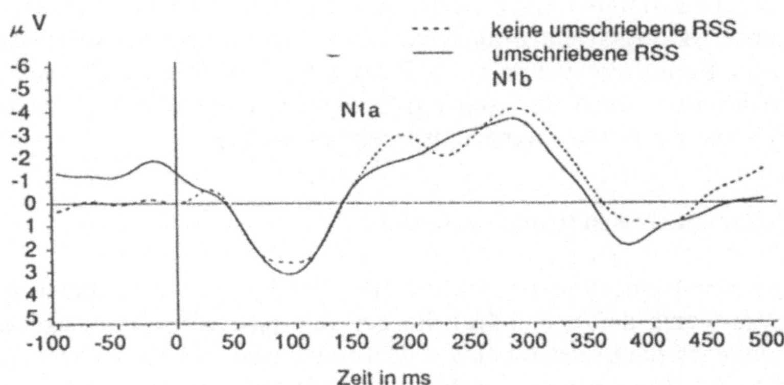

Abb. 5. Das Ergebnis im Subgruppenvergleich des visuellen musterevozierten Potentials über C_3-A_1. Die negative Komponente erscheint in der Subgruppe intelligenzdiskrepanter umschriebener Rechtschreibschwäche (LEG „Ja", T-Wert-Differenz IQ-Rechtschreibtest (RST) > 15) nicht zweigipfelig, sondern eingipfelig. Im Zeitfenster von 110 bis 215 ms konnte in der intelligenzdiskrepanten Subgruppe signifikant seltener als in der Kontrollgruppe (p < .02) und als in der nicht-intelligenzdiskrepanten Subgruppe (p < .002) ein N1a-Gipfel identifiziert werden (Erläuterungen im Text)

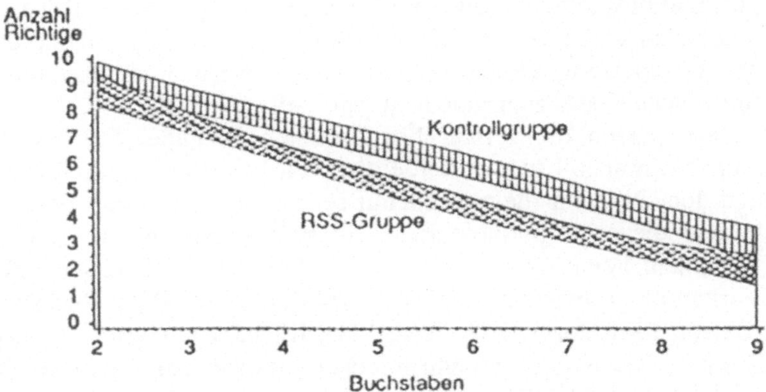

Abb. 6. Mittlere Anzahl der richtigen Diskriminationen im RZV-Buchstaben-Test (vgl. Abb. 2) in Abhängigkeit von der Kettenlänge, also der Anzahl der simultan zu diskriminierenden Buchstaben. Im mittleren bis schweren Schwierigkeitsbereich (von 3 bis 7 Buchstaben in Kette) vergrößerte sich die Minderleistung der rechtschreibschwachen Gruppe (RSS-Gruppe; N = 30) im Vergleich zur Kontrollgruppe (N = 28) signifikant (p < .05)

relative Minderleistung der Legasthenikergruppe wächst, wenn die Anzahl der zu diskriminierenden Buchstaben zunimmt (p < 0,05). Dieser Schwierigkeitseffekt ließ sich allerdings nur beim Buchstabenkettenvergleich und nicht beim Kettenvergleichstest mit Zahlen bzw. abstrakten Zeichen signifikant nachweisen. Der Effekt war nur innerhalb eines - offenbar altersvariablen - Schwierigkeits- oder Kapazitätsbereiches meßbar.

Zusammenfassende Interpretation

Insgesamt sprechen Ergebnisse neuropsychologischer Untersuchungen zur Legasthenie dafür, daß Defizite der zentralnervösen Informationsverarbeitung erklärungsrelevant sind. Nichtsprachliche und sprachliche Komponenten der Informationsverarbeitung und ihre Integration erscheinen bei Kindern mit umschriebener Lese- und Rechtschreibschwäche signifikant unterschiedlich im Vergleich zu schriftsprachlich normal entwickelten Kindern. Die Verlangsamung der einfachen visuellen Reaktionszeit bei Legasthenikern sowie die Auffälligkeiten im visuell evozierten Potential stützen die Vermutungen, daß bereits die visuelle Informationsverarbeitung - bei einer Subgruppe legasthener Kinder - dysfunktionell sein könnte.

Wesentlich deutlicher werden die Defizite der Informationsverarbeitung, je sprachähnlicher die visuell vorgegebene Information ist. Dabei spielen Schwächen in der Daueraufmerksamkeit keine und Kapazitätsdefizite in der Informationsaufnahme offenbar nur eine untergeordnete Rolle. Unsere Befunde sind vereinbar mit der Annahme, daß der Legasthenie eine Störung der Übersetzung visuell vorgegebener Buchstabeninformation in verbal sprachliche Kodes zugrunde liegt (vgl. Vellutino 1980).

Dazu passen die verlaufsdiagnostischen Befunde, daß lese- und rechtschreibschwache Kinder die Identität von Buchstabe (graphischem Zeichen) und dem Phonem (dem Laut) nur sehr schwer, verzögert oder ungenügend lernen: die sog. „phonologische Rekodierungsfähigkeit" ist beeinträchtigt. Vor allem beim Wort, also der Verarbeitung der Buchstabenfolge, ist die Verknüpfung zwischen individuellem Laut und dem Buchstaben gestört (Barron 1981; Jorm 1984; Feith 1985; Klicpera u. Gasteiger-Klicpera 1989). Die hirnelektrischen Befunde sprechen für eine zentralnervöse Hyperaktivierung der Legastheniker bei nur relativ schlechter Bewältigung visuell vorgegebener Leseaufgaben. Die visuell evozierten Potentiale verweisen unter topographischem Gesichtspunkt auf die zentrale Region der linken Hemisphäre, zumindest bei der klassischen Subgruppe der legasthenen Kinder, die bei relativ hoher Intelligenz extrem niedrige Rechtschreibleistungen erbringt. Analogieschlüsse zu den hirnanatomischen Befunden von Galaburda et al. (1978, 1984), Geschwind (1985, 1986b) liegen nahe. Die Befunde von Galaburda et al. bestehen aus Obduktionsbefunden bei 8 Personen mit Legasthenie. Bei diesen fanden sich weitgehend übereinstimmend vorwiegend linkshemisphärisch in schriftsprachrelevanten Arealen des Kortex: abnorme Neuroneninseln in Schicht I (Ektopien), eine Disorganisation der oberen Schichten (Dysplasien) sowie abnorme Gefäßbildungen (vgl. auch Galaburda u. Habib 1987). Diese Befunde bedürfen der Replikation durch unabhängige Forschergruppen. Neuere Modelle stellen - wie bereits vor fast 100 Jahren Morgan (1896) - eine Dysfunktion im Bereich des Gyrus angularis und supramarginalis als erklärungsrelevant zur Diskussion. Diesem Erklärungsansatz entsprechen vielleicht auch die Befunde zur hirnelektrischen Topographie, die gehäuft auf den linken hinteren Quadranten des Kortex verweisen (s. weiterführend Warnke 1990).

Behandlung der Legasthenie

Die Bereiche der Hilfestellung für Kinder und Jugendliche mit Legasthenie liegen in:

- Familie,
- Schule und Arbeitsplatz,
- Therapie.

Drei Ansatzpunkte bestimmen die Behandlung:

- die Funktionsbehandlung des Lesens und Rechtschreibens,
- die Behandlung der intrapsychischen Verarbeitung der Legasthenie,
- die Behandlung der sekundären psychischen Symptome unter Einbeziehung der sozialen, familiären und außerfamiliären sowie schulischen Hilfsmöglichkeiten.

Hilfe im Rahmen der Familie

Die *Erklärung der Diagnose* für Kind und Eltern sowie eine Aufklärung über Möglichkeiten der familiären, schulischen und therapeutischen sowie sozialrechtlichen Hilfe ist vorrangig. Eine Erziehungsberatung vor allem im Zusammenhang mit der Hausaufgabenhilfe und gegebenenfalls zur Behandlung der sekundären psychopathologischen Symptomatik ist in allen schwereren Fällen unerläßlich. Die *Hausaufgabenhilfe* im Lesen und Rechtschreiben durch die Eltern selbst ist bei schwerer Legasthenie des Kindes nur unter folgenden Voraussetzungen empfehlenswert:

- Die Einsichtsfähigkeit der Eltern in die spezifische Lernschwierigkeit des Kindes muß gegeben sein.
- Die Eltern müssen über die notwendige Zeit und über ein hohes Maß an Geduld verfügen.
- Die Hausaufgabeninteraktion darf nicht Ort eines täglichen chronischen Erziehungskonfliktes sein.
- Es sollte möglich sein, daß die schulische Hilfestellung mit der familiären Förderung koordiniert erfolgt (s. weiterführend Firnhaber 1989; Warnke 1987; Warnke et al. 1989).

Hilfe im schulischen Bereich

In Deutschland bestehen länderspezifisch kultusministerielle Verordnungen und Richtlinien, die auf den Empfehlungen der Kultusministerkonferenz vom 20.4.1978 fußen. Die Verordnungen beinhalten in der Regel folgende Bestimmungen:

- Schriftliche Arbeiten zur Rechtschreibprüfung (z.B. Diktate) werden nicht benotet, wenn die Note schlechter als ausreichend ausfällt. Bei anderen schriftlichen Arbeiten, insbesondere auch bei Fremdsprachen, werden die Rechtschreibfehler nicht bewertet.
- Entscheidungen über Nichtversetzung, Sonderschuleinweisung oder Verweigerung des Übergangs in eine weiterführende Schule dürfen nicht von der Rechtschreibleistung abhängig gemacht werden.
- Diese Bestimmungen gelten bis zur Klasse 10.
- Schülern mit Legasthenie - wie auch allen anderen Schülern mit Versagen im Lesen, Schreiben und Rechtschreiben gleich aus welchen Gründen - sollen innerschulisch Förderkurse angeboten werden. Die Effektivität der innerschulischen Förderkurse für Schüler mit Legasthenie ist allerdings unzureichend (Gasteiger-Klicpera u. Klicpera 1989). In allen schwereren Fällen empfiehlt sich daher dringend eine außerschulische Einzeltherapie.

Internate, die sich auf die Unterrichtung von Kindern mit Legasthenie spezialisiert haben, sind über den Bundesverband Legasthenie (Gneisenaustraße 2, D-3000 Hannover) zu erfragen.

Therapie

Die Therapie richtet sich in erster Linie auf die Funktionsschwäche des Lesens und Rechtschreibens, ggf. auf die intrapsychischen Verarbeitungsprozesse sowie die sekundären psychosozialen Symptome und Konflikte. Für das Vorgehen lassen sich verkürzt folgende Richtlinien aufstellen.

Die Übungsbehandlung im Lesen und Rechtschreiben: Diese richtet sich nach folgenden Gesichtspunkten:

- Vorrangig ist das Einüben von Lesen und Rechtschreiben. Geübt wird u.a. das Aufgliedern des gesprochenen Wortes in die phonologischen Bestandteile, Lautanalyse und Lautsynthese, Lautbildung und Lautunterscheidung innerhalb des Wortes, die Assoziation zwischen Laut und Buchstaben, Regeln der Groß- und Kleinschreibung und andere Rechtschreibregeln. Bei einzelnen Kindern ist die Handzeichensprache als didaktische Technik das Mittel der Wahl (vgl. Kossow 1975; Grissemann 1986). Das Üben mit Hilfe von Computerrechtschreibprogrammen ist eine ergänzende, die meisten Kinder motivierende therapeutische Maßnahme.

- Einzeltherapie ist in allen schwereren Fällen indiziert; in der Regel über 1-2 Jahre; nur in leichteren Fällen kann die Förderung in Kleingruppen ausreichen; immer ist ein auf das einzelne Kind abgestimmtes Vorgehen notwendig (Gäbe 1990).
- Ein analytisch-synthetischer Unterrichtsansatz ist bestimmend. Beim ganzheitlich-analytischen Vorgehen, der Ganzwortmethode, werden Wortbilder ohne Buchstabenkenntnisse geschult; beim synthetischen Vorgehen werden Einzelbuchstaben eingeführt und deren Synthese zu Silbe und Wort erarbeitet.
- Die Leistungsanforderung im Lese-Rechtschreib-Training erfolgt entlang der „Null-Fehlergrenze", so daß Versagenserfahrungen nicht länger überwiegen.
- Das Training spezifischer Teilleistungsfunktionen, wie etwa Konzentration, Raum-Lage-Erkennung oder Sprachschwierigkeiten, erfolgt nicht isoliert, sondern im Zusammenhang mit dem Einüben des Lesens und der Rechtschreibung.

Psychotherapeutische Maßnahmen: Die psychotherapeutischen Maßnahmen richten sich auf eine Stützung der intrapsychischen Verarbeitung der ja oft persistierenden Lese-Rechtschreib- Probleme sowie auf die Behandlung der sekundären psychopathologischen Symptomatik. Die psychotherapeutischen Maßnahmen können beinhalten:

- Einübung zweckmäßigen Lern- und Arbeitsverhaltens: Die Gestaltung des Arbeitsplatzes, Konzentrationsübungen; Techniken der Fehlerkontrolle und Selbstbehauptung;
- Einübung intrapsychischer Bewältigungsstrategien: Lernen, mit der Lese-Rechtschreib-Schwäche zu leben und Mißerfolgserfahrungen adäquat zu verarbeiten, Übungen in Techniken der Selbstkontrolle, der Selbstbestärkung und Entspannung; Förderung alternativer Interessen und Begabungen des Kindes zur Stärkung der Persönlichkeit;
- Behandlung spezifischer psychopathologischer Sekundärsymptome: Die Therapie von Versagensängsten in Lern-Leistungs-Situationen, depressiver Reaktionstendenzen, sekundären Einnässens usw., Eltern- und Lehrerberatung, familientherapeutische Ansätze und auch Elterntrainings etwa zur Optimierung der Hausaufgabenhilfe können indiziert sein. Die Mitwirkung in Elternselbsthilfegruppen ist vielen Familien eine Hilfe (Auskünfte über die Landesverbände Legasthenie).

Medikamentöse Behandlung: Es gibt kein Medikament zur spezifischen Behandlung der Legasthenie. Multizentrische Doppelblindstudien sprechen dafür, daß unter der Dosierung von 3 x 400 mg Pirazetam täglich die Leseflüssigkeit bei Schulkindern mit Legasthenie verbessert werden konnte (Wilsher 1986). Wir selbst sahen bislang keine Indikation für eine legastheniebezogene Pirazetammedikation. In schwersten Fällen reaktiver Depression kann im Jugendalter vorübergehend eine antidepressive Medikation indiziert sein. Ist die Legasthenie mit einem hyperkinetischen Syndrom verknüpft, so kann - unter gegebenen Voraussetzungen - eine Stimulanzienbehandlung die immer erstrangigen pädagogischen und psychotherapeutischen Maßnahmen stützen.

Sozialrechtliche Hilfen: Die Behandlung des Legasthenikers im Rahmen des Sozialhilferechts ist noch nicht eindeutig geregelt. Die gerichtliche Bewertung ist unterschiedlich. Zahlreiche gerichtliche Entscheidungen sehen die wesentliche seelische Behinderung im Sinne des 39 Absatz 1 BSHG als entscheidend an und befürworten die Gewährung einer Eingliederungshilfe. Dies gilt für den Fall, daß eine „schwere Legasthenie" mit der Folge einer „neurotischen Fehlentwicklung" diagnostiziert wird. Als Eingliederungshilfe kann die Unterbringung in einem speziellen Internat mit gezielter Legastbenietherapie oder eine pädagogische Einzelbetreuung und psychotherapeutische Einzeltherapie gewährt werden. Der Antrag auf Eingliederungshilfe ist über die Kreisverwaltung an den überörtlichen Träger der Sozialhilfe zu richten. Der Antrag bedarf eines Einkommensnachweises und eines Gutachtens durch Kinder- und Jugendpsychiater, Psychiater oder Psychologen zum Ausmaß der Störung mit Angabe der psychischen Behinderung. Andererseits haben sich gerichtliche Instanzen dafür ausgesprochen, die Legasthenie als Krankheit im Sinne der RVO zu werten, so daß z.B. die Beihilfefähigkeit der Therapie anerkannt wurde (Urteil des Bayerischen Verwaltungsgerichtshofs vom 10. Juli 1989). Der Krankheitswert der Legasthenie wäre demnach anzuerkennen, wenn die legasthenischen Erscheinungen im Einzelfall Folgen eines Krankheitsbildes sind. Als Voraussetzung für die Anerkennung der Beihilfefähigkeit der Therapie wurde festgestellt, daß die Verordnung der Therapie ärztlich erfolgt ist und die Behandlung vierteljährlich ärztlich kontrolliert wird.

Literatur

Angermaier M (1974) Sprache und Konzentration bei Legasthenie. Hogrefe, Göttingen

Bakker DJ (1979) Hemispheric differences and reading strategies: two dyslexias? Bull Orton Soc 29:84-100

Barron RW (1981) Development of visual word recognition: A review. In: MacKinnon GE, Walter TG (eds) Reading research. Advances in theory and practice, Vol. 3, Academic Press, New York

Boder E (1971) Developmental dyslexia: a diagnostic screening procedure based on three characteristic patterns of reading and spelling. In: Bateman B (ed) Learning disorders. Special Child Publications, Seattle 4

Boder E (1973) Developmental dyslexia: a diagnostic approach based on three atypical reading-spelling patterns. Dev Med Child Neurol 15:663-687

Bouma H, Legein CP (1977) Foveal and parafoveal recognition of letters and words by dyslexics and by average readers. Neuropsychologia 15:69-80

Denckla MB (1978) Critical review of „Electroencephalographie and neurophysiological studies in dyslexia". In: Benton AL, Pearl D (eds) An appraisal of current knowledge. Oxford University Press, New York, p 241-249

Emsslen S (1981) Untersuchung des sequentiellen Gedächtnisses bei legasthenen, sprachgestörten und unauffälligen Kindern. Z Entwicklungspsychol Päd Psychol 13/4:291-303

Esser G (1990) Bedeutung und langfristiger Verlauf umschriebener Entwicklungsstörungen. Habilitationsschrift, Fakultät für Klinische Medizin Mannheim der Ruprecht-Karls-Universität Heidelberg, Mannheim

Firnhaber M (1989) Legasthenie. Fischer, Frankfurt

Frith U (1985) Beneath the surface of developmental dyslexia. In: Patterson KE, Marshall JC, Coltheart M (eds) Surface dyslexia: Neuropsychological and cognitive studies of phonological reading. Erlbaum, London

Gäbe I (1991) Schwere Legasthenie. Einzelbehandlung bei Kindern und Jugendlichen. Lambertus, Freiburg

Galaburda AM, Habib M (1987) Cerebral dominance: Biological associations and pathology, Vol IV/2. FESN Genf

Galaburda AM, Kemper TL (1979) Cytoarchitectonic abnormalies in developmental dyslexia: a case study. Ann Neurol 6:94-100

Galaburda AM, Sanides F, Geschwind N (1978) Human brain: cytoarchitectonic left-right asymmetries in the temporal speech region. Arch Neurol 35:812-817

Galaburda AM, Rosen GD, Sherman GF, Aboitiz F (1984) Developmental dyslexia: fourth consecutive case with cortical anomalies. Soc Neurosci Abstract :957

Galaburda AM, Sherman GF, Rosen GD, Aboitiz F, Geschwind N (1985) Developmental dyslexia: fourth consecutive patients with cortical anomalies. Ann Neurol 18:222-233

Gantzer S (1979) Sequentielle Informationsverarbeitung lesegestörter Kinder. Z Entwicklungspsychol Päd Psychol 11/1:77-87

Gasteiger-Klicpera B, Klicpera C (1989) Legasthenieförderkurse an den Grundschulen: Ein geeignetes Fördermodell? - Ergebnis einer Evaluationsstudie an den Wiener Schulen. In: Dummer-Smoch L (Hrsg) Legasthenie. Bericht über den Fachkongreß 1988. Bundesverband Legasthenie, Hannover, S 272-290

Geiger G, Lettvin JY (1987) Peripheral vision in persons with dyslexia. N Engl J Med 316:1238-1243

Geschwind N (1985) Biological foundations of reading. In: Duffy FH, Geschwind N (eds) Dyslexia: a neuroscientific approach to clinical evaluation. Little Brown, Boston, S 197-211

Geschwind N (1986a) Aufgabenteilung in der Großhirnrinde. In: Spektrum der Wissenschaft (Hrsg): Wahrnehmung und visuelles System. Spektrum der Wissenschaft, Heidelberg, S 26-35

Geschwind N (1986b) Dyslexia, cerebral dominance, autoimmunity, and sex hormones. In: Pavlidis GT, Fisher DF (eds) Dyslexia: its neuropsychology and treatment. Wiley, Chichester, p 51-63

Grissemann H (1986) Pädagogische Psychologie des Lesens und Schreibens. Huber, Bern

Hinshelwood J (1904) A case of congenital wordblindness. Br Med J 2:1303-1304

Hiscock M, Kinsbourne M (1982) Laterality and dyslexia: a critical view. Ann Dyslexia 32:177-228

Jorm AF (1983) Specific reading retardation and working memory: a review. Br J Psychol 74:311-342

Jorm AF (1984) The psychology of reading and spelling disabilities. Routledge & Kegan Paul, London

Klicpera C (1985) Leistungsprofile von Kindern mit spezifischen Lese- und Rechtschreibschwierigkeiten. Schindele, Heidelberg

Klicpera C, Gasteiger-Klicpera B (1989) Die Entwicklung des Lesens und Schreibens bei Kindern mit Lese- und Rechtschreibschwierigkeiten. In: Dummer-Smoch L (Hrsg): Legasthenie. Bericht über den Fachkongreß 1988. Bundesverband Legasthenie, Hannover, S 49-66

Kossow H-J (1975) Zur Therapie der Lese-Rechtschreibschwäche. VEB, Berlin

Linder M (1951) Über Legasthenie. Z Kinderpsychiat 18:97-143

Martinius J (1976) Untersuchungen zur zentralen Aktivierung bei leistungsschwachen und gesunden Kindern. In: Nissen G, Specht F (Hrsg) Psychische Gesundheit und Schule. Luchterhand, Neuwied S 117-124

Marx H (1985) Aufmerksamkeitsverhalten und Leseschwierigkeit. Edition Psychologie, Weinheim

Mattis S (1978) Dyslexia syndromes: a working hypothesis that works. In: Benton AL, Pearl D (eds) Dyslexia: an appraisal of current knowledge. Oxford University Press, New York, p 43-58

Mattis S, French JH, Rapin I (1975) Dyslexia in children and young adults: Three independent neuropsychological syndromes. Dev Med Child Neurol 17:150-163

Morgan WP (1896) A case of congenital word-blindness. Br Med J 2:1378

Müller R (1974) Leseschwäche, Leseversagen, Legasthenie (Bd 1 und 2). Beltz, Weinheim Basel

Niebergall G (1987) Diagnostische Aspekte für Legasthenie. Monatsschr Kinderheilkd 135:297-301

Niebergall G (1988) Sprachentwicklungsstörungen - Funktionelle Hemisphärenasymmetrien. Enke, Stuttgart

Oehrle B (1975) Visuelle Wahrnehmung und Legasthenie. Beltz, Weinheim

Orton ST (1925) Word-blindness in school children. Arc Neurol Psychiat 14/5:581-615

Pavlidis GT (1986) The role of eye movements in the diagnosis of dyslexia. In: Pavlidis GT, Fisher DF (eds) Dyslexia: Its neuropsychology and treatment. Wiley, Chichester, p 97-110

Pirozzolo FJ (1979) The neuropsychology of developmental reading disorders. Praeger, New York

Pirozzolo FJ, Rayner K, Hynd GW (1983) The measurement of hemispheric asymmetries in children with developmental reading disabilities. In: Hellige JB (ed) Cerebral Hemispheric Asymmetry: Method. Theory and Application, Praeger, New York, p 498-515

Rayner K (1986) Eye movements and the perceptual span: evidence for dyslexic topology. In: Pavlidis GT, Fisher DF (eds) Dyslexia: its neuropsychology and treatment. Wiley, Chichester, p 111-130

Remschmidt H, Schmidt M (1986) Multiaxiales Klassifikationsschema für psychiatrische Erkrankungen im Kindes- und Jugendalter nach Rutter, Shaffer und Sturge. 2. Auflage, Huber, Bern

Remschmidt H, Walter R (1990) Psychische Auffälligkeiten bei Schulkindern. Eine epidemiologische Untersuchung. Hogrefe, Göttingen

Schenk-Danzinger L (1984) Legasthenie. Zerebral-funktionelle Interpretation, Diagnose und Therapie. Reinhardt, München

Schulte-Körne G, Remschmidt H, Warnke A (1991) Selektive visuelle Aufmerksamkeit und Daueraufmerksamkeit bei legasthenen Kindern. Eine experimentelle Untersuchung. Z Kinder Jugendpsychiatr 19:99-106

Singer W (1986) The brain as a self-organizing system. Eur Arch Psychiatr Neurol Sci 236:4-9

Vellutino FR (1978) Toward an understanding of dyslexia: psychological factors in specific reading disability. In: Benton AL, Pearl D (eds) Dyslexia: an appraisal of current knowledge. Oxford University Press, New York, p 61-111

Vellutino FR (1980) Dyslexia: Theory and Research. The MTT Press, Cambridge

Warnke A (1987) Behandlung der Legasthenie im Kindesalter. Monatsschr Kinderheilkd 135:302-307

Warnke A (1990) Legasthenie und Hirnfunktion. Huber, Bern

Warnke A, Remschmidt H, Niebergall G (1989) Legasthenie, sekundäre Symptome und Hausaufgabenkonflikte. In: Dummer-Smoch (Hrsg) Legasthenie, Bericht über den Fachkongreß 1988. Bundesverband Legasthenie, Hannover, S 311-331

Weinschenk C (1965) Die erbliche Lese-Rechtschreibschwäche und ihre sozialpsychiatrischen Auswirkungen, 2. Auflage. Huber, Bern Stuttgart

Wenzel D (1988) Visuelle und neurophysiologische Befunde bei Legasthenie. Sozialpädiatrie 10/3:197-200

Wilsher CR (1986) The nootropic concept and dyslexia. Ann Dyslexia 36:118-137

Neuropsychologie der Dyskalkulie

M.G. von Aster

Um zu verstehen, warum manche Kinder nicht gut Rechnen lernen, ist es zunächst einmal wichtig zu untersuchen, wie sich dieser Lernprozeß normalerweise vollzieht. Rechnen ist Denken, das in seinen inneren mentalen Abläufen und seinen äußeren sprachlichen und schriftlichen Ausdrucksformen Prozesse der Wahrnehmung, Vorstellung, Motorik und Speicherung miteinander verbindet. Jedes der vielen funktionellen Glieder der einzelnen Bereiche ist im Entwicklungsverlauf verwundbar. Partielle und umschriebene Störungen einzelner Glieder können sich daher in sehr unterschiedlicher Weise auf den komplexen Prozeß des Rechnenlernens auswirken.

Im folgenden soll zunächst ein kurzer Überblick über einige neuere entwicklungspsychologische und neuropsychologische Arbeiten zum Thema in der Absicht gegeben werden, stärker als bisher Ergebnisse entwicklungspsychologischer Forschung und Theoriebildung für die Interpretation klinischer Befunde heranzuziehen. Im Anschluß daran werden erste Ergebnisse einer eigenen Studie vorgestellt.

Entwicklungspsychologie

Der im vergangenen Jahr erschienenen Übersichtsarbeit von Resnick (1989) kann der erstaunte Leser entnehmen, daß wir Menschen schon beinahe rechnend auf die Welt kommen. Die Autorin bezieht sich hierbei auf Ergebnisse der Arbeitsgruppe um Gelman (Starkey et al. 1990) die herausfand, daß bereits 6 Monate alte Säuglinge kleinere Mengen wiedererkennen, vergleichen und unterscheiden können. Die Autoren konnten in einer Reihe eindrucksvoller Experimente belegen, daß Säuglinge in diesem Alter bereits eine spezifische mengen- oder anzahlmäßige Verarbeitung akustischer und visueller Reize vornehmen können und sogar intermodal, also zwischen einer Anzahl von Tönen und einer Anzahl visuell dargebotener Objekte, Äquivalenzbeziehungen herstellen können.

Resnick spricht von den sich beim Kleinkind entwickelnden protoquantitativen Schemata, die sie als grundlegend für den späteren Aufbau mentaler arithmetischer Meßoperationen ansieht. Diese quantitativ vergleichenden Möglichkeiten der Kleinkinder sind noch rein wahrnehmungsgestützt und lassen jede operative Meßstrategie vermissen. Resnick unterscheidet insbesondere das „increase-decrease"-Schema und das „part-whole"-Schema. Kleinkinder erfassen auf diese Weise in einer impliziten, wahrnehmungsbezogenen Weise das Prinzip des Zu- und Abnehmens oder des Mehr- und Wenigerwerdens sowie das Prinzip des Zusammenfügens eines Ganzen aus Teilen. Darin sind das Wesentliche des späteren Addierens und des Subtrahierens sowie die Komplementarität dieser Operationen bereits enthalten.

Die Entwicklung des Zählens, die praktisch mit der Sprachentwicklung beginnt, stellt den ersten Schritt dar, solche protoquantitativen Einschätzungen exakter zu machen. Ausdruck der Integration der gelernten Zahlennamenreihe mit den protoquantitativen kleinkindlichen Schemata ist die Konstruktion einer Art innerer Zahlenreihe. 3- bis 4jährige Kinder können schon recht schnell sagen, ob die Zahl 3 oder 5 mehr bedeutet, ohne unbedingt zählen zu müssen.

Mit der Übung im Zählen werden auch die Zahlennamen selbst zu zählbaren Objekten, und es reift kontinuierlich die Fähigkeit des mentalen Zählens. Die zahlenmäßige tritt mehr und mehr an die Stelle der rein wahrnehmungsgestützten Quantifizierung. Das heißt noch nicht, daß Kinder, die das Zählen beherrschen, dieses Prinzip auch schon in jeder ihnen gestellten Text- oder Situationsaufgabe spontan zur Problemlösung anwenden können. Greeno et al. (1984) sprechen von der sich zuerst entwickelnden konzeptuellen Kompetenz, aus der sich erst nach und nach eine prozedurale und schließlich die Anwendungskompetenz entwickelt.

Einen ersten Schritt in Richtung auf ein ökonomisches Rechnen beherrschen bereits Kinder im Schuleintrittsalter, wenn sie etwa die Additionsaufgabe „5 plus 3" bewältigen, indem sie im „counting-on"-Verfahren einfach von 5 ausgehen und 3 aufwärts zählen.

Im Alter von 8 bis 9 Jahren ist es dann den meisten Kindern möglich, bei bestimmten einfachen Subtraktionsaufgaben intuitiv die Strategie zu wählen, die am wenigsten Zeit und Aufwand kostet. Bei der Aufgabe „9 minus 2" beispielsweise rechnen sie 9, 8, 7; die Antwort ist 7. Wie die Aufgabe es verlangt, wird einfach um 2 rückwärts gezählt. Bei der Aufgabe „9 minus 7" aber geschieht etwas anderes: Die Kinder rechnen 7, 8, 9; die Antwort ist 2. Beim 1. Beispiel waren Aufgabe und Lösungsweg richtungsgleich: Subtraktion wird durch Wegnehmen bzw. Rückwärtszählen bewältigt, bei der 2. Aufgabe dagegen sind Aufgabenstellung und Lösungsweg richtungsverschieden. Hier wird wiederum eine Subtraktion verlangt, aber die Kinder lösen sie durch Aufwärtszählen, also durch eine Addition. Diese Fähigkeit basiert nach Resnick auf der impliziten Kenntnis der Komplementarität von Addition und Subtraktion, d.h. der Kenntnis darüber, daß Zahlen aus anderen Zahlen zusammengesetzt sind. Und das ist im Kern nichts anderes als das, was das Kleinkind intuitiv auch schon kennt, nämlich das „part-whole"-Schema.

Die Entwicklung der Fähigkeit, etwas zu behalten oder zu speichern bzw. bereits Gelerntes aus der Erinnerung abzurufen und zu rekonstruieren, ist eng mit der Fähigkeit des Problemlösens selbst verbunden. Brainerd u. Reyna (1988) gelangten aufgrund ihrer Untersuchungen zu der Annahme unterschiedlich spezialisierter Gedächtnisfunktionen im Hinblick auf unterschiedliche Anforderungen durch die Aufgaben. Diese verschiedenen Qualitäten von Gedächtnisleistungen unterscheiden sich in dem Grad an Genauigkeit der Information, den die Lösung einer Aufgabe erfordert. Die Autoren stellen sich das Arbeitsgedächtnis als ein Kontinuum von Speicherstrukturen vor, die am einen Ende ausdrückliche, Wort für Wort gespeicherte Informationen von detaillierter Genauigkeit verarbeiten („verbatim traces") und am anderen Ende solche Informationen, die nur einen Bedeutungskern oder wesentlichen Sinn enthalten und die Brainerd u. Reyna „fuzzy traces" nennen.

Zur Verdeutlichung die Aufgabe „9 minus 3". Die ökonomische Strategie des „counting-down" erfordert hier mindestens zweierlei: Der Schulanfänger muß erstens die 9 als Startmenge behalten und rückwärtszählen. Dabei muß er aber gleichzeitig - um zu wissen, wann er aufhören muß - die Anzahl der Zählschritte, also 3, behalten und aufwärtszählen, also: 8 (1), 7 (2), 6 (3). Das Ergebnis ist 6. Das eben Geschilderte verlangt eine Kurzzeitgedächtnisleistung von großer Genauigkeit. Die flüssige Lösung der Aufgabe auf dem beschriebenen Weg erfordert jedoch zweitens auch, daß das Kind das Subtraktionsschema verstanden hat, d.h. es muß den mentalen Entwurf für die passenden Bewegungsrichtungen, die zur Lösung führen, aus dem Gedächtnis aktivieren. Dieses aufgabenbezogene Verfügbarwerden von nötigem Hintergrundwissen ist etwa das, was Brainerd u. Reyna unter „fuzzy traces" verstehen.

Wenn wir uns nun der Frage zuwenden, warum rechengestörte Kinder nicht rechnen können, so treffen wir auf eine Vielzahl möglicher Hypothesen. Haben diese Kinder die grundlegenden Schemata, die darauf aufbauenden Strategien und Konzepte nicht erwerben können, oder können sie sie nur aus irgendwelchen Gründen nicht anwenden, fehlt ihnen der effektive Zugriff? Klinische Studien versuchen meist durch Aufdeckung von Zusammenhangssymptomen oder spezifischen neuropsychologischen Leistungsprofilen die Art des angenommenen hirnfunktionellen oder genetischen Defektes zu beschreiben. Dabei wird insbesondere die Bedeutung von Einschränkungen des räumlichen Vorstellungsvermögens und von Defiziten im Bereich der sprachlichen Informationsverarbeitung immer wieder hervorgehoben.

Neuropsychologie

Natürlich setzt das Lösen von Textaufgaben sprachliches Wissen voraus, aber ebenso natürlich ist auch bei jeder numerischen Form des Rechnens der zielführende Gedankengang eine mehr oder weniger internalisierte sprachlichbegriffliche Leistung. Andererseits muß dieses steuernde, sprachliche Operieren zu kontrollierten Bewegungen in einem inneren Koordinatensystem oder Zahlenraum in Beziehung stehen, und dazu ist die Fähigkeit einer stabilen visuell-räumlichen Vorstellung nötig. Diese Dichotomie von visuell-räumlicher Informationsverarbeitung auf der einen und sprachlicher Informationsverarbeitung auf der anderen Seite führt immer wieder zu Spekulationen darüber, ob und in welchem Maße etwa rechts- oder linkshemisphärische Funktionsdefizite bei diesen teilleistungsgestörtern Kindern eine Rolle spielen.

Strang u. Rourke (1983) schlagen aufgrund ihrer Untersuchungen eine Unterscheidung von 2 Dyskalkulieformen vor: Die eine Gruppe zeigt gleichzeitig erhebliche Schwächen im Bereich des Lesens und Schreibens; die Rechenfehler, die diese Kinder machen, sind nach Ansicht der Autoren vornehmlich auf eine akustische Merkfähigkeitsstörung zurückzuführen. In der anderen Gruppe dagegen besteht ein Defizit im Bereich visuell-räumlicher und körperbezogener Wahrnehmungsleistungen. Die Rechenfehler, die diese Kinder machen, sind insgesamt zahlreicher und auch sehr verschiedenartig. Die Autoren sprechen hier von einem mangelnden mathematischen Verständnis im Zusammenhang mit einer Störung der nonverbalen Konzeptbildung. Sie nennen diese 2. Form deshalb „nonverbal learning disability-syndrome" (NVLDS) gegenüber der ersten Form, dem „verbal learning disability-syndrome" (VLDS). Die isolierte Rechenstörung - also die nonverbale Form - sehen die Autoren als vom Verlauf her ungünstiger an. Sie ist übrigens nach eigenen Erhebungen die wesentlich seltenere (von Aster u. Goebel 1990).

Siegel u. Ryan (1989) überprüften isoliert rechengestörte und isoliert leserechtschreib-schwache Kinder hinsichtlich ihrer Leistungsfähigkeit bei Kurzzeitgedächtnisaufgaben, die einerseits Zahlen, andererseits Sätze zum Gegenstand hatten. Hier ergab sich, daß die lese-rechtschreib-schwachen Kinder sowohl bei den Zahlen wie bei den sprachlichen Erinnerungsaufgaben gegenüber einer Kontrollgruppe schwächer abschnitten, während die rechengestörten Kinder ausschließlich signifikante Minderleistungen beim Zahlenmaterial zeigten. Zieht man die Konzeption von Brainerd u. Reyna zur Erklärung dieser Befunde heran, so ergeben sich folgende Hypothesen: Bei isoliert rechenschwachen Kindern besteht eher eine Schwierigkeit, die Bedeutung der Zahlen einer Aufgabe im Sinne ihrer räumlichen und proportionalen Beziehungen zueinander zu erfassen und kontextbezogen abzurufen („fuzzy traces"). Demgegenüber imponieren bei den zusätzlich sprachlich beeinträchtigten rechenschwachen Kindern (nach Strang u. Rourke die verbale Form der Dyskalkulie) eher Schwierigkeiten im Bereich der akustischen, sequentiellen Kurzzeitmerkfähigkeit („verbatim traces").

Weitere Untersuchungen zielen auf die Entwicklung der funktionellen Hemisphärenasymmetrie. So fand Rosenberger (1989) bei rechengestörten im Gegensatz zu lese-rechtschreib-schwachen Kindern überdurchschnittlich häufig eine gekreuzte Lateralität. Sie waren rechtshändig und rechtsfüßig, aber linksäugig. Welche spezifische Bedeutung ein solcher Befund aber für den komplexen Vorgang des Rechnenlernens hat, bleibt vorerst im Dunkeln. Die

Kontroverse um das sog. Developmental-Gerstmann-Syndrom, das Kinsbourne (1968) erstmals beschrieben hat, spiegelt die Unsicherheit in der Interpretation von neuropsychologischen Symptomen, die zusammen mit einer Dyskalkulie auftreten. Dieses Syndrom umfasst 4 Symptome, nämlich 1. eine Störung der Graphomotorik, 2. Störungen der Rechts-links-Unterscheidung, 3. eine Fingeragnosie und 4. eben die Dyskalkulie. Während ursprünglich eine linkslokale Hirnschädigung im Bereich des Gyrus angularis verantwortlich gemacht wurde, wird von den Befürwortern dieses Syndroms heute eher eine anlagebedingte hirnfunktionelle Störung vermutet (PeBenito 1987; Grigsby et al. 1987), während andere Autoren argumentieren, daß es sich bei den betroffenen Patienten im Kern um eine Störung der sprachlichen Informationsverarbeitung im Sinne einer aphasischen Störung handelt (Poeck u. Orgass 1975). Die oben angeführten eigenen Erhebungen konnten bestätigen, daß isoliert rechengestörte Kinder ohne sprachliche Defizite im Vergleich zu isoliert lese-rechtschreib-schwachen Kindern signifikant häufiger Schwierigkeiten in der Rechts-links-Unterscheidung zeigten.

Zusammenfassend kann festgestellt werden, daß Auffälligkeiten im Bereich der Körperwahrnehmung, im Bereich der Funktionslateralisierung und der Rechts-links-Unterscheidung sowie Probleme in der visuell-räumlichen Informationsverarbeitung mit kognitiven Entwicklungsbedingungen einhergehen, die speziell Schwierigkeiten beim Rechnenlernen begünstigen. Auf der Grundlage der geschilderten empirischen Befunde aus der entwicklungspsychologischen und der klinischen Forschung wurde versucht, einen Untersuchungsplan zusammenzustellen, der sowohl ein Screening der erwartungsgemäß gestörten Funktionsbereiche als auch eine qualitative Beschreibung des rechnerischen Operierens dieser Kinder erlaubt.

Eigene Untersuchung

Stichprobe

Es werden Untersuchungsdaten von 6 Jungen und 6 Mädchen vorgestellt, die in den Jahren 1988 und 1989 im Rahmen einer kinder- und jugendpsychiatrischen Inanspruchnahme erhoben wurden. Aus Gründen der Stichprobenhomogenität wurden nur Kinder im Alter von 9 bis 10 Jahren in die Studie einbezogen. Sie stammen sämtlich aus den Jahrgängen 1979 und 1980 und besuchten zum Zeitpunkt der Untersuchung die 2. bzw. 3. Klassenstufe. Eingangskriterium war eine Intelligenz im Normbereich sowie eine deutliche Minderleistung im Rechnen; diese wurde sowohl durch die Schulnote und das Lehrerurteil als auch testpsychologisch mit dem Rechentest für 2. Klassen (RT 2, Glück u. Hirzel 1972) und dem Diagnostischen Rechentest für 3. Klassen (DRE 3; Samstag et al. 1973) erfaßt (mittlerer PR = 7,8).

160

Methode

Die neuropsychologische Untersuchung umfaßte den entwicklungsneurologischen Status nach Touwen u. Prechtl (1970) und den Southern-California-Sensory-Integration-Test (SCSIT; Ayres 1980) zur Erfassung von Wahrnehmungsstörungen insbesondere im somato-sensorischen Bereich. Ferner wurde das Diagnostikum für Cerebralschädigung (DCS; Weidlich u. Lamberti 1980) durchgeführt, ein Verfahren zur Überprüfung der visuellen Gestalterfassung und Merkfähigkeit, außerdem der Tokentest (De Renzi u .Vignolo 1962; Remschmidt et al. 1977), ein Instrument zur Überprüfung der sprachlichen Informationsverarbeitung. Schließlich wurden bei Hinweisen auf das Vorliegen von Beeinträchtigungen im Bereich des Lesens und Schreibens entsprechende Rechtschreib- und Lesetests durchgeführt.

Die Untersuchung der Rechenfertigkeit umfaßte zunächst eine Überprüfung der Zahlenverarbeitung. Darin waren Vorwärts- und Rückwärtszählen sowie Lesen und Schreiben von Zahlen und Rechensymbolen eingeschlossen. Mit der Vorlage von 8 Textaufgaben sollten außerdem die von den Kindern benutzten Lösungsstrategien evaluiert werden. Die Kinder wurden dazu angehalten, laut zu denken oder anschließend zu erklären, wie sie die Aufgabe gelöst haben. Sie wurden beim Lösen der Aufgabe eingehend beobachtet, und es standen auch Hilfsmaterialien (15 blaue und 15 rote Klötzchen sowie zwei Biegepuppen) bereit, die bei Schwierigkeiten in systematischer Weise eingesetzt wurden.

Textaufgaben dieser Art werden in der entwicklungspsychologischen Forschung häufig verwendet. Dabei werden verschiedene Typen von Textaufgaben mit unterschiedlichen Schwierigkeitsgraden verwendet. Diese verschiedenen semantischen Typen korrespondieren eng mit den von Resnick beschriebenen protoquantitativen Schemata. Man unterscheidet „change"-, „combine"- und „compare"-Aufgaben. Change-Aufgaben verlangen die Veränderung einer gegebenen Menge im Sinne eines „increase" oder „decrease". Combine-Aufgaben verlangen dagegen das Zusammenfügen zweier verschieden grosser Mengen zu einer neuen Menge, dies entspricht dem „part-whole"-Schema. Schließlich geht es bei den schwierigsten, den Compare-Aufgaben, um die Bestimmung von Differenzmengen.

Nun können auch noch innerhalb dieser Aufgabentypen verschiedene Schwierigkeitsgrade unterschieden werden. So ist es z.B. schon sehr viel schwieriger, wenn bei einer Change-Aufgabe nicht nach der Resultatmenge, sondern nach der Startmenge oder der zuzufügenden oder wegzunehmenden Teilmenge gefragt wird.

An zwei der vorgegebenen Aufgaben soll dies verdeutlicht werden: „Peter hat 3 Äpfel. Anna gibt Peter 5 Äpfel dazu. Wieviel Äpfel hat Peter jetzt?" Bei dieser Change-Aufgabe wird nach der Resultatmenge gefragt. Die semantische Struktur dieser Aufgabe beschreibt das Größerwerden einer Menge durch Hinzufügen einer anderen. Der Lösungsweg entspricht dieser semantischen Struktur, da hinzugezählt, also addiert werden muß. Aufgabenstruktur und Lösungsweg sind also richtungsgleich (rg).

Bei der Change-Aufgabe „Peter hat einige Äpfel. Er gibt Anna 3 Äpfel ab. Nun hat Peter 5 Äpfel. Wieviele Äpfel hatte Peter am Anfang?" wird nach der Startmenge gefragt. Die semantische Struktur der Aufgabe beschreibt das Kleinerwerden einer unbekannten Menge durch Weggeben. Die Lösung der Aufgabe verlangt aber eine Addition, denn die 3 weggegebenen Äpfel müssen zu den übrigbehaltenen 5 hinzugezählt werden, um zu erfahren, wieviele Äpfel Peter am Anfang hatte. Hier ist also der Lösungsweg der Aufgabe der semantischen Struktur entgegengesetzt, Aufgabenstruktur und Lösungsweg also richtungsverschieden (rv).

Die 8 Textaufgaben wurden von den belgischen Autoren De Corte u. Verschaffel (1987) übernommen, die anhand dieses Aufgabensets die Entwicklung von Lösungsstrategien bei Erstkläßlern untersuchten. Die von den Kindern verwandten Strategien wurden von den Autoren nach dem Grad ihrer Internalisierung unterschieden: Die konkreten, materiellen Strategien beruhen auf dem Umgang mit Fingern und physischen Objekten (Klötzchen und Puppen), während verbale Strategien und mentale Strategien sich auf Abzählprozeduren und auf die Erinnerung von Zahlenfakten stützen. Unter diesen 3 Kategorien - materiell, verbal und mental - wird jeweils eine ganze Reihe von mehr oder weniger ökonomischen Arten, zum Ziel zu kommen, beschrieben. Die Autoren konnten nun zeigen, daß allgemein im Verlauf der 1. Klasse eine sehr starke Entwicklung von der ganz überwiegenden Benutzung materieller Strategien zu Beginn der 1. Klasse hin zu der überwiegenden Benutzung mentaler Strategien am Ende derselben stattfindet. Dabei waren diese Veränderungen bei den schwierigen Aufgaben, also bei den richtungsverschiedenen und den Compare-Aufgaben am stärksten ausgeprägt.

Ergebnisse

Auf statistische Tests wurde wegen der noch geringen Fallzahl verzichtet.

Unter den 12 Kindern waren 10 rechtshändig und 2 linkshändig. Bei 6 Kindern fand sich eine gekreuzte Lateralität in dem von Rosenberger beschriebenen Muster mit kontralateraler Äugigkeit. Auffallend dabei ist, daß 5 dieser 6 Kinder Jungen waren. Ein deutliches neuromotorisches Entwicklungsdefizit bestand bei 4 Kindern, bei weiteren 4 Kindern waren diskrete Auffälligkeiten festzustellen. Vier Kinder waren gänzlich unauffällig. Das Leistungsniveau im Diagnostikum für Cerebralschädigung (DCS) war insgesamt sehr schwach. Der durchschnittliche Prozentrang lag hier bei 90,5. Nur ein Junge erreichte einen Prozentrang von 66, alle anderen lagen über 80, 6 Werte über 95.

Bei fast allen untersuchten Kindern, nämlich bei 10 von 12, konnten Schwierigkeiten bei der Rechts-links-Unterscheidung festgestellt werden. Ebensoviele Kinder zeigten auch Störungen in der somatosensorischen Perzeption. Das Ausmaß der körperbezogenen Wahrnehmungsdefizite war dabei größer als die z.T. festgestellten Rückstände in anderen Bereichen, insbe-

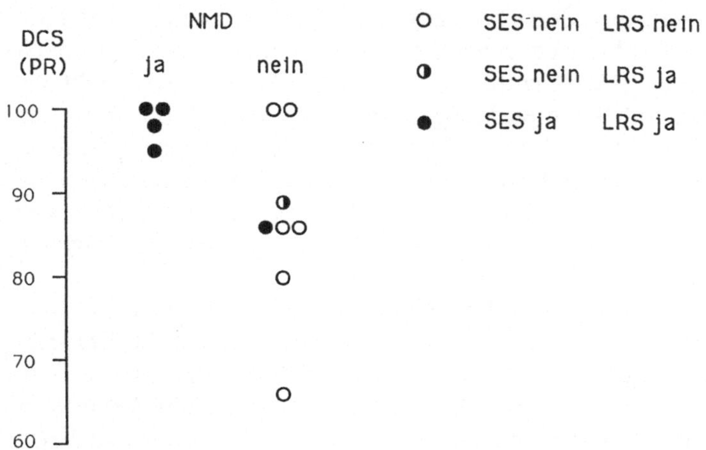

Abb. 1. Zusammenhang zwischen neuromotorischem Defizit (*NMD*), Leistungsniveau im Diagnostikum für Cerebralschädigung (*DCS*, Prozentrang), Sprachentwicklungsstörung (*SES*) und Lese-Rechtschreib-Schwäche (*LRS*)

sondere in der visuellen Wahrnehmung. Die im SCSIT regelmäßig nonverbal überprüfte Fähigkeit der Fingeridentifikation war immer gestört. Diese beiden Aspekte, die Schwierigkeiten in der Rechts-links-Unterscheidung und die gestörte Fingeridentifikation gehören, wie oben erwähnt, zur Symptomtetrade des Developmental Gerstmann-Syndroms.

Sechs Kinder hatten eine Lese-Rechtschreib-Schwäche, bei 5 dieser 6 Kinder waren Auffälligkeiten im Bereich der sprachlichen Informationsverarbeitung im Tokentest aufzuzeigen. Der Zusammenhang zwischen neuromotorischem Defizit, dem Leistungsniveau im DCS und den Auffälligkeiten im verbalen Bereich ist in Abb. 1 dargestellt. Sechs Kinder haben im DCS einen Prozentrang von 95 oder mehr und erfüllen damit das von Weidlich u. Lamberti (1980) in ihrem Testhandbuch definierte Kriterium einer zerebralen Schädigung. Die 4 Kinder, die in der neurologischen Untersuchung nach Touwen u. Prechtl als nicht optimal eingestuft wurden, befinden sich in dieser Gruppe. Diese 4 Kinder haben außerdem Lese-Rechtschreib-Schwierigkeiten und Probleme der sprachlichen Informationsverarbeitung. Auch die Kinder ohne Auffälligkeiten in der entwicklungsneurologischen Untersuchung zeigen aber mit einer Ausnahme relativ hohe Prozentränge im DCS.

Nun zu den Ergebnissen, die sich direkt auf das Rechnen beziehen: 10 von 12 Kindern zeigten massive Schwierigkeiten beim Rückwärtszählen, was als deutlicher Hinweis darauf zu werten ist, daß den Kindern die gedankliche Bewegung in einem inneren Koordinatensystem nicht flüssig gelingt.

Abbildung 2 zeigt das Leistungsprofil der untersuchten rechengestörten Kinder bei den Textaufgaben, in Abhängigkeit vom Aufgabentyp („change", „combine", „compare") und von der Lösungsstruktur (richtungsgleich, richtungsverschieden). Als Maß für die Schwierigkeit der Aufgaben wurde folgende Einteilung gewählt: Das richtige Lösen einer Aufgabe ohne Hilfe erhielt den Wert 0. Wurde die Aufgabe nur mit Hilfe der Konkretisierungsmaterialien (Klötzchen und Puppen) richtig gelöst, wurde ein Wert von 0,5 gegeben. Konnte die Aufgabe trotz der materiellen Hilfen nicht richtig gelöst werden, erhielt die Aufgabe den Wert 1. Das heißt also, daß 2 Kinder, die nur mit Hilfe eine Aufgabe richtig lösen konnten, sich bei dieser Darstellung wertmäßig genauso ausdrücken wie ein einzelnes Kind, das die Aufgabe gar nicht gelöst hat.

Aus Abb. 2 kann entnommen werden, daß die rechengestörten Kinder häufiger versagen bzw. stärker auf materielle Lösungsstrategien bei Aufgaben angewiesen sind, die sich auch in unausgelesenen Normalpopulationen als schwierig erwiesen haben. Aufgaben, bei denen semantische Struktur und Lösungsweg richtungsgleich sind, wurden besser bewältigt als solche, bei denen der Lösungsweg der semantischen Struktur entgegengesetzt war. Bei letzteren waren die Kinder stark auf die Anwendung materieller Strategien angewiesen. Dies gilt für alle Aufgabentypen, wobei sich erwartungsgemäß die Compare-Aufgaben als am schwierigsten erwiesen. Dieses Leistungsprofil entspricht insgesamt ziemlich genau dem der Kinder, die De Corte u. Verschaffel untersucht haben, und zwar zum Zeitpunkt des Beginns der 1. Klasse.

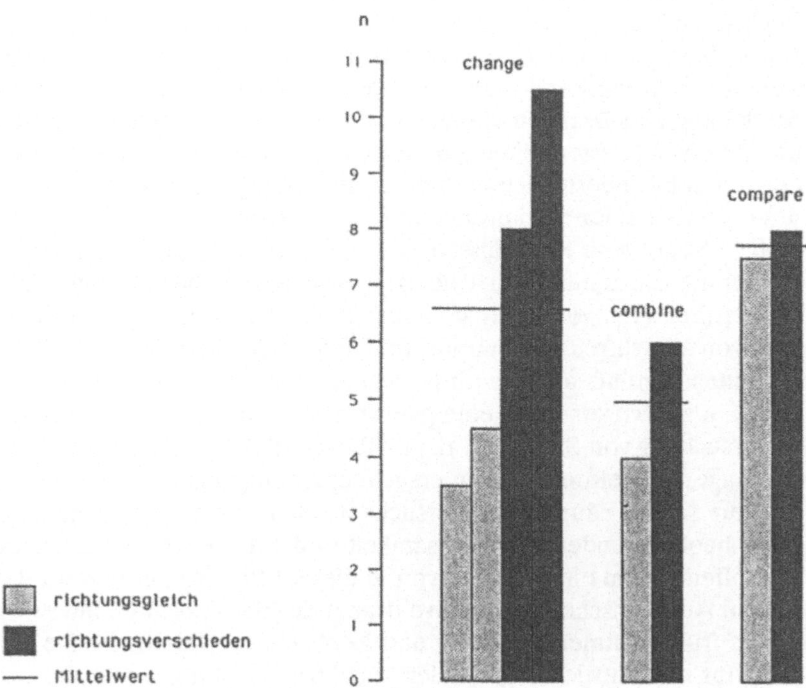

Abb. 2. Schwierigkeit der 8 Aufgaben in Abhängikeit von Aufgabentyp und Lösungsstruktur (n = Anzahl der scheiternden Kinder)

Diskussion und Schlußfolgerungen

Die vorgefundenen Auffälligkeiten bei der Fähigkeit zur Rechts-links-Unterscheidung, im Bereich der Körperwahrnehmung und der Fingeridentifikation sowie der visuellen Gestalterfassung und Merkfähigkeit sind augenfällig und weisen offensichtlich keinen größeren Zusammenhang zum neuromotorischen Status und zur sprachlichen und Lese-Rechtschreib-Kompetenz auf.

Die entwicklungsneurologische Untersuchung und das DCS weisen in der vorliegenden Studie bei neurologisch stark auffälligen Kindern eine hohe Übereinstimmung auf, während der Zusammenhang bei neurologisch diskret oder gar nicht auffälligen Kindern schwach zu sein scheint. Dies bestätigt die klinische Bedeutung, die dem DCS als neuropsychologischem Screeningverfahren in der Diagnostik umgrenzter Teilleistungsschwächen zukommt (s. von Aster 1986).

Das vorgefundene Leistungsniveau beim Lösen der Textaufgaben belegt eine unzureichende Internalisierung des rechnerischen Operierens. Die rechenschwachen Kinder weisen insgesamt einen Rückstand in der Anwendung mentaler Strategien auf. Bei der hier vorgenommenen groben Einteilung nach materiellen, verbalen und mentalen Strategien können noch keine Aussagen darüber gemacht werden, ob in der Art dieses festgestellten Rückstandes Unterschiede zwischen den Kindern mit neuromotorischem Defizit, Lese-Rechtschreib-Schwäche und Sprachentwicklungsstörung auf der einen und den isoliert rechengestörten Kindern auf der anderen Seite bestehen. Zur weiteren Klärung der Frage, inwieweit vielleicht verschiedene Formen von Merkfähigkeitsstörungen vorliegen oder auch grundlegende Fähigkeiten der quantitativen Konzeptbildung betroffen sind, kann eine detailliertere Analyse der von den Kindern angewandten Strategien beitragen. Darauf wurde wegen des noch zu kleinen Stichprobenumfangs verzichtet.

Nach bisherigem Kenntnisstand ist die Bedeutung perinataler Risikofaktoren für die Entstehung von Teilleistungsstörungen ebenso eindeutig wie auch unspezifisch (vgl. von Aster u. Göbel 1990). Daß Störungen in der Entwicklung von sprachfreiem, quantitativem Wissen im Säuglings- und Kleinkindalter einen Einfluß auf die Entwicklung mentalen Rechnens im Schulalter haben, bleibt vorerst noch eine plausible Hypothese. In der eingangs zitierten Untersuchung von Starkey et al. (1990) waren übrigens nicht alle Säuglinge in der Lage, die geforderten Untersuchungsbedingungen zu erfüllen: Es konnten nur solche Säuglinge untersucht werden, die in genügender Weise zu einer beobachtenden Aufmerksamkeit in der Lage waren. Es handelte sich hier offenbar um eine Auslese von in diesem Bereich gut entwickelten Säuglingen. Aus klinischer Perspektive drängt sich die Frage auf, inwieweit gerade dieses frühe Aufmerksamkeits- und Beobachtungsverhalten eine Voraussetzung für die Entwicklung basaler kognitiver Leistungen von der Art protoquantitativer Schemata beim Kleinkind darstellt. Verlaufsstudien an dystrophen und frühgeborenen Kindern belegen deren erhöhtes Risiko, in späteren Jahren u.a. auch Beeinträchtigungen beim Rechnenlernen zu entwickeln

(Abel-Smith u. Knight-Jones 1990). In der Tat scheint gerade der mangelnden Fähigkeit zu zielgerichteter Aufmerksamkeit im Säuglingsalter eine besondere Bedeutung für die Entstehung kognitiver Defizite bei solchen Kindern zuzukommen (Rose et al. 1989). Zur weiteren Klärung der spezifischen ätiopathogenetischen Bedeutung verschiedener perinataler und genetischer Risikofaktoren und der Mechanismen ihrer Einwirkung auf die Prozesse der kognitiven Entwicklung sowie auch zur Evaluation von Verlaufsformen sind Längsschnittstudien an Risikogruppen erforderlich, die sowohl entwicklungspsychologische als auch neuropsychologische Untersuchungsmethoden verwenden.

In der Praxis bestehen noch erhebliche Unsicherheiten sowohl im Hinblick auf die differentielle Indikation funktioneller Therapiemaßnahmen als auch im Hinblick auf den Umgang mit Rechenschwierigkeiten im Mathematikunterricht.

Der oft erhebliche Schweregrad der Störung ist klinisch durch sekundäre Folgeerscheinungen, wie emotionale Störungen, Selbstwertprobleme, Schulängste und generelles Leistungsversagen, bestimmt. Ein frühzeitiges Erkennen von Rechenschwierigkeiten sollte neben spezifischen Fördermaßnahmen ein flexibles und den Bedürfnissen des einzelnen Kindes angemessenes Reagieren des Lehrers im Erstunterricht ermöglichen. Ein zu frühes Arbeiten unter Zeitdruck im Unterricht ist häufig ebenso folgenschwer wie die Unterbindung des Fingerzählens aus pädagogischen Gründen. Die Finger als natürliche Zähl- und Konkretisierungshilfe sind für das Kind nicht nur visuelles Anschauungsmittel, sondern können durch ihre taktil-sensorische Repräsentanz den Prozeß der gedanklichen Verinnerlichung beim Rechnen ideal unterstützen. Diesen Aspekt vernachlässigen Unterrichtskonzepte, die die Erarbeitung des ersten Zahlenraumes auf das Dutzend ausdehnen (Kutzer 1983). Therapie und Förderung sollten immer auf einer individuellen funktions- und aufgabenbezogenen Prozeßdiagnostik fußen, die auch dem Kind selbst ein möglichst differenziertes Bewußtsein darüber vermittelt, was ihm bei der Bewältigung einer Rechenaufgabe schon gut oder noch weniger gut gelingt. Die Inhalte der Therapie können sich je nach Befund mehr auf die Stärkung innerer aufgabenbezogener Sprache, auf verschiedene aufgabenrelevante Merkfähigkeitsübungen oder auch auf das Abbilden von Aufgabenschritten in der Vorstellung beziehen. Die verbreitete Erwartung, daß allein funktionelle Behandlungen von häufig gleichzeitig bestehenden graphomotorischen Störungen Schwierigkeiten beim Rechnenlernen verhindern oder beseitigen können, ist sicher verfehlt.

Literatur

Abel-Smith A , Knight-Jones E (1990) The abilities of very low-birthweight children and their classroom controls. Dev Med Child Neurol 32: 590-601

Aster MG von, Göbel D (1990) Kinder mit umschriebener Rechenschwäche in einer Inanspruchnahmepopulation. Z Kinder Jugendpsychiatr 18: 23-28

Aster S von (1986) Das Diagnostikum für Cerebrale Schädigung und entwicklungsneurologische Befunde in einer Kinder- und Jugendpsychiatrischen Inanspruchnahmepopulation. Dissertationsschrift, Freie Universität Berlin

Ayres J (1980) Southern California Sensory Integration Tests. Western Psychological Services, Los Angeles

Brainerd CJ, Reyna VF (1988) Generic resources, reconstructive processing, and children's mental arithmetic. Dev Psychol 24: 324-334

De Corte E, Verschaffel L (1987) The effect of semantic structure on first graders strategies for solving addition and subtraction word problems. J Res Math Educ 18: 363-381

Glück G von, Hirzel M (1972) Rechentest für 2. Klassen, RT 2. Beltz, Weinheim

Greeno JG, Riley MS, Gelman R (1984) Conceptual competence and children's counting. Cogn Psychol 16: 94-143

Grigsby JP, Kemper MB, Hagermann RJ (1987) Developmental Gerstmann syndrome without aphasia in fragile X syndrome. Neuropsychologia 25: 881-891

Kinsbourne M (1968) Developmental Gerstmann syndrome. Pediatr Clin North Am 15: 771-778

Kutzer R (1983) Mathematik entdecken und verstehen, Bd 1. Diesterweg, Frankfurt a.M.

PeBenito R (1987) Developmental Gerstmann syndrome: Case report and review of the literature. J Dev Behav Pediatr 8: 229-232

Poeck K, Orgass B (1975) Gerstmann syndrome without aphasia: Comments on the paper by Strub and Geschwind. Cortex 11: 291-295

Remschmidt H, Niebergall G, Merschmann W (1977) Die Bestimmung testmetrischer Kennwerte des Token-Tests bei Schulkindern unter Berücksichtigung der Intelligenz, des Wortschatzes und der Händigkeit. Z Kinder Jugendpsychiatr 5: 222

Renzi E de, Vignolo LA (1962) The Token Test: A sensitive test to detect receptive disturbance in aphasia. Brain 85: 665

Resnick LB (1989) Developing mathematical knowledge. Am Psychol 44: 162-169

Rose SA, Feldman JF, Wallace JF, Mc Carton C (1989) Infant visual attention: Relation to birth status and developmental outcome during the first 5 years. Dev Psychol 25: 560-576

Rosenberger PB (1989) Perceptual-motor and attentional correlates of developmental dyscalculia. Ann Neurol 26: 216-220

Samstag K, Sander A, Schmidt R (1971) Diagnostischer Rechentest für 3. Klassen, DRE 3. Beltz, Weinheim Berlin

Siegel LS, Ryan EB (1989) The development of working memory in normally achieving and subtypes of learning disabled children. Child Dev 60: 973-980

Starkey P, Spelke ES, Gelman R (1990) Numerical abstraction by human infants. Cognition 36: 97-127

Strang JD, Rourke BP (1983) Concept - formation / non-verbal reasoning abilities of children who exhibit specific academic problems with arithmetic. J Clin Child Psychol 12: 33-39

Touwen BCL, Prechtl HFR (1970) The neurological examination of the child with minor nervous dysfunction. Clin Dev Med 38

Weidlich S, Lamberti G (1980) Diagnostikum für Cerebralschädigung, DCS. Huber, Bern Stuttgart Wien

Therapie und Verlauf von Hirnfunktionsstörungen

H.-C. Steinhausen

Die Beiträge in diesem Band haben verdeutlicht, wie vielfältig Symptomatik und Erscheinungsbild von Hirnfunktionsstörungen und Teilleistungsstörungen sind. Diese Erkenntnis hat zwei bedeutsame Konsequenzen. Erstens repräsentieren globale Einheitskonzepte und -diagnosen wie „leichter frühkindlicher Hirnschaden", „minimale zerebrale Dysfunktion" oder „infantiles psychoorganisches Syndrom" diese Heterogenität neuropsychologischer Funktionsstörungen und ihrer psychopathologischen Korrelate nicht angemessen. Sie werden damit in praktischer Konsequenz den betroffenen Kindern, Jugendlichen und - was bisher noch viel zu wenig bedacht wird - auch Erwachsenen mit Residualsymptomen nicht gerecht. Diese bedürfen nämlich zweitens als Konsequenz dieser Heterogenität von Funktionsdefiziten und begleitenden Beeinträchtigungen der psychosozialen Adaptation und Kompetenz jeweils individuell angepaßter Therapie- und Förderprogramme. Dabei besteht das Ziel in einer Kompensation der jeweils für die Lebensbewältigung hinderlichen Defizite.

Im folgenden Beitrag wird ein Versuch unternommen, die Hauptlinien des klinischen Vorgehens in der Therapie nachzuzeichnen und zugleich in eine weiterreichende Perspektive der Entwicklung zu stellen, indem auch Aspekte des Verlaufs einbezogen werden. Dabei wird es unumgänglich sein, den relativ knappen Wissensstand zur Evaluation von Therapieansätzen einzubeziehen, um die Frage der Wirksamkeit von speziellen Therapieverfahren einer Überprüfung zu unterziehen.

Zur Therapie

Ausgangspunkt jeder Therapie ist eine sorgfältige *mehrdimensionale Diagnostik*, wie sie in Tabelle 1 zusammengefaßt dargestellt ist. Sie spiegelt weitgehend den typischen klinischen Untersuchungsgang für Kinder und Jugendliche wider, die in der Kinder- und Jugendpsychiatrie vorgestellt werden. Zugleich werden aber auch besondere Akzente bei der Erfassung neuromotorischer und neuropsychologischer Funktionen gesetzt. Während sich in der Un-

170

Tabelle 1. Mehrerhebungsdiagnostik bei Hirnfunktionsstörungen

---

Entwicklungsanamnese unter besonderer Berücksichtigung von Risikofaktoren für die ZNS-Reifung

Untersuchung des neuromotorischen Systems

Erfassung neuropsychologischer / kognitiver Funktionen

Beurteilung von Verhalten, Befindlichkeit und Lernen

Ggfs. Messung neurophysiologischer Funktionen

Ggfs. phoniatrisch-pädaudiologische Untersuchung

Beurteilung des psychosozialen Lebens- und Entwicklungskontextes

---

Untersuchung *neuromotorischer Funktionen* zunehmend der Untersuchungsgang nach Touwen (1979) durchgesetzt hat, ist der Bestand an *neuropsychologischen Testverfahren* breit und - wie die Beiträge von Döpfner, Neumärker u. Bzufka sowie Deegener u. Nödl in diesem Band verdeutlichen - in weiterer Entwicklung. Diese Suche nach differenzierten, zuverlässigen, gültigen und zugleich praktisch nützlichen Untersuchungsverfahren ist begrüßenswert, zumal eine Vielzahl existierender Testverfahren in dieser Hinsicht eher unbefriedigend ist. Die Strategie eines differentiell-sequentiellen Testens und Untersuchens jeweils verschiedener Funktionen, wie sie im Schema von Esser u. Fochen (1981) entwickelt wurde (Abb. 1), wird von dieser Entwicklung sicherlich profitieren.

Am Ziel einer derart sorgfältigen Mehrebenendiagnostik sollte der Übergang in die Therapie inhaltlich begründet sein. Nunmehr sollten über die differentielle Erfassung gestörter Funktionsbereiche im Sinne von *Förderungsdiagnostik* tatsächlich Ansatzpunkte für eine praktisch realisierbare Behandlung vorliegen. Dazu reicht jedoch in der Regel die globale Syndromdiagnose als Sammelbezeichnung nicht aus. Anstelle von Diagnosen wie „minimle zerebrale Dysfunktion", „psychoorganisches Syndrom" oder auch „Hirnfunktionsstörung" wären Bezeichnungen wie z.B. „Hirnfunktionsstörung mit neuromotorischem Reifungsdefizit und multiplen Wahrnehmungsstörungen bei gleichzeitig bestehender hyperkinetischer Störung" angemessener. Sie wären nicht nur exaktere Kennzeichnungen einer Symptomatik, sondern böten zugleich auch Ansatzpunkte für Behandlungsmaßnahmen nach klinischer Erfahrung und Indikation. Diese klinische Erfahrung geht nicht nur bei der Behandlung von Kindern mit Hirnfunktionsstörungen, sondern generell mit Vorteil für die zu behandelnden Kinder von einem mehrdimensionalen Mo-

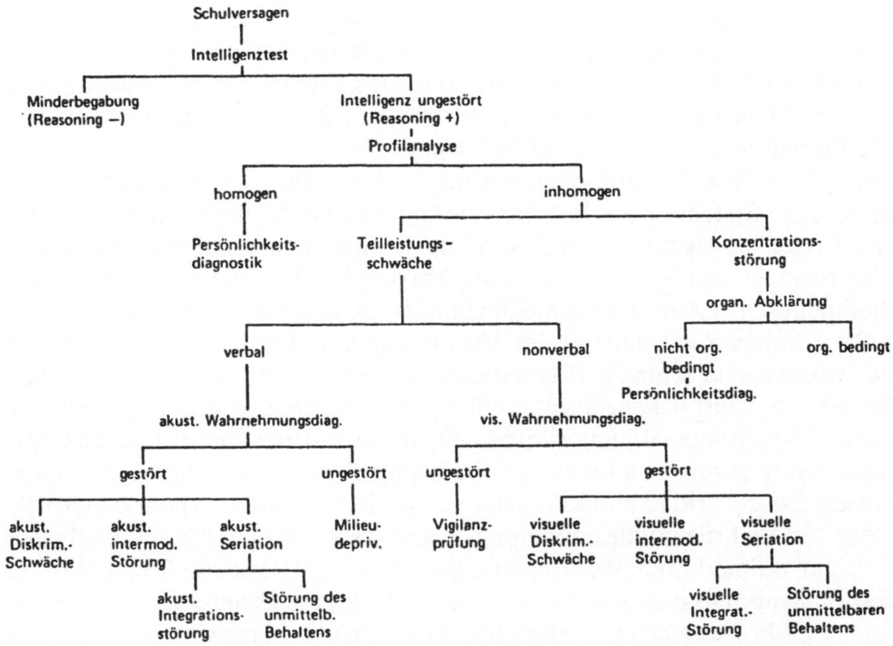

Abb. 1. Beispiel für eine sequentielle Entscheidungsstrategie bei Schulversagen (Esser u. Focken 1981)

dell aus. Ein derartiges Modell kann die individuellen Defizite und auch Stärken eines Kindes besser als eindimensionale Breitbandverfahren ziel- und dimensionsorientiert aufnehmen und sich damit wiederum besser an der Heterogenität der Phänomene orientieren. Ein Schema für die mehrdimensionale Therapie von Hirnfunktionsstörungen ist in Tabelle 2 dargestellt.

Die *funktionellen Therapien* werden durch Behandlungsprogramme wie psychomotorische Übungsbehandlung, sensorisch-integrative Therapie oder Wahrnehmungstraining repräsentiert. Ohne diese verschiedenen Modelle

Tabelle 2. Elemente mehrdimensionaler Therapien und Interventionen bei Hirnfunktionsstörungen

Funktionelle Übungsbehandlungen
Verhaltens- / (Psycho-)Therapien
Pharmakotherapien
Umgebungsbezogene Interventionen

hier detaillierter darstellen zu können - dies ist an anderer Stelle geschehen (Steinhausen 1988, Kap. 26) - läßt sich doch feststellen, daß allen Varianten funktioneller Therapien die zentrale Annahme zugrunde liegt, angesichts der Plastizität und Kompensationsfähigkeit des kindlichen Nervensystems schwache Funktionen zu stärken und damit neue Fertigkeiten anzubahnen. Dabei sollen sensorische Erfahrungen vermittelt, Wahrnehmungsfunktionen geübt, motorische Systeme gefördert und Verknüpfungen der verschiedenen Bereiche besser verfügbar gemacht werden. Entsprechende Programme haben eine beträchtliche Verbreitung in der Praxis gefunden und auch jenseits der therapeutischen Anwendung auf die Sonderpädagogik ausgestrahlt.

Ihrer hohen Akzeptanz in der Versorgung und Therapiepraxis steht eine bemerkenswerte schmale Erkenntnisbasis über die *Wirksamkeit* gegenüber. So fehlt es beispielsweise an sorgfältigen Evaluationen der psychomotorischen Übungsbehandlung, während für die sensorisch-integrative Therapie nach Ayres kontrovers beurteilte Wirksamkeitsnachweise vorliegen (Ottenbacher 1982; Carte et al. 1984). Sehr viel kritischer wurden Theorie und Effizienz von Wahrnehmungstrainings in Frage gestellt, indem das Rational einer abstrakt trainierbaren Wahrnehmungsfunktion als Bestandteil komplexerer Entwicklungsfunktionen hinsichtlich seiner Relevanz grundsätzlich bezweifelt und auf die tatsächlich mangelnde Wirksamkeit hingewiesen worden ist (Mann u. Goodman 1976). Der breiten praktischen Anwendung haben diese kritischen Feststellungen aber ganz offensichtlich ebensowenig geschadet wie ihre oft sehr fragmentarische theoretische Begründung.

Dabei sind letztere - wie z.B. hinsichtlich der Ansätze von Ayres - keineswegs wenig ambitioniert, wenn etwa auf die hierarchische Organisation neurophysiologischer Funktionen Bezug genommen wird, bei der Störungen auf einer primitiven Funktionsebene zu einer Störung höherer kortikaler Funktionen führen. Entsprechend sollten komplexe spezifische Lernstörungen über die Beeinflussung basaler sensomotorischer Funktionen behandelt werden. Gleichwohl muß die ausschließlich hypothetische Natur dieser Überlegungen festgestellt werden, die noch einmal die Grenzen des aktuellen Wissens über neurophysiologische Funktionen widerspiegeln. Zugleich müssen andererseits aber auch Grenzen akzeptiert werden, die sich z.B. aus neueren Erkenntnissen der Hirnforschung ergeben, welche die beschränkte Kompensationsfähigkeit des im Tierexperiment geschädigten Nervensystems belegen. Aus dem Nachweis, daß nach Läsionen des Nervensystems aberrante Verbindungen mit störendem Charakter für die Restfunktionen entstehen (Prechtl 1986), läßt sich nicht nur eine funktionelle Andersartigkeit, sondern in einigen Fällen auch eine begrenzte therapeutische Veränderbarkeit ableiten.

Angesichts der praktisch erwiesenen relativen Wirkungslosigkeit und auch geringen Verbreitung primär eingesetzter *Psychotherapien* hat sich mit dem Aufkommen *verhaltenstherapeutischer Methoden* die Frage gestellt, welche Verfahren bei Kindern mit Hirnfunktionsstörungen erfolgversprechend eingesetzt werden können. Diese können sich per definitonem nur auf overte

Zielsymptome im Verhaltensbereich und nicht etwa auf neuropsychologische Funktionen direkt erstrecken. Da sich ein beträchtlicher Teil der Verhaltenskorrelate von Hirnfunktionsstörungen unter dem Syndrombegriff der „hyperkinetischen Störungen" bzw. des „Aufmerksamkeitsdefizitssyndroms mit Hyperaktivität" zusammenfassen läßt, stammt der Erkenntnisanteil über die Anwendbarkeit verhaltentherapeutischer Verfahren vornehmlich aus der Behandlung von Kindern mit derartigen Störungen (Eisert u. Eisert 1982; Steinhausen 1988, Kap. 10). Hier hat sich besonders hinsichtlich des Verhaltens im Klassenzimmer gezeigt, daß die Verminderung des störenden Verhaltens, der Aufbau ruhigen und konzentrierten Arbeitsverhaltens und die Verbesserung leistungsbezogenen Verhaltens durch Methoden der Verstärkung herbeigeführt werden können (Routh u. Mesibov 1980). Derartige eher kurzfristig angelegte und effektive Interventionen können durch kognitive Selbstinstruktionstechniken zur Veränderung des kognitiven Stils der Impulsivität (Meichenbaum 1988; Whalen et al. 1985) und durch Elterntrainings ergänzt werden, in denen Eltern lernen, die Verhaltensauffälligkeiten ihrer Kinder im häuslichen Umfeld anzugehen.

Verhaltenstherapeutische Interventionen dieser Art sind ziel- und symptomorientiert und weitgehend unspezifisch, d.h. in keiner Weise speziell für Kinder mit Hirnfunktionsstörungen entwickelt und auf diesen Kreis beschränkt. Sie beanspruchen entsprechend auch keine auf Grundfunktionen des jeweiligen Störungsbildes gerichtete Wirksamkeit, sondern stellen derartige Modellannahmen vielmehr häufig in Frage, was hier jedoch nicht Gegenstand weiterer Erörterungen sein muß. Ihre jeweils gut dokumentierte Effektivität wird allerdings z.B. bei den reinen Verstärkungstechniken durch den Umstand eingeschränkt, daß die Verstärkung bei hyperaktiven Kindern nicht nur kontingent gegeben werden muß, sondern auch nicht entzogen werden kann, weil andernfalls mit einem schnellen Zerfall des erwünschten Verhaltens gerechnet werden muß. Andere, eher klassische, d.h. psychodynamische oder personenzentrierte, psychotherapeutische Vorgehensweisen finden in der Praxis weniger Anwendung, wobei es den Anschein hat, daß die nicht seltenen emotionalen Störungen bei Kindern mit Hirnfunktionsstörungen durchaus eine Indikation für eine begleitende Psychotherapie in Ergänzung zu anderen Maßnahmen sein können. Inwieweit derartige emotionale Störungen übrigens immer sog. sekundäre Störungen im Sinne einer Reaktion auf mannigfaltige Erfahrungen des Scheiterns und der sozialen Zurückweisung sind oder evtl. auch eine Komorbidität vorliegen könnte, muß angesichts des beschränkten Wissensstandes eine offene Frage bleiben.

Für den Einsatz von *Psychopharmaka* gilt - wie generell bei kinder- und jugendpsychtrischen Störungen - daß bei insgesamt relativ seltener Verschreibung die Indikation und symptomatische Wirksamkeit bestimmend sind. Keine Substanz oder Medikamentengruppe ist in der Lage, das komplexe Störungsbild von Hirnfunktionsstörungen grundsätzlich kausal-therapeutisch zu beeinflussen. Andererseits können Zielsymptome sehr wohl positiv beeinflußt werden, damit kann angesichts dynamischer Auswirkungen auf andere

Bereiche die Gesamtadaptation verändert werden. In dieser Funktion ist beispielsweise die Wirksamkeit der Stimulanzien bei „hyperkinetischen Störungen" begründet, die neben der zentralen Wirkung auf die Merkmale Aufmerksamkeit und motorische Unruhe sekundär die Verhaltenskontrolle so weit stabilisieren, daß andere Therapiemaßnahmen besser oder in Einzelfällen auch überhaupt erst wirksam werden können. Deutlich nachgeordnet in Indikation und Wirksamkeit sind bei gleichem Anwendungsbereich Neuroleptika und Antidepressiva. Für die Nootropika nicht unbedingt generell, wohl aber für die Substanz Piracetam, können angesichts sorgfältig nachgewiesener Effekte bei der Dyslexie (vgl. Beitrag von Warnke u. Remschmidt) noch Erweiterungen der gegenwärtig ausgewiesenen Wirksamkeitsbereiche erwartet werden. Eine ausführlichere Erörterung der Psychopharmakatherapie wurde an anderer Stelle vorgenommen (Steinhausen 1988, Kap. 25).

Neben den geschilderten kindzentrierten Maßnahmen muß eine letzte Säule des mehrdimensionalen Therapieplanes umgebungsbezogener Interventionen gelten. Diese können sich neben der Familie auf die Bereiche Schule, Nachbarschaft, Freunde, andere professionell mit der Versorgung des Kindes befaßte Berufsgruppen, Kostenträger für die Therapie etc. erstrecken. Die zentrale Interventionsform ist die *Beratung* mit dem Ziel der Informationsvermittlung, der Entwicklung von Einsicht und Verständnis, der Koordination von Maßnahmen und dem Abbau therapeutisch dysfunktionaler Einstellungen und Handlungsweisen. In diesem Kontext gehören auch *Elterngruppen*, die unter Mitarbeit von Fachleuten nicht nur Methoden eines entwicklungsfördernden Umgangs mit ihrem Kind erlernen, sondern auch ihre oft nicht unbeträchtlichen Belastungen zu bearbeiten lernen. Auch die bereits genannten verhaltenstherapeutischen Interventionen in Familie und Schule sind umgebungsbezogen, wobei in der Regel nach dem Modell der Kotherapie verfahren wird. Hier leitet ein professioneller Verhaltenstherapeut Eltern bzw. Lehrer zur Verhaltensmodifikation an, die dann von den Kotherapeuten im gegebenen sozialen Umfeld umgesetzt wird.

In diesem Bereich der aus der klinischen Praxis und Therapie realisierten umgebungsbezogenen Interventionen liegt auch die Nahtstelle zur *Pädagogik*. Diese muß sich nicht nur zwangsläufig mit den Problemen von Schülern mit Hirnfunktionsstörungen auseinandersetzen, sondern nimmt auch seit geraumer Zeit an der Diskussion um Formen der Hilfe für die betroffenen Kinder teil. Dieser Austausch zwischen der Sonderpädagogik und den klinischen Disziplinen Neuropsychiatrie und -psychologie produziert allerdings vereinzelt Mißverständnisse und Sprachverwirrungen. Dazu gehört beispielsweise die mangelnde Reflexion differentieller, empirisch begründeter Klassifikationssysteme aus der Kinder- und Jugendpsychiatrie in der Sonderpädagogik, wo globale Zuschreibungen wie „verhaltensgestörtes", „hyperaktives" oder „hirngeschädigtes Kind" immer noch recht verbreitet und der Differenzierung von Problemen und vor allem von Kindern wenig zuträglich sind. Von dieser Kritik können freilich auch weite Bereiche der klinischen Praxis nicht ausgenommen werden.

Problematischer erscheinen vielmehr pädagogische Programme, die dem Kontext längst revisionsbedürftiger Hypothesen verhaftet sind. Als Beispiel möge die Reizfilterschwäche dienen, die auf das Werk von Strauss u. Lethinen (1947) über das von ihnen so bezeichnete „hirngeschädigte Kind" zurückgeht. Diese Pioniere der Forschung betrachteten das „hirngeschädigte Kind" als exzessiv ablenkbar und empfahlen wegen seiner Unfähigkeit der Reizfilterung eine drastische Reduktion aller Reize im Klassenraum. Der Sonderpädagoge Cruickshank (1973) hat auf der Basis dieser Forderung ein Schulprogramm unter Einsatz auch von sog. Lernkabinen entwickelt, das sich sogar in seiner eigenen Evaluation als nicht überzeugend erwies. Gleichwohl haben sich entsprechende Empfehlungen in der sonderpädagogischen Literatur über 3 - 4 Jahrzehnte erhalten können und z.B. auch relativ unreflektiert Eingang in das Schweizer Modell der POS-Klassen von Ackermann-Behringer (1979) gefunden. Sie finden sich auch in dem verwandten Postulat nach einem strukturierten im Gegensatz zu einem offen Klassenraum wieder.

Der ungegnügend zur Kenntnis genommene theoretische Hintergrund ist die Beschäftigung mit der Über- bzw. Unterstimulationshypothese. Während hinter der Reizfilterschwäche eine empirisch ungenügend überprüfte Überstimulationshypothese anzunehmen ist, geht die Unterstimulationshypothese davon aus, daß Kinder mit einer hyperkinetischen Störung versuchen, ihre zentralnervöse Unterstimulation durch ihr unruhiges, reizsuchendes Verhalten auszugleichen (Zentall 1975). Diese Hypothese ist durch eine Reihe empirischer Untersuchungen vergleichsweise besser bestätigt worden, da z.B. Kinder durch Reizanreicherung ihrer Umgebung weniger aktiv wurden. Die Schwierigkeit von Allgemeinaussagen wird jedoch aus dem Umstand ersichtlich, daß neurophysiologische Untersuchungen auf eine Heterogenität sowohl unter- wie überaktivierter hyperaktiver Kinder verweisen.

In der Praxis muß also sowohl mit einem Typus eines neurophysiologisch unter- wie auch normo- bzw. überaktivierten Kindes mit einer hyperkinetischen Störungen gerechnet werden. Jeder Typus braucht wahrscheinlich eine andere therapeutische Ökologie und kann von einseitig akzentuierten pädagogischen Programmen nicht in gleicher Weise profitieren. Die an diesem Beispiel verdeutlichte Problematik der Umsetzung von Erkenntnissen von einer Fachdisziplin in eine andere ist im übrigen keine Einbahnstraße. Ebenso ungehört scheint häufig die legitime pädagogische Frage an die Grundlagenfächer zu verhallen, welche praktische Relevanz manche diagnostische Information und die darauf aufbauende therapeutische Verschreibung haben, wenn sie ohne kontextuellen Bezug zu Klassenraum, Lehrerverhalten und Lehrer-Kind-Interaktion sowie insbesondere zur jeweiligen Entwicklung des Kindes stehen.

Am Ende dieses Abschnittes über Grundsätze der Therapie von Kindern mit Hirnfunktionsstörungen besteht also in vielerlei Hinsicht Berechtigung, erneut die Heterogenität der Erscheinungsbilder festzustellen. In dieser Vielfalt ist auch die Beschränkung für allgemeingültige Therapieansätze ohne individuelle Variation für den Einzelfall zu sehen. Zugleich grenzt diese Hete-

rogenität im Verbund mit einem begrenzten Wissensstand auch die Effizienz
therapeutischer Interventionen ein. Welchen Stellenwert therapeutische
Maßnahmen generell einnehmen können, läßt sich schließlich erst im
Kontext langfristiger Verläufe ausmachen und bewerten.

Zum Verlauf

Wenngleich hyperkinetische Störungen und Teilleistungsschwächen mit Hirnfunktionsstörungen assoziiert sein können, sollen sie von der folgenden Ab-
handlung ausgeschlossen werden. Eine entsprechende Zusammenfassung
wurde an anderer Stelle gegeben (Steinhausen 1986). Aussagen über den
Verlauf von Hirnfunktionsstörungen lassen sich gegenwärtig auf 3 verschiedene Untersuchungsansätze stützen: 1. Verlaufsuntersuchungen an Kindern
mit neurologischen Auffälligkeiten bei der Geburt, 2. epidemiologische Verlaufsstudien und schließlich 3. klinische Verlaufsstudien. Der gegenwärtige
Erkenntnisstand dieser 3 Modelle zur Untersuchung des Verlaufs von Hirnfunktionsstörungen soll im folgenden kurz zusammengefaßt werden.

Die entwicklungsneurologische Arbeitsgruppe um Prechtl und Touwen in
Groningen hat sich auf die leichten neurologischen Funktionsstörungen kon-
zentriert, zu deren Erfassung Touwen (1979) ein detailliertes Untersuchungsverfahren entwickelt hat. Im Unterschied zu anderen Konzepten bezieht sich
die auf diesem Wege ermittelte Störung ausschließlich auf neurologische
Funktionen. Entsprechend wurde der Begriff der „minor neurological dysfunction" (MND) eingeführt, der in Abgrenzung zu einer behindernden neurologischen Diagnose durch sog. Minor-Zeichen, d.h. Auffälligkeiten in den
Bereichen Haltung und Tonus, Reflexe, Koordination, Feinmotorik, choreiforme Dyskinesie und assoziierte Bewegungen, definiert ist. Bei 230 Kindern
einer Geburtskohorte fanden die Groninger Autoren im Alter von 6 Jahren
bei 21 % der bei Geburt neurologisch auffälligen Säuglinge eine MND, während die Rate bei zuvor unauffälligen Säuglingen lediglich 6 % betrug
(Hadders-Algra et al. 1985). Eine ähnlich angelegte prospektive Kohorten-
studie zeigte im Alter von 6 Jahren eine ca. 5mal höhere Rate an MND bei
ehemals neurologisch auffälligen im Vergleich zu gesunden Säuglingen
(Hadders-Algra et al. 1986). Diese MND-Kinder erwiesen sich auch als stärker vulnerabel für Verhaltensauffälligkeiten und Schulleistungen. Die Be-
deutsamkeit des neurologischen Befundes im Neugeborenenalter konnte im
übrigen auch noch im Alter von 9 Jahren nachgewiesen werden (Hadders-
Algra et al. 1988a). Hier erwies sich der Schweregrad neben der Sozial-
schicht als Hauptdeterminante für Schulversagen, während Ablenkbarkeit
und Unbeholfenheit vornehmlich von MND-Klassifikation und männlichem
Geschlecht bestimmt wurden (Hadders-Algra et al. 1988b).

Der Mentor der Groninger Arbeitsgruppe, H.F.R. Prechtl, hat die Zusammenhänge zwischen frühen mit späteren neurologischen Befunden in einem

Neurologische Langzeitbefunde

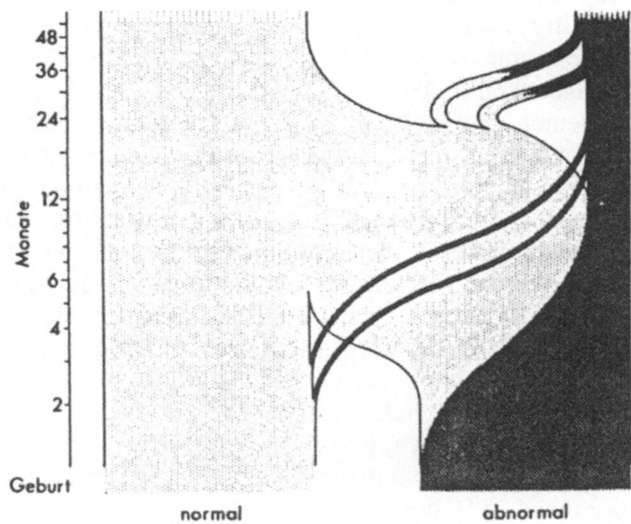

Abb. 2. Schematische Darstellung des Verlaufs von neurologischen Befunden von der Geburt bis zum 4. Lebensjahr. Hell neurologisch normale Gruppe, dunkel neurologisch abnormale Gruppe. Beide Gruppen sind auf 100 % normiert. In Wirklichkeit ist die Gruppe der Abnormen natürlich wesentlich kleiner als die Gruppe der Normalen. (Prechtl 1986)

Schema (Abb. 2) dahingehend zusammengefaßt, daß von den neurologisch normalen Kindern im Verlauf nur ganz vereinzelt Individuen abnorm werden. Die meisten der auffälligen Kinder verlieren in kurzer Zeit ihre neurologischen Zeichen, während nur wenige unter ihnen später erneut neurologische Symptome entwickeln, wie z.B. die sich erst im Schulalter deutlich manifestierende choreatiforme Bewegungsunruhe. Schließlich zeigt nur ein kleiner Teil der ursprünglich auffälligen Neugeborenen auch langfristig einen abnormen neurologischen Befund.

Erkenntnisse auf der Basis epidemiologischer Verlaufsstudien stammen zunächst einmal aus den Untersuchungen des Ehepaares Gillberg in Göteborg. In einer umfassenden neuropsychiatrischen Studie an 70 % aller 6jährigen wurde nach einem Fragebogenscreening und einer anschließenden klinischen Untersuchung eine Gruppe von Kindern mit leichten Hirnfunktionsstörungen identifiziert. Diese wies nach der Definition der Autoren gleichzeitig Probleme in den Bereichen Aufmerksamkeit, Motorik und Wahrnehmung auf. Dieses Störungsmuster wurde ursprünglich als „minimal brain dysfunction" (MBD), später hingegen als „deficit in attention, motor control and perception" (DAMP) bezeichnet. Die 42 Kinder mit einer derartig erfaßten Hirnfunktionsstörung wurden jeweils nach 3 und nach 6 Jahren nachuntersucht. Einige herausragende Ergebnisse sind in Tabelle 3 zusammengefaßt. Im Dreijahresverlauf hatten die Indexkinder mit 81 gegenüber 20 % der Kontrollgruppe ohne Hirnfunktionsstörungen bedeutsam mehr Hinweise auf Verhaltensauffälligkeiten in standardisierten Eltern- und Lehrerfragebögen (Gillberg u. Gillberg 1983). Ein Vergleich von Schulleistungsproblemen zum gleichen Zeitraum ergab eine ähnliche Relation von 80 zu 16 % bei den hirnfunktionsgestörten Kindern gegenüber den Kontrollkindern (Gillberg et al. 1983). Schließlich ergab die neurologische Untersuchung nach drei Jahren, d.h. im Alter von 10 Jahren, daß bei 25 % der Kinder mit einer schweren Hirnfunktionsstörung und bei 55 % mit einer leichten bzw. mittelgradigen Hirnfunktionsstörung - insgesamt bei 45 % der nachuntersuchten Kinder - eine vollständige Symptomrückbildung eingetreten war (Gillberg 1985). Im Vergleich zeigte die Dreijahreskatamnese also, daß die Prognose für die neurologischen Funktionsstörungen deutlich besser als für Verhaltens- und Schulprobleme war.

Eine weitere Nachuntersuchung erfolgte im Alter von 13 Jahren, d.h. 6 Jahre nach der Erstuntersuchung. Nun waren noch 64 % der Indexkinder gegenüber 25 % der Kontrollgruppe in Eltern- oder Lehrerfragebögen verhaltensauffällig und zeigten 65 gegenüber 8 % Schulleistungsprobleme (Gillberg u. Gillberg 1989). Die entwicklungsneurologischen Symptome hatten sich hingegen zu 70 % gegenüber den Ausgangsbefunden im Alter von 6 Jahren zurückgebildet (Gillberg et al. 1989). Damit bestätigten sich bei dieser Langzeitstudie an unbehandelten Kindern die im Dreijahresverlauf festgestellten Ergebnisse: Die Prognose für Verhaltens- und Schulleistungsprobleme ist deutlich ungünstiger als für die neurologische Symptomatik, und entsprechend differenziert erfolgte die Rückbildungsrate im langfristigen Verlauf.

Wesentliche Einblicke in die Verlaufscharakteristiken der Hirnfunktionsstörungen verdanken wir ferner den epidemiologischen Studien in Rostock

Tabelle 3. Ergebnisse der Göteborg-Studie über Hirnfunktionsstörungen im Verlauf (Prävalenz in Prozent)

	Verhaltensprobleme	Schulleistungsstörungen	Neurologische Symptome
Dreijahresverlauf (10jährige)			
Hirnfunktionsgestörte Kinder	81	80	55
Kontrollgruppe	20	16	
Sechsjahresverlauf (13jährige)			
Hirnfunktionsgestörte Kinder	64	65	30
Kontrollgruppe	25	8	

(Meyer-Probst u. Teichmann 1984) und in Mannheim (Esser u. Schmidt 1987). Die Longitudinaluntersuchung von Meyer-Probst und Teichmann hat Risikokinder über 6 Jahre nachuntersucht und dabei bei einer Fülle von äußerst interessanten Ergebnissen Einblicke in die Wechselwirkung von biologischen und psychosozialen Faktoren ermöglicht. Wegen der sehr stark am Enzephalopathiebegriff orientierten Konzeption, die mit dem Konstrukt leichter Hirnfunktionsstörungen nicht identisch ist, und der damit andersartigen Defintion kann hier allerdings nicht in gebührender Weise auf diese bedeutsame Verlaufsstudie eingegangen werden. Die Ergebnisse der Mannheimer Studie werden von Schmidt in diesem Band dargestellt.

Als Beispiele für Befunde *klinischer Verlaufsstudien* sollen schließlich Ergebnisse aus Untersuchungen skizziert werden, die durch Initiative und unter Mitarbeit von Corboz in den 80er Jahren in Zürich realisiert wurden. Hier waren unter dem seinerzeit bestimmenden, heute jedoch zu revidierenden Konzept des infantilen psychoorganischen Syndroms (POS) Kinder entsprechend diagnostiziert worden, die dem Kinder- und Jugendpsychiatrischen Dienst vorgestellt worden waren. Eine Nachuntersuchung durch Sieber et al. (1984) an 30 dieser ehemaligen Patienten 7 Jahre nach ihrer Erstuntersuchung ergab zum Zeitpunkt des Schulabschlusses im Vergleich zu einer Kontrollgruppe mit sog. „psychoreaktiven Störungen ohne hirnorganische Störung" weiterhin erhöhte Beeinträchtigungen hinsichtlich Gestalterfassung und -wiedergabe sowie der im Fragebogen erfassten emotionalen Ausgeglichenheit. Obwohl diese Studie keine Verlaufsstudie mit identischen wiederholten Erhebungen im eigentlichen Sinne ist und damit entgegen der Interpretation der Autoren keine Aussagen über Rückbildungen gestattet, dokumentiert sie doch die weiterhin hohe Vulnerabilität von Jugendlichen, bei denen im Kindesalter ein sog. POS diagnostiziert worden war.

Eine andere Mitteilung der Zürcher Arbeitsgruppe kommt auf der Basis von Nachuntersuchungen nach 10 Jahren im Alter von 20 Jahren zu der Feststellung, daß 36 % der ehemaligen Patienten mit einem sog. POS symptomfrei waren, jeweils 1/4 einen günstigen Verlauf mit entweder noch vorhandenen affektiven oder kognitiven Symptomen aufwies und 13 % einen ungünstigen Verlauf nahmen. Bei dieser ungünstigen Verlaufsgruppe mußte auf der Basis von Anamnese, neurologischer Untersuchung, klinischem Eindruck und Testresultaten festgestellt werden, daß der Zustand der ehemaligen Patienten ungebessert war und sie sich sozial nicht bewährt hatten. Eine systematische Analyse des Zusammenhangs von Therapiemaßnahmen und Verlauf erwies sich als nicht durchführbar (Lehmann et al. 1986).

Eine eigene gemeinsam mit Völger durchgeführte Verlaufsstudie ging von dem Konzept der MND der Groninger Arbeitsgruppe aus, wobei eine klinische Gruppe kinder- und jugendpsychiatrischer Patienten nachuntersucht wurde. Diese mußte per definitionem feinneurologische Auffälligkeiten aufweisen und war nicht primär durch ein Diagnosenkonstrukt wie die MCD gekennzeichnet. Da für eine Ausgangsstichprobe von 32 Kindern entsprechende Auffälligkeiten in dem an Touwen (1979) orientierten entwicklungsneurologischen Untersuchungsgang erhoben worden waren, wurde diese Gruppe einer Nachuntersuchung mit Schwerpunkt einer erneuten neurologischen Befunderhebung unterzogen.

Das Ausgangsalter betrug im Mittel 7,3 (s = 1,4) Jahre mit einer beträchtlichen Variationsbreite von 5,3 bis 10,4 Jahren. Zum Zeitpunkt der Nachuntersuchung lag das Alter im Mittel bei 12,6 (s = 2,3) Jahren, wobei nunmehr eine noch breitere Variation des Alters zwischen 8,9 und 18,5 Jahren bestand. Der mittlere Verlaufszeitraum betrug demnach 5,3 (s = 1,7) Jahre. Die Geschlechterverteilung zeigte mit 68 % das zu erwartende Übergewicht von Jungen, und die IQ-Verteilung war mit einem Mittelwert von 108,3 und einer Standardabweichung von 14,0 weitgehend normal, wenn man berücksichtigt, daß die meisten Intelligenztesterhebungen auf dem HAWIK mit bereits damals überalterten Normen beruhte.

Die Auswertung der umfangreichen neurologischen Daten erfolgte - wie von der Groninger Arbeitsgruppe wiederholt praktiziert - über die Bildung

Tabelle 4. Cluster-Profil der entwicklungsneurologischen Untersuchung (Modifiziert nach Touwen 1979)

Cluster	Bestandteile	Kriterium für Auffälligkeit
1. Haltung und Muskeltonus	Haltung, Tonus, Langsitz	1 Abweichung
2. Reflexe	Bizeps-, Patella-, Achillessehnen-, Fußsohlenreflex	1 Abweichung
3. Koordination und Balance	Finger-Nase-Versuch, Finger-Finger-Versuch, Diadochokinese, Kicken, Knie-Hacken-Versuch, Romberg, Strichgang, Einbeinstand	2 Abweichungen
4. Feinmotorik	Finger-Daumen-Versuch, Finger-Hebe-Versuch, manuelle Geschicklichkeit	1 Abweichung
5. Choreiforme Dyskinesie	Dyskinesien, Extension, Augenmuskulatur, Zunge, N. facialis	1 Abweichung
6. Assoziierte Bewegungen	Diadochokinese, Finger-Daumen-Versuch, Fußspitzengang, Fersengang, Augenmuskulatur, Nystagmus, Pupillenreaktion, N. facialis	1 Abweichung

von 6 Clustern jeweils für Haltung und Muskeltonus, Reflexe, Koordination und Balance, feinmotorische Fertigkeiten, choreiforme Dyskinesien und assoziierte Bewegungen. Ein Auswertungsschema ist in Tabelle 4 zusammengefaßt. Darüber hinaus bildeten wir in Modifikation der Vorschläge der Groninger Arbeitsgruppe nicht einen zweigestuften, sondern einen kontinuierlichen MND-Wert, der sich aus der Summe der auffälligen Cluster ergab. Ferner fand ein von Rutter et al. (1970) für die Isle-of-Wight-Studien entwickelter und von Steinhausen übersetzter und in verschiedenen Studien eingesetzter Elternfragebogen zur Beurteilung von Verhaltensauffälligkeiten des Kindes Verwendung. Schließlich wurde auch eine neuropsychologische Testbatterie eingesetzt, über die hier allerdings nicht berichtet werden soll.

Eine Gegenüberstellung der 6 neurologischen Cluster bei Erst- und bei Nachuntersuchung gibt Abb. 3 mit einer Differenzierung von Patienten mit Remissionen, Persistenzen, Neubildungen und negativen Befunden. Über die 6 Cluster bildet sich ein sehr unterschiedliches Muster ab. Generell fehlen negative Befunde wegen der Gruppendefinition weitgehend, und es kommt nur in wenigen Fällen zu Neubildungen von Symptomen. Ein mehr oder weniger deutliches Überwiegen von Remissionen bildet sich nur hinsichtlich Haltung und Muskeltonus sowie Reflexen und choreiformer Dyskinesien ab, während in den Bereichen von Koordination und Balance, feinmotorischen Fertigkeiten und assoziierten Bewegungen deutlich mehr Persistenzen als Remissionen vorliegen.

Faßt man diese Cluster in einem MND-Gesamtwert zusammen und vergleicht die Meßwerte zu den beiden Erhebungszeitpunkten, wie dies in Abb.

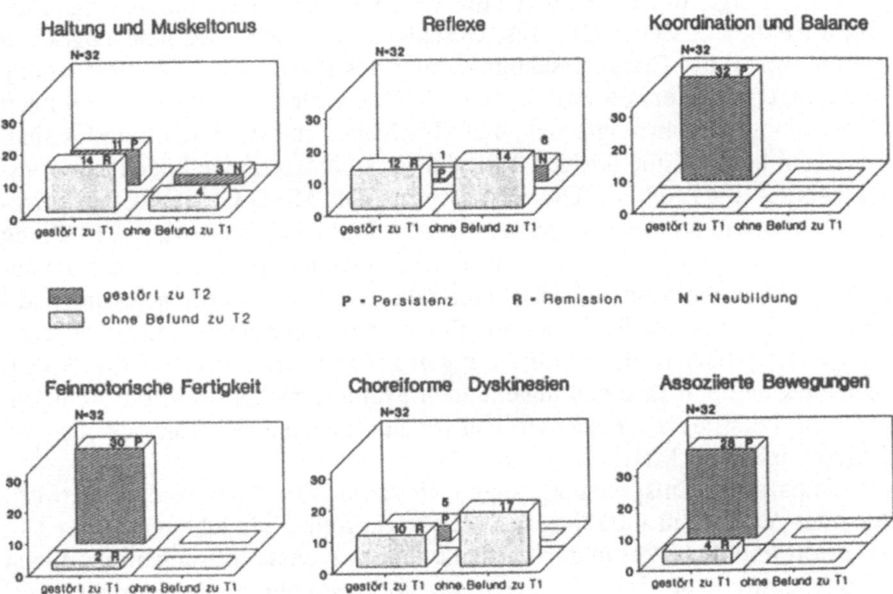

Abb. 3. Neurologische Cluster im Verlauf

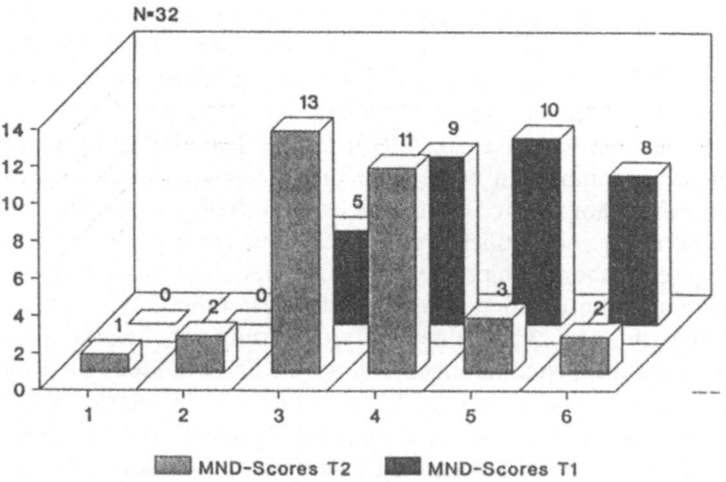

Abb. 4. Gesamtwert neurologischer Störungen im Verlauf

4 dargestellt ist, so bildet sich eine leichte Linksverschiebung der Verteilung im Sinne einer allgemeinen Besserung ab. Darüber hinaus läßt sich über die Berechnung eines Differenzwertes feststellen (Abb. 5), daß die durchschnittliche Veränderung in der Tat relativ diskret ist: Im Mittel haben sich die Patienten um einen Punkt- oder Clusterwert verbessert.

Bei der Frage, welche Faktoren die Veränderungen bestimmen, gingen wir von folgenden 5 Merkmalen aus: Geschlecht, IQ, Höhe des neurologischen Gesamtwertes bei Erstuntersuchung, Alter des Kindes bei Erstuntersuchung und Länge des Intervalls zwischen den beiden Untersuchungen. In multiplen Regressionsanalysen zeigte sich, daß Geschlecht und IQ bedeutungslos sind. Hingegen lieferten die übrigen 3 Merkmale zusammen eine bedeutsame Varianzaufklärung (Abb. 6). Die Verbesserung des MND-Gesamtwertes korreliert bedeutsam mit dem Ausgangswert und dem Alter bei Nachuntersuchung und - der Tendenz nach - der Zeitspanne zwischen den beiden Untersuchungen. Je höher der Ausgangswert, je älter das Kind bei Erstuntersuchung und - tendenziell - je länger das Zeitintervall zwischen den beiden Untersuchungen sind, desto größer ist die Veränderung des MND-Gesamtwertes. Alle 3 Teilelemente münden in einen allgemeinen Maturationsfaktor, der trotz beobachteter Persistenzen einzelner Cluster der allgemeinen Entwicklung von Kindern mit einer MND unterliegt.

Eine parallele Entsprechung zeigt auch die in Abb. 7 dargestellte Entwicklung der Verhaltensauffälligkeiten im Elternurteil. Hier bilden sich der Gesamtwert und der Wert in der Subskala für emotionale Störungen signifikant zurück, während der Wert für dissoziale Störungen bei relativ niedrigem Ausgangswert keine deutliche Veränderung zeigt. Allerdings muß festgestellt

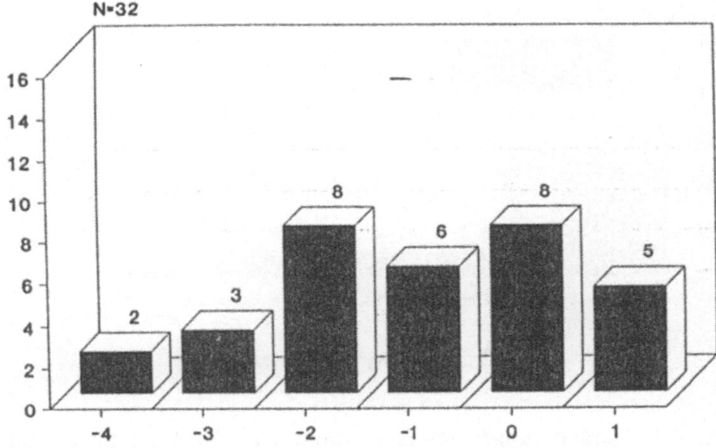

Abb. 5. Verteilung der neurologischen Veränderungswerte durch unabhängige Merkmale

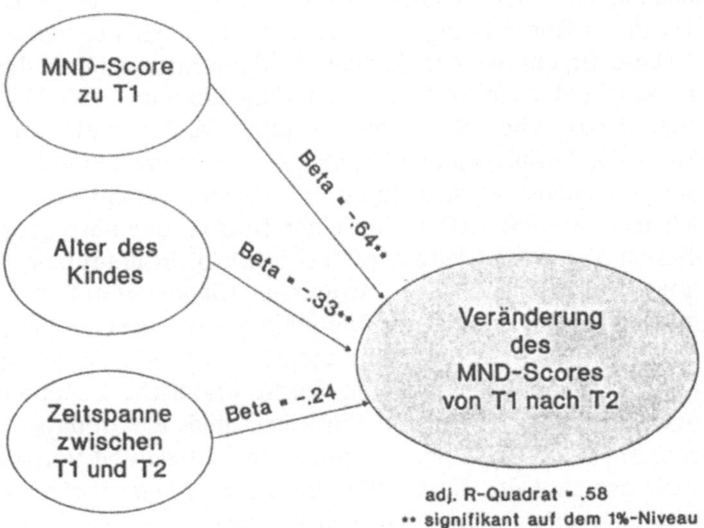

Abb. 6. Vorhersage der neurologischen Veränderungswerte

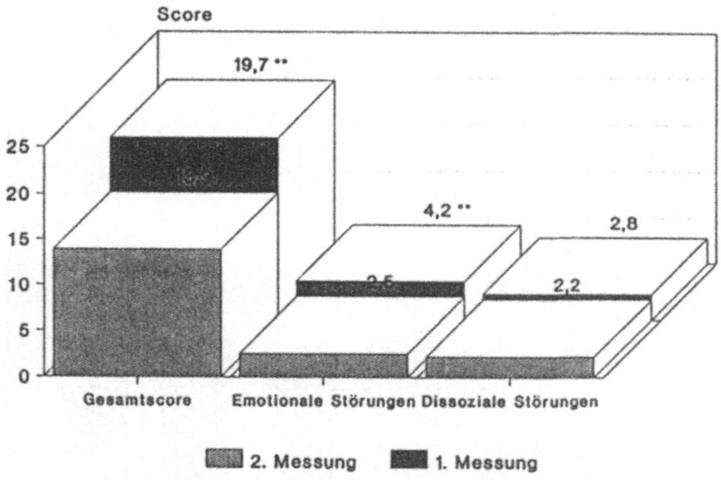

Abb. 7. Veränderungen im Elternfragebogen für Verhaltensauffälligkeiten (Mittelwerte)

werden, daß bei zwar signifikanten, absolut aber relativ niedrigen Korrelationen zwischen r = 0,28 - 0,35 für die 3 Skalen jeweils bei Erst- und Nachuntersuchung noch beträchtliche individuelle Abweichungen von diesem mittleren Trend der Rückbildung von Verhaltensauffälligkeiten vorlagen.

Diese Ergebnisse der Berliner Verlaufsuntersuchung, die im Unterschied zu den Studien in Göteborg und Mannheim an einer klinischen und nicht epidemiologischen Stichprobe ermittelt wurden und im Gegensatz zu den Studien in Groningen und Rostock keine Geburtskohorten erfaßte, bestärken eine allgemeine Aussage. In der Regel kann hinsichtlich der Entwicklung von Kindern mit einer MND von einer Nachreifung ausgegangen werden. Von diesem Trend sind jedoch offensichtlich nicht notwendigerweise alle Funktionsbereiche bzw. alle betroffenen Kinder betroffen. Weitere Studien müssen zeigen, zu welchem Zeitpunkt in der Regel mit der Besserung jeweils einzelner gestörter Funktionsbereiche gerechnet werden kann. Dabei muß auch noch deutlicher werden, welche praktische Bedeutung die Persistenz neurologischer, neuropsychologischer und elektrophysiologischer Abweichungen sowie psychopathologischer Symptome und Verhaltensmerkmale jeweils hat. Auf der Basis differenzierterer diagnostischer Aussagen im Entwicklungsverlauf ließen sich zugleich auch Erkenntnisse bzw. Rückwirkungen über Behandlungsansätze erhoffen, die über jeglichen Zweifel an ihrer therapeutischen Effizienz erhaben sind.

Literatur

Ackermann-Behringer U (1979) Kinder mit einem psychoorganischen Syndrom (POS). Huber, Bern

Carte E, Morrison D, Sublett J, Uemura A, Setrakian W (1984) Sensory integration therapy - A trial of a specific neurodevelopmental therapy for the remediation of learning disabilities. J Dev Behav Pediatr 5:189-194

Cruickshank WM (1973) Kinder in Schule und Elternhaus. Marhold, Berlin

Eisert H-G, Eisert M (1982) Verhaltenstherapeutische und pädagogische Ansätze beim hyperkinetischen Syndrom. In: Steinhausen H-C (Hrsg) Das konzentrationsgestörte und hyperaktive Kind. Kohlhammer, Stuttgart, S 144-165

Esser G, Focken A (1981) Störungen und Gedächtnisfunktionen des Lernens. In: Remschmidt H, Schmidt M (Hrsg) Neuropsychologie des Kindesalters. Enke, Stuttgart, S 123-136

Esser G, Schmidt M (1987) Minimale cerebrale Dysfunktion - Leerformel oder Syndrom? Enke, Stuttgart

Gillberg IC (1985) Children with minor neurodevelopmental disorders. III Neurological and neurodevelopmental problems at age 10. Dev Med Child Neurol 27:3-16

Gillberg IC, Gillberg C (1983) Three-year follow-up at age 10 of children with minor neurodevelopmental disorders. I: Behavioral problems. Dev Med Child Neurol 25:438-449

Gillberg IC, Gillberg C (1989) Children with preschool minor neurodevelopmental disorders. IV: Behaviour and school achievement at age 13. Dev Med Child Neurol 31:3-13

Gillberg IC, Gillberg C, Rasmussen P (1983) Three-year follow-up at age 10 of children with minor neurodevelopmental disorders. II: School achievement problems. Dev Med Child Neurol 25:566-573

Gillberg IC, Gillberg C, Groth J (1989) Children with preschool minor neurodevelpmental disorders. V: Neurodevelopmental profil at age 13. Dev Med Child Neurol 31:14-24

Hadders-Algra M, Touwen BCL, Olinga AA, Huisjes HJ (1985) Minor neurological dysfunction and behavioral development. A report from the Groningen perinatal project. Early Hum Dev 11:221-230

Hadders-Algra M, Touwen BCL, Huisjes HJ (1986) Neurologically deviant newborns: Neurological and behavioural development at the age of six years. Dev Med Child Neurol 28:569-578

Hadders-Algra M, Huisjes HJ Touwen BCL (1988a) Perinatal risk factors and minor neurological dysfunction - Significance for behaviour and school achievement at nine years. Dev Med Child Neurol 30:482-491

Hadders-Algra M, Huisjes HJ, Touwen BCL (1988b) Perinatal correlates of major and minor neurological dysfunction at school age - A multivariate analysis. Dev Med Child Neurol 30:472-481

Lehmann S, Bischofberger P, Gundelfinger R, Felder W, Corboz J (1986) Sind psychoorganisch gestörte Kinder als Erwachsene unauffällig? Schweiz Arch Neurol Psychiatr 137:61-83

Mann L, Goodman L (1976) Perceptual training: A critical retrospect. In: Schopler E, Reichler RJ (eds) Psychopathology and child development. Plenum, New York London, pp 271-289

Meichenbaum D (1988) Cognitive behavioral modification with hyperactive children. In: Bloomingdale LM, Sergeant J (eds) Attention deficit disorder. Pergamon, Oxford, pp 127-140

Meyer-Probst B, Teichmann H (1984) Risiken für die Persönlichkeitsentwicklung im Kindesalter. Thieme, Leipzig

Ottenbacher K (1982) Sensory integration therapy - affect or effect? Am J Occup Ther 36:571-578

Prechtl HFR (1986) Frühe Schäden - späte Folgen. Neuere Erkenntnisse aus Nachuntersuchungen von Kindern. In: Schmidt MH, Drömann S, (Hrsg) Langzeitverlauf kinder- und jugendpsychiatrischer Erkrankungen. Enke, Stuttgart, S 15-21

Routh DK, Mesibov GB (1980) Psychological and environmental intervention - toward social competence. In: Rie HE, Rie ED, (eds) Handbook of minimal brain dysfunctions. Wiley, New York, pp 618-644

Rutter M, Tizard J, Whitmore K (1970) Education, health behaviour. Longman, London

Sieber M, Haas H, Hain P, Spirig C, Corboz R (1984) Verschwinden die Beeinträchtigungen leicht hirngeschädigter Kinder bei Schulabschluss? - Eine Nachuntersuchung. Z Entwicklungspsychol Pädagog Psychol 16:12-22

Strauss AA, Lehtinen L (1947) Psychopathology and education of the brain-injured child. Grune & Stratton, New York

Steinhausen H-C (1986) Der langfristige Verlauf von hyperkinetischem Syndrom und Teilleistungsschwächen. In: Schmidt MH, Drömann S (Hrsg) Langzeitverlauf kinder- und jugendpsychiatrischer Erkrankungen. Enke, Stuttgart, S 34-45

Steinhausen H-C (1988) Psychische Störungen bei Kindern und Jugendlichen. Urban & Schwarzenberg, München

Touwen BCL (1979) The examination of the child with minor neurological dysfunction. SIMP with Heinemann, London

Whalen CK, Henker B, Hinshaw SP (1985) Cognitive-behavioral therapies for hyperactive children: Premises, problems and prospects. J Abnorm Child Psychol 13:391-410

Zentall S (1975) Optimal stimulation as theoretical basis of hyperactivity. Am J Orthopsychiatry 45:549-563

Der langfristige Verlauf
von Teilleistungsschwächen

G. Esser

Teilleistungsschwächen beschreiben in der Kinder- und Jugendpsychiatrie Leistungsdefizite in begrenzten Funktionsbereichen, die aufgrund allgemeiner Intelligenz, Förderung sowie körperlicher und seelischer Gesundheit des Betroffenen nicht erklärt werden können. Solche Teilleistungsschwächen betreffen Sprache und Sprechen, Motorik sowie spezifische Formen der Lese-, Rechtschreib- oder Rechenschwäche. Allen Teilleistungsschwächen wird eine hohe Bedeutung für Schulleistungsprobleme und, meist sekundär, auch für kinderpsychiatrische Erkrankungen zugeschrieben.

Die bisherige Forschung hat sich meist querschnittlich mit einzelnen dieser Störungsbilder auseinandergesetzt. Vor allem prospektive Längsschnittuntersuchungen vom Kindes- bis zum frühen Erwachsenenalter fehlen weitgehend. Die wenigen vorliegenden Arbeiten verwenden hochselektierte Stichproben, deren Ergebnisse nur schwer generalisierbar sind, und Definitionskriterien, die wenig objektiv von Untersuchung zu Untersuchung differieren. Ein weiteres Problem sind mangelhaft ausgewählte Kontrollgruppen und wenig differenzierte Meßinstrumente, die z.B. keine valide Erfassung des psychiatrischen Status erlauben. Dies führt dazu, daß über den langfristigen Verlauf umschriebener Teilleistungsschwächen wenig verläßliche Forschungsergebnisse vorliegen.

Der Begriff Teilleistungsschwäche (Graichen 1973, 1979a, b) hat im angloamerikanischen Sprachraum keine direkte Entsprechung. Am nächsten kommt ihm noch der von Kirk (1962) eingeführte Begriff der „learning disabilities". Graichen definierte Teilleistungsschwächen von Anfang an neuropsychologisch in bezug auf das Funktionsmodell von Luria der halbautonomen Systeme „als Leistungsminderung einzelner Faktoren oder Glieder innerhalb eines größeren funktionellen Systems, das zur Bewältigung einer bestimmten komplexen Anpassungsaufgabe erforderlich ist." Graichen (1973, S. 113) versteht darunter ein neuropsychologisches System ständig wechselnder Beteiligung von Hirnarealen und Nervenzellen. Diese sehr umfassende Definition, die letztlich jeden nicht optimalen Funktionszustand des Gehirns bzw. seiner Teile mit einschließt, unterscheidet sich von dem eher verhaltens- und schulleistungsorientierten Ansatz der „learning disabilities" (Berger 1981). Bei Gaddes (1976), Rourke (1984), Ayres (1979), Wepman (1975) und

Frostig (1975) finden sich andererseits ähnliche Auffassungen im angloamerikanischen Raum. M.H. Schmidt stellte schon sehr bald (1977) den Bezug zwischen dem Konzept der Teilleistungsschwäche und der Achse II des multiaxialen Klassifikationsschemas her und wies darauf hin (1979), daß die Zahl relevanter Teilleistungsschwächen begrenzt ist.

Genauere Darstellungen neuropsychologischer Grundfunktionen zeigten, daß letztlich eine unübersehbare Zahl identifiziert werden kann. Dies und die Tatsache, daß aus gestörten Grundfunktionen nicht zwangsläufig Störungen in komplexen Leistungen resultieren (Schmidt 1988), lassen den neuropsychologischen Ansatz für die Klassifikation von Teilleistungsschwächen (noch) ungeeignet erscheinen, zumindest so lange, bis eine hierarchische Taxonomie neuropsychologischer Grundfunktionen vorgelegt werden kann.

Teilleistungsschwächen müssen daher auf einer komplexeren Verhaltensebene definiert werden. Hier bietet sich das Klassifikationsschema der „umschriebenen Entwicklungsstörungen" (UES) an, wie im DSM-III-R (Wittchen et al. 1989) und der ICD-10 (WHO 1986) niedergelegt. In der ICD-10 wurden erstmals für umschriebene Entwicklungsstörungen Research Diagnostic Criteria (RDC) formuliert und damit der Weg zu einer einheitlichen Definition geebnet. Unterschieden werden:

1. Störungen des Sprechens und der Sprache (F80):

- einfache Artikulationsstörung (F80.0),
- expressive Sprachstörungen (F80.1),
- rezeptive Sprachstörungen (F80.2);

2. umschriebene Entwicklungsstörung schulischer Fertigkeiten (F81):

- umschriebene Lesestörung (F81.0),
- umschriebene Rechtschreibstörung (F81.1),
- umschriebene Rechenstörung (F81.2);

3. umschriebene Entwicklungsstörungen der motorischen Funktionen (F82).

Die RDC für das Vorliegen einer umschriebenen Entwicklungsstörung sind ein IQ unter 70, eine Diskrepanz zwischen Teilleistung und Intelligenzleistung von mehr als 2 Standardabweichungen und eine Teilleistung, die mindestens 2 Standardabweichungen unter dem Mittelwert der Altersgruppe für diese Teilleistung liegt. In der Praxis wird die strenge Forderung nach 2 Standardabweichungen Differenz zur Intelligenz und zur Altersnorm häufig aufgeweicht und durch eine solche von jeweils lediglich einer Standardabweichung ersetzt. Die mit diesen weicheren Kriterien erfaßten Kinder weisen zum Teil zwar auch durchaus relevante Störungen auf, die Verwendung der weicheren Kriterien führt jedoch dazu, daß 30 % in einer repräsentativen Stichprobe zumindest eine Art der umschriebenen Entwicklungsstörung aufweisen (Esser 1990). Dies ist eindeutig eine unverträglich hohe Prävalenzrate. Daher wird nachdrücklich die Verwendung der strengeren Definitionskriterien empfohlen.

Die vorläufigen Research Diagnostic Criteria der ICD-10 sehen für Sprach- und Sprechstörungen keine definierte Differenz zwischen Teilleistung und Intelligenz vor. Dieses Vorgehen erscheint wegen der ungleichen Behandlung verschiedener umschriebener Entwicklungsstörungen (für die übrigen Störungen gilt die doppelte Diskrepanzdefinition) und der Möglichkeit, daß Teilleistungen und allgemeine Intelligenz im Extremfalle praktisch identisch sind (z.B. Sprachleistung entsprechend einem IQ von 69, allgemeine Intelligenz entsprechend einem IQ von 71), wenig empfehlenswert.

Da die überwiegende Zahl der umschriebenen Entwicklungsstörungen verbaler Art ist, sollte zur Bestimmung der allgemeinen Intelligenz ein Verfahren verwendet werden, das nonverbale Intelligenzleistungen mißt, insbesondere das schlußfolgernde Denken in Form des Erkennens von Regeln und Gesetzmäßigkeiten (Schmidt 1988).

Bisherige Forschungsergebnisse zum langfristigen Verlauf von umschriebenen Entwicklungsstörungen

Nach der Übersicht von Schonhaut u. Satz (1984) wird der spätere Schulerfolg von leseschwachen Kindern in qualitativ besseren Studien als schlecht eingeschätzt, wobei wegen fehlender Abgrenzung von „reading retardation" und „reading backwardness" mit der Leseschwäche häufig auch eine niedrigere Intelligenzleistung einhergeht. Auch für die Untergruppe der Studien an Kindern mit „specific reading retardation" ist der Schulerfolg meistens schlecht (Rutter et al. 1976; Trites u. Fiedorowicz 1976; Rourke u. Orr 1977). Ein guter langfristiger Schulerfolg bei „specific reading retardation" wird nur von methodisch nicht so anspruchsvollen Studien wie Robinson u. Smith (1962, zit. nach Schonhaut u. Satz 1984), Preston u. Yarrington (1967) und Silver u. Hagin (1964) berichtet.

Der langfristige Schulerfolg wurde bei Kindern mit Sprach- und Sprechstörung bislang wenig untersucht. Da die Sprach- und Sprechstörungen meist im Vorschulalter diagnostiziert wurden, reichen die entsprechenden Follow-up-Untersuchungen in der Regel nur bis ins Grundschulalter. Die wenigen längerfristigen Untersuchungen sahen auch hier eher schlechte Erfolge. In der Studie von Aram et al. (1984) erreichten 80 % der Kinder nicht die 25. Perzentile im Wide Range Achievement Test. King et al. (1982) bezifferten die Kinder mit Lernschwierigkeiten auf 52 %, während Sheridan u. Peckham (1978) berichteten, daß 70 % der vorher in Sonderschulen für Sprachbehinderte beschulten Kinder zwischenzeitlich auf die Regelschule hatten wechseln können.

Motorische Störungen werden häufig unter „minimal brain dysfunction" oder „hyperkinetischem Syndrom" subsumiert (Silver 1989; Gillberg 1985; Gillberg u. Rasmussen 1982; Gillberg et al. 1982). Von daher findet eine isolierte Betrachtung der Auswirkungen motorischer Störungen auf den Schulerfolg in der Regel nicht statt. Studien, die sich auf der anderen Seite mit den Auswirkungen neurologischer „soft signs" beschäftigen, schließen häufig behinderte Kinder mit ein oder berücksichtigen die Intelligenz als Einflußgröße nicht (vgl. Übersicht bei Shaffer et al. 1984). Zu der hier relevanten Frage, ob motorische Störungen bei Kindern mit normaler Intelligenz, die eine entsprechend große Differenz zwischen Intelligenz und motorischer Leistung aufweisen, vermehrt zu späteren Schulleistungen führen, liegen in der Literatur keine Ergebnisse vor. Bei Vernachlässigung der Intelligenz bzw. Einbeziehung auch deutlich minderbegabter Kinder kommt es zu Effekten gestörter Motorik auf die Schulleistungen über die gemeinsame Beziehung zur Intelligenz (Shaffer et al. 1984).

Fast alle Studien zum Langzeitverlauf von Lesestörungen konzentrieren sich auf den Schulerfolg, nur wenige machen Aussagen zu psychiatrischen Störungen. Die Studie von Rutter et al. (1976) zeigte für das Alter von 14 bis 15 Jahren vermehrt dissoziale Störungen. In die gleiche Richtung weist die Untersuchung von Spreen (1978, 1981), die zusätzlich jedoch keine vermehrte Delinquenz feststellen konnte. Insgesamt ist das Problem des langfristigen psychiatrischen Verlaufs ungelöst, Hinweise auf vermehrt emotionale Probleme wie in der Studie von Balow u. Blomquist (1965, zit. nach Schonhaut u. Satz 1984) oder Probleme im Sozialkontakt (Mc Connaughty u. Ritter 1985) sind zu vage, als daß daraus begründete Hypothesen abgeleitet werden könnten.

Auch die Wirkungsrichtung zwischen Lernstörung und psychiatrischer Auffälligkeit ist eher wieder offen, nachdem Mc Gee et al. (1986) fanden, daß Kinder mit Leseschwächen schon bei Schuleintritt bedeutende Verhaltensprobleme aufwiesen. Auch Untersuchungen zur Häufigkeit von Lernproblemen unter Delinquenten (z.B. Offord et al. 1978) können die Kausalrichtung nicht klären. Die Verknüpfung von spezifischen Lesestörungen und Delinquenz ist noch ungelöst (Steinhausen 1986).

In der einzigen Langzeitstudie zum psychiatrischen Outcome von Sprach- und Sprechstörungen fand Klackenberg (1980) vermehrt geringfügige delinquente Handlungen bis zum Alter von 20 Jahren. In kürzeren Follow-up-Untersuchungen (Cantwell u. Baker 1983, 1985; Baker u. Cantwell 1984, 1985, 1987; Stevenson et al. 1985; Fundudis et al. 1980) wurden stets erhöhte Raten von Verhaltensproblemen gefunden. Bei Baker u. Cantwell (1987) 60 % im Alter von 10 Jahren; Stevenson et al. sahen die im Alter von 3 Jahren diagnostizierten Sprachstörungen als gute Prädiktoren von Verhaltensproblemen im Alter von 8 Jahren. Fundudis et al. fanden ein geringeres Selbstvertrauen und mehr antisoziales Verhalten. Bei Baker u. Cantwell (1987) waren „attentional deficit disorders" mit 37 % die größte diagnostische Gruppe, gefolgt von Angststörungen mit 14 %.

Über den Langzeitverlauf umschriebener Entwicklungsstörungen ist also bislang wenig bekannt. Angemahnt werden möglichst epidemiologische Längsschnittstudien mit einer klaren Definition der Störungen, validen Outcomemaßen, die vor allem strukturierte Interviews mit den Betroffenen und den Eltern beinhalten sollten und die große Zahl von Outcomemaßen abdekken müssen, wie Schulerfolg, Berufstätigkeit, soziale und emotionale Störungen, Delinquenz sowie Selbstbild und Bewältigungsverhalten der Betroffenen (Bryan 1987; Schonhaut u. Satz 1984; Baker u. Cantwell 1987).

Fragestellung

Neben der Frage nach der Häufigkeit umschriebener Entwicklungsstörungen soll in der vorliegenden Arbeit deren Bezug zu Schulproblemen und kinderpsychiatrischen Störungen im langfristigen Verlauf beantwortet werden.

Methodik

Stichprobe

Als Stichprobe diente die Kohorte der Kurpfalzerhebung, bei der die Grundgesamtheit aus 1444 deutschen Kindern bestand, die zwischen 1.3. und 30.9.1970 geboren wurden und am 1.3.1978 in Mannheim lebten. Daraus wurde jedes 4. Kind (361) zufällig gezogen, und die Eltern wurden um Teilnahme am Projekt gebeten. 129 (36 %) der 361 lehnten die Teilnahme ab, 16 wurden wegen niedriger Intelligenz (IQ < 70), schwerer chronischer Krankheiten oder Behinderungen ausgeschlossen. Die verbleibenden 216 Kinder bildeten die Zufallsstichprobe. Jede der 1444 Familien der Grundgesamtheit wurde gebeten, einen Screeningfragebogen zur Erfassung von Verhaltensauffälligkeiten (Geisel et al. 1982) auszufüllen und dem Lehrer des Kindes das Ausfüllen eines identischen Fragebogens zu gestatten. Nach Abzug der zuerst gezogenen Zufallsstichprobe von 361 Kindern und der 350 Familien, die das Ausfüllen des Fragebogens aktiv oder passiv verweigerten, verblieben 733 Kinder, aus denen zur Anreicherung der Stichprobe mit Auffälligen die 25 % mit den höchsten Werten gezogen wurden. Diese 183 Kinder bildeten die Screeningstichprobe und wurden mit der Zufallsstichprobe zur Feldstichprobe von 399 Kindern vereint.

Am 1. Follow-up im Alter von 13 Jahren nahmen 356 (89 %) der 399 Kinder teil, 191 entstammten der Zufalls-, 165 der Screeningstichprobe. Am 2. Follow up im Alter von 18 Jahren nahmen 340 der 356 (96 %) Jugendlichen des 1. Follow up teil, 181 stammten aus der Zufallsstichprobe, 159 aus der ehemaligen Screeningstichprobe.

Meßinstrumente

Die verwendeten Instrumente sind in Tabelle 1 und 2 dargestellt.

Die Bestimmung der kinderpsychiatrischen Gesamtauffälligkeit im Alter von 8 Jahren erfolgte durch ein Expertenurteil am Ende des 2stündigen hochstrukturierten Mannheimer Elterninterviews (Esser et al. 1989). Im Alter von 13 Jahren wurden zusätzlich hochstrukturierte Interviews mit den Jugendlichen durchgeführt. Die globale Bewertung umfaßt die Beurteilung des Grades kinderpsychiatrischer Auffälligkeit auf den 4 folgendermaßen definierten Stufen:

Tabelle 1. Verfahren zur Erfassung umschriebener Entwicklungsstörungen

Konstrukt	Verfahren
Nonverbale allgemeine Intelligenz	CFT 1 von Cattell et al. (1977)
Artikulation	Verhaltensbeurteilung VHB (Geisel 1978[a])
Sprachwahrnehmung	Lauteverbinden aus dem Psycholinguistischen Entwicklungstest von Angermaier (1974)
Leseleistung	Zürcher Lesetest von Linder u. Grissemann (1974)
Rechtschreibleistung	RST1/DRT2[b] von Rathenow u. Raatz (1973) bzw. R. Müller (1983)
Motorische Koordination	Körperkoordinationstest für Kinder von Kiphard u. Schilling (1974)
Visuomotorische Koordination	Göttinger Formreproduktionstest von Schlange et al. (1972)

[a] Zur Kontrolle der Untersuchungssituation und Beurteilung kindlichen Verhaltens wurde die 72 Items umfassende Verhaltensbeurteilung (VHB, Geisel 1978) sowohl während der testpsychologischen Untersuchungssituation als auch während der neurologisch-neuropsychologischen Untersuchungssituation vom Untersucher ausgefüllt. Der Beurteilungsbogen erfaßt beobachtbares kindliches Verhalten, wie emotionale Ansprechbarkeit, Tics, hyperkinetisches Verhalten sowie Sprach- und Sprechstörungen

[b] Für Kinder zu Beginn der 2. Klasse wurde der RST1, für Kinder zu Beginn der 3. Klasse der DRT2 verwendet

Tabelle 2. Verfahren zur Erfassung kinderpsychiatrischer Störungen

Konstrukt	Verfahren
Kinderpsychiatrische Gesamtauffälligkeit	Vierstufiges klinisches Gesamturteil
Diagnosespezifische Auffälligkeit	Summen der: -dissozialen Symptome -introversiven Symptome -hyperkinetischen Symptome -anderen Symptome (im Sinne der ICD-9, Ziffer 307)

0 = kinderpsychiatrisch unauffällig,
1 = fraglich kinderpsychiatrisch auffällig,
2 = mäßig kinderpsychiatrisch auffällig,
3 = ausgeprägt kinderpsychiatrisch auffällig.

Als fraglich kinderpsychiatrisch auffällig wurden Kinder eingestuft, bei denen zwar Symptome vorhanden waren, diese aber selten auftraten und das Kind im Alltag nicht beeinträchtigt oder behindert war.

Als mäßig kinderpsychiatrisch auffällig wurden Kinder bezeichnet, die eindeutige Symptome aufwiesen, die jedoch nicht unbedingt behandlungsbedürftig waren obwohl in vielen Fällen eine Behandlung wünschenswert war um einer evtl. Verschlechterung vorzubeugen.

Als ausgeprägt kinderpsychiatrisch auffällig wurden Kinder bezeichnet, die eindeutige, unbedingt behandlungsbedürftige Symptome aufwiesen, was bedeutete, daß das Kind oder seine Umgebung deutlich durch die Symptomatik beeinträchtigt war. Für die weiteren Berechnungen wurden die Gruppen der mäßig und ausgeprägt Auffälligen als auffällig und die der Unauffälligen und fraglich Auffälligen als unauffällig zusammengefaßt.

Als Basis für die Beurteilung der psychiatrischen Auffälligkeit dienten je nach Altersstufe 28-44 Einzelsymptome, die aufgrund von Voruntersuchungen exakt operationalisiert waren. Jedes der Symptome wurde aufgrund der Operationalisierung (vgl. Esser et al. 1989) als nicht vorhanden (0 Punkte), leicht ausgeprägt (1 Punkt) oder stark ausgeprägt (2 Punkte) bewertet. Diese Einzelsymptome wurden aufgrund ihrer Korrelationen mit den klinischen Diagnosen diagnostischen Gruppen zugeordnet. Auf diese Weise entstanden die genannten 4 diagnosespezifischen Symptomsummen, die wegen ihrer kontinuierlichen Verteilungen dem dichotomen klinischen Diagnoseurteil vorgezogen wurden.

Die Summe dissozialer Symptome bestand aus den Punktwerten folgender Einzelsymptome: Disziplinstörungen in der Schule, Schulschwänzen, Lügen, Stehlen, Ärger mit der Polizei, gerichtlich bestrafte Delinquenz, Weglaufen,

194

Nikotin-, Alkohol- und Drogenabusus, Tätowierung, Zerstörung fremden Eigentums, Körperverletzung und Arbeitsverweigerung.

Die Summe introversiver Symptome bestand aus den Punktwerten folgender Einzelsymptome: Kopfschmerzen, Bauchschmerzen, allergische Atembeschwerden, Hypochondrie, Somatisierungstendenzen, Kontaktstörungen, schulphobisches Verhalten, Einschlafstörungen, Durchschlafstörungen, depressive Verstimmungen, Zwänge, Panikstörung allgemeine Ängstlichkeit, Phobien, mutistisches Verhalten, Suizidgefährdung und Medikamentenmißbrauch.

Die Summe hyperkinetischer Symptome bestand aus den Punktwerten folgender Einzelsymptome: Aufmerksamkeitsstörungen, hypermotorisches Verhalten, Impulsivität und emotionale Labilität im Sinne von Wutanfällen.

Die Summe anderer Symptome im Sinne der ICD-9, Ziffer 307 bestand aus folgenden Einzelsymptomen: Nägelkauen, Eßstörungen, magersüchtiges Verhalten, Fettsucht, Enuresis, Enkopresis, Tics und Stottern. Nicht zugeordnet wurden die Symptome Schulleistungsstörungen und Geschwisterrivalität.

Schulversagen im Alter von 8 Jahren wurde definiert als nicht mehr ausreichende Leistungen (Note 5 oder 6) in einem der Kernfächer (Lesen, Rechtschreiben oder Rechnen) und alternativ als Klassenwiederholung.

Wegen verschiedener besuchter Schultypen und dem möglicherweise positiven Effekt von Klassenwiederholungen sind Schulnoten 13jähriger nicht ohne weiteres miteinander vergleichbar. Als brauchbar erwies sich ein Kombinationsmaß, das die genannten 3 Aspekte berücksichtigt. So wurde zur Durchschnittsnote aus den Hauptfächern der Schultyp (Gymnasium = 0, Realschule = 1, Hauptschule = 2, Sonderschule = 3) und die Zahl der zwischen 8 und 13 Jahren wiederholten Klassen addiert. Die resultierende Skala wurde dann invertiert. Daneben wurde der Schultyp für sich betrachtet als 2. Kenngröße verwendet. Im Alter von 18 Jahren wurden die Variablen zur Beschreibung des Schulerfolgs genauso definiert wie im Alter von 13 Jahren. Bei Jugendlichen, die bereits die Schule abgeschlossen hatten, wurden Schultyp und Durchschnittsnote aus dem Abschluß- bzw. Abgangszeugnis bewertet. Zusätzlich wurde der Ausbildungs- und Beschäftigungsstand der Adoleszenten bestimmt, und zwar mit dem Ziel, diejenigen zu identifizieren, die sich weder auf einer allgemeinbildenden Schule noch in einer Lehre befanden bzw. diese abgeschlossen hatten.

Falldefinition von umschriebenen Entwicklungsstörungen

Die Falldefinition der umschriebenen Entwicklungsstörungen erfolgte nach den Research Diagnostic Criteria der ICD-10. Nicht berücksichtigt werden konnten (wegen fehlender Meßinstrumente) expressive Sprachstörungen (F80.1) und umschriebene Rechenstörungen (F81.2)

Ergebnisse

Prävalenz umschriebener Entwicklungsstörungen
nach Maßgabe der Research Diagnostic Criteria

Die Prävalenzraten wurden an der Zufallsstichprobe 8jähriger Mannheimer Kinder mit N = 216 berechnet. Gemäß der aufgeführten Operationalisierungen ergaben sich die in Tabelle 3 dargestellten Prävalenzraten, denen die Angaben aus dem DSM-III-R gegenübergestellt sind.

Tabelle 3. Prävalenzraten umschriebener Entwicklungsstörungen nach den RDC (in Prozent)

		RDC ICD	DSM-III-R
Einfache Artikulationsstörung	(F80.0)	5,6	5
Rezeptive Sprachstörung	(F80.2)	4,6	3-10
Umschriebene Lesestörung	(F81.0)	3,7	2-8
Umschriebene Rechtschreibstörung	(F81.1)	0,0	unbestimmt (2-8)
Umschriebene Entwicklungsstörung der motorischen Funktionen	(F82)	1,4	6
Gesamt		13,0	
Fälle mit mehr als einer umschriebenen Entwicklungsstörung		2,3	

Nahezu alle bestimmten Prävalenzraten bewegen sich innerhalb des Ranges, der im DSM-III-R vorgegeben wird. Es konnte kein Fall einer spezifischen Rechtschreibstörung in der Zufallsstichprobe gefunden werden; dies liegt eindeutig an der ganz an Lesestörungen orientierten Definition der ICD. Vergleichsweise niedrig war auch der Prozentsatz motorischer Störungen. Die Übereinstimmung mit den Raten aus dem DSM-III-R ist bemerkenswert hoch, auch wenn diese zum Teil relativ weite Spannen einschließen. Eine bedeutende Abweichung ergab sich nur im Hinblick auf die umschriebenen Entwicklungsstörungen der motorischen Funktionen ($P < .02$). Die Rate derjenigen mit zwei gleichzeitig bestehenden umschriebenen Entwicklungsstörungen betrug 2,3 %, das sind 18 % aller Fälle der Zufallsstichprobe.

Die Bedeutung umschriebener Entwicklungsstörungen für nicht intelligenzbedingtes Schulversagen

Als Validitätskriterium für umschriebene Entwicklungsstörungen kann die Überschneidung mit nicht intelligenzbedingten Schulleistungen gelten. Dazu wurde der Prozentsatz der Kinder mit umschriebenen Entwicklungsstörungen bestimmt, die in der Schule versagen und deren Versagen nicht auf Intelligenzmängel (IQ<85) zurückgeführt werden kann. Es konnte gezeigt werden, daß 39 % der 52 Kinder mit umschriebenen Entwicklungsstörungen nicht mehr ausreichende Schulnoten in einem der Kernfächer aufwiesen, sie erklären damit 43 % aller Kinder mit schlechten Leistungen in diesen Fächern. Im Vergleich zeigten nur 8 % der Kinder ohne umschriebene Entwicklungsstörungen derart schlechte Schulleistungen. Der Unterschied ist hochsignifikant (Chi^2 = 36,20; p < 0,00001). 19 % der Kinder mit umschriebenen Entwicklungsstörungen haben bis zum Alter von 8 Jahren bereits eine Klasse wiederholt, dies sind 36 % aller Repetenten. Im Vergleich zur Häufigkeit der Repetenten in der Gruppe ohne umschriebene Entwicklungsstörung (6 %) ergibt sich auch hier ein hochsignifikanter Befund (Chi^2 = 11,77; p < = 0,001). Bei Betrachtung der einzelnen umschriebenen Entwicklungsstörungen weisen die rezeptiven Sprachstörungen (92 %) und die Lesestörungen (82 %) die höchsten Raten schlechter Noten in den Kernfächern auf. Demgegenüber neigten nur wenige Kinder mit einfachen Artikulationsstörungen (8 %) sowie keines der 5 Kinder mit motorischen Störungen zu schlechten Schulleistungen im Alter von 8 Jahren.

Im Alter von 13 Jahren zeigten sich für das oben definierte Maß des Schulerfolgs mit Hilfe einer Einwegvarianzanalyse signifikante Unterschiede zwi-

Tabelle 4. Mittelfristiger Schulerfolg

AV	UES (N = 49)		o.UES IQ+ (N = 269)		o.UES IQ- (N = 14)		F	p
	x	s	x	s	x	s		
Schulerfolg 13j.	4,89	1,15	5,86	1,32	4,67	0,92	16,22	0,0000

UES	Gruppe der Kinder mit umschriebener Entwicklungsstörung
o.UESIQ+	Normalbegabte ohne UES (IQ>85)
o.UESIQ-	Minderbegabte ohne UES (IQ 70-85)
AV	abhängige Variable
x	arithmethisches Mittel
s	Streuung
F	F-Prüfstatistik
p	Wahrscheinlichkeit, daß Mittelwerte aus einer Grundgesamtheit stammen

schen den Gruppen mit umschriebenen Entwicklungsstörungen sowie ohne umschriebene Entwicklungsstörung mit normaler und niedriger Intelligenz.

Im anschließenden Scheffé-Test ergaben sich signifikante Unterschiede zwischen der Gruppe der Kinder mit umschriebener Entwicklungsstörung und der Gruppe der Normalbegabten ohne umschriebene Entwicklungsstörungen. Weiter unterschieden sich die Minderbegabten von den Normalbegabten ohne umschriebene Entwicklungsstörungen. Signifikante Unterschiede zwischen der Gruppe mit umschriebenen Entwicklungsstörungen und den Minderbegabten ergaben sich nicht.

Die Verteilung der Kinder der 3 Gruppen im Alter von 13 Jahren auf die verschiedenen Schultypen zeigt Tabelle 5.

Tabelle 5. Besuchter Schultyp im mittelfristigen Verlauf

Schultyp	UES	o.UES IQ+	o.UES IQ-
Gymnasium	5 (10 %)	111 (41,3 %)	0
Realschule	19 (39 %)	74 (27,5 %)	3
Hauptschule	19 (39 %)	83 (30,9 %)	11
Sonderschule Lern-behinderung	6 (12 %)	1 (0,4 %)	0
Gesamt	49 (100 %)	269 (100 %)	14

Legende s. Tabelle 4

Bemerkenswert ist der bedeutend niedrigere Anteil von Gymnasiasten ($Chi^2 = 17,26$; $p < 0,0001$) und der bedeutend höhere Anteil von Sonderschülern ($Chi^2 = 27,14$; $p < 0,0000$) unter den Kindern mit umschriebenen Entwicklungsstörungen im Vergleich zu den normalbegabten ohne umschriebene Entwicklungsstörungen. Sechs der 7 Sonderschüler gehören der Störungsgruppe an, keiner im übrigen den minderbegabten Kontrollkindern, die sich sowohl im Vergleich zur Störungsgruppe ($p = 0,008$, Fishers exakter Test), als auch im Vergleich zur Gruppe der Normalbegabten ohne umschriebene Entwicklungsstörungen ($Chi^2 = 11,81$; $p < 0,001$) zu einem signifikant höheren Anteil in der Gruppe der Hauptschüler finden. Weitere signifikante Unterschiede zwischen den Gruppen fanden sich nicht. Der schlechte Schulerfolg der Störungsgruppe wird durch die genannte Verteilung nachdrücklich unter Beweis gestellt.

Im Alter von 18 Jahren zeigten sich hinsichtlich des Schulerfolgs erneut signifikante Unterschiede (Tabelle 6).

Zwischen den Gruppen ergaben sich also hochsignifikante Unterschiede im Hinblick auf den Schulerfolg. Der anschließende Scheffé-Test bestätigte, was

Tabelle 6. Langfristiger Schulerfolg

AV	UES (N = 51)		o.UESIQ+ (N = 275)		o.UESIQ- (N = 14)		F	p
	x	s	x	s	x	s		
Schulerfolg	5,25	1,42	6,02	1,31	5,07	1,00	9,79	0,0001

Legende s. Tabelle 4

die Gruppenmittelwerte bereits andeuteten, daß nämlich die Heranwachsenden mit früh diagnostizierter umschriebener Entwicklungsstörung einen signifikant schlechteren Schulerfolg als die normalbegabten Heranwachsenden ohne umschriebene Entwicklungsstörung zeigen, sich jedoch nicht von den minderbegabten ohne umschriebene Entwicklungsstörung unterscheiden. Letztere zeigten ebenfalls einen signifikant schlechteren Schulerfolg als die Normalbegabten ohne umschriebene Entwicklungsstörung.

In bezug auf den erzielten Schulabschluß bzw. den im Alter von 18 Jahren besuchten Schultyp unterschieden sich die Gruppen ebenfalls (Tabelle 7).

Die Störungsgruppe besuchte damit auch weiterhin signifikant seltener ($Chi^2 = 8,23$; $p < 0,005$) das Gymnasium und hatte signifikant häufiger nur den Hauptschulabschluß erworben ($Chi^2 = 10,41$; $p < 0,0025$) als die Gruppe Normalbegabter ohne umschriebene Entwicklungsstörungen. Die Gruppe der Minderbegabten ohne umschriebene Entwicklungsstörungen unterschied sich in gleicher Weise von den Normalbegabten ohne umschriebene Entwickungsstörungen (Gymnasiastenrate: $Chi^2 = 5,63$; $p < 0,05$; Hauptschülerrate: $Chi^2 = 11,67$; $p < 0,001$). Weitere signifikante Unterschiede zwischen den Gruppen ergaben sich nicht. Die Ergebnisse entsprechen damit weitgehend denen, die im Alter von 13 Jahren gefunden wurden. Ein direkter Vergleich zwischen dem besuchten Schultyp im Alter von 13 und dem von 18 Jahren

Tabelle 7. Besuchter Schultyp bzw. erreichter Schulabschluß im Alter von 18 Jahren

Schultyp	UES	o.UES IQ+	o.UES IQ-
Gymnasium	9 (18 %)	106 (38,5 %)	1
Realschule	13 (26 %)	88 (32,0 %)	3
Hauptschule	27 (53 %)	78 (28,4 %)	10
Sonderschule	2 (4 %)	3 (1,1 %)	0
Gesamt	51 (100 %)	275 (100 %)	14

Legende: s. Tabelle 4

schien eine leichte Verbesserung in der Gruppe der Kinder mit umschriebenen Entwicklungsstörungen zu dokumentieren. So stieg z.B. die Rate der Gymnasiasten absolut numerisch, während die Rate der Sonderschüler sich verringerte. Ein entsprechender Wilcoxon-Test erbrachte jedoch kein signifikantes Ergebnis.

Von den 340 im Alter von 18 Jahren Nachuntersuchten waren:

- 140 Schüler allgemeinbildender Schulen,
- 148 in einer Ausbildung zu einem qualifizierten Beruf,
- 28 bereits berufstätig, davon 24 mit und 4 ohne Lehrabschluß,
- 18 seit mindestens 3 Monaten arbeitslos, alle ohne Lehrabschluß und
- 6 Hausfrauen, davon 2 mit und 4 ohne Lehrabschluß.

Von den 26 ohne Lehrabschluß kamen 8 aus der Störungsgruppe, damit betrug in dieser Gruppe die Rate 16 % (8 von 51), 18 kamen aus der Gruppe ohne umschriebene Entwicklungsstörungen, damit betrug in dieser Gruppe die Rate 6 % (18 von 289). Die Differenz ist signifikant (Chi^2 = 5,49; p < 0,05). Wegen der hohen Überschneidung zwischen fehlender Ausbildung und Arbeitslosigkeit ergaben sich auch für diesen Parameter signifikante Differenzen: 6 der 18 stammten aus der Störungsgruppe, damit waren 12 % (6 von 51) arbeitslos gegenüber nur 4 % (12 von 289) aus der Gruppe ohne umschriebene Entwicklungsstörungen. Auch diese Differenz ist statistisch signifikant (Chi^2 = 5,01; p < 0,05).

Zusammenhang zwischen umschriebenen Entwicklungsstörungen und psychiatrischen Auffälligkeiten

Im Alter von 8 Jahren: Kinderpsychiatrische Störungen waren aufgrund eines hochstrukturierten Elterninterviews bestimmt worden. In einem 1. Schritt interessierte die Frage, ob die Gesamtrate psychiatrischer Störungen bei Kindern mit umschriebenen Entwicklungsstörungen im Vergleich zu normalbegabten und minderbegabten Kindern ohne umschriebene Entwickungsstörungen erhöht war. Der Vergleich der Gesamtraten psychiatrischer Auffälligkeit für die 3 Gruppen ohne umschriebene Entwicklungsstörungen (N = 63; 46 %), Normalbegabte ohne umschriebene Entwicklungsstörungen (N = 318: 13,8 %), Minderbegabte ohne umschriebene Entwicklungsstörungen (N = 18; 22 %) zeigte, daß Kinder mit umschriebenen Entwicklungsstörungen sich hochsignifikant (Chi^2 = 35,19; p < 0,0000) von normalbegabten Kindern ohne umschriebene Entwicklungsstörungen und tendenziell (Chi^2 = 3,29; p < 0,10) von minderbegabten Kindern ohne umschriebene Entwicklungsstörungen unterscheiden. Damit wird der Zusammenhang von umschriebenen Entwicklungsstörungen und kinderpsychiatrischen Störungen deutlich unterstrichen. Die Frage, in welchen diagnostischen Gruppen sich besondere Unterschiede aufzeigen lassen, sollte mit Hilfe von Diskriminanzanalysen beantwortet werden. Als unabhängige Variablen gingen in die Ana-

Tabelle 8. Unterschiede zwischen Störungsgruppe und Normalbegabten ohne umschriebene Entwicklungsstörungen in bezug auf diagnosespezifische Symptomsummen

Unabhängige Variable	F (Schritt 0)	p	Selektions-stufe	SDFK
Dissoziale Symptome	36,14	0,0000	1	0,740
Introversive Symptome	0,18	n.s.	3	-0,381
Symptome des HKS	16,80	0,0001	4	0,254
Andere Symptome (ICD-9, Ziffer 307)	10,45	0,0013	2	0,259

SDFK = Standardisierter Diskriminanzfunktionskoeffizient
HKS = Hyperkinetisches Syndrom

lyse die diagnosespezifischen Symptomsummen dissoziale Symptome, introversive Symptome, hyperkinetische Symptome und andere Symptome (im Sinne der Ziffer 307 der ICD-9) ein, abhängige Variable war die Gruppenzugehörigkeit.

Die Unterschiede zwischen Kindern mit umschriebenen Entwicklungsstörungen und normalbegabten Kindern ohne umschriebene Entwicklungsstörungen sind in Tabelle 8 dargestellt.

Mit Ausnahme der introversiven Symptome unterschieden sich Kinder mit umschriebenen Entwicklungsstörungen hochsignifikant in allen diagnosespezifischen Symptomsummen von Kindern ohne umschriebene Entwicklungsstörungen. Die entsprechenden arithmetischen Mittelwerte betrugen für dissoziale Symptome 2,0 vs. 0,8, für hyperkinetische Symptome 2,6 vs. 1,4 und für andere Symptome 1,6 vs. 1,1. Das am besten diskriminierende Variablenset schloß alle 4 Symptomsummen ein, wobei die introversiven Symptome erwartungswidrig gepolt waren, d.h. absolut höhere Symptomsummen fanden sich in der Gruppe der Kinder ohne umschriebene Entwicklungsstörungen. In der hochsignifikanten Diskriminanzfunktion (Wilks Lambda = 0,8898; $p < 0,0000$; multiples R = 0,332) kam den dissozialen Symptomen das eindeutig höchste Gewicht zu. Das im Vergleich zur Höhe des F-Werts relativ niedrige Gewicht der Symptome des hyperkinetischen Syndroms spricht dafür, daß aus diesem insbesondere die mit Dissozialität verknüpften Symptome (wie Wutanfälle) Bedeutung besitzen, d.h. nachdem die dissozialen Symptome bereits im 1. Selektionsschritt Eingang in die Analyse gefunden hatten, blieb der dann noch vorhandene spezifische Beitrag hyperkinetischer Symptome gering. Mit Hilfe der Diskriminanzfunktion konnten 52 % der Kinder mit umschriebenen Entwicklungsstörungen und 80 % der normalbegabten Kinder ohne umschriebene Entwicklungsstörungen richtig klassifiziert werden.

deren Remission. Obwohl ein eindeutiger diagnostischer Schwerpunkt fehlt, zeigen sich vor allem Störungen aus dem expansiven Bereich (dissoziale und hyperkinetische Störungen) und dem entwicklungsabhängiger Störungen. Die allgemein erhöhte Rate psychiatrischer Auffälligkeiten entspricht den Erwartungen, die für den kurz- und mittelfristigen Verlauf aus der Literatur (Rutter et al. 1976; Cantwell u. Baker 1983, 1985; Stevenson et al. 1985; Fundudis et al. 1980) abgeleitet werden konnten. Der leichte Abfall psychiatrischer Symptomatik im Alter von 18 Jahren mildert die langfristig schlechte Prognose der umschriebenen Entwicklungsstörungen ein wenig. Er entspricht dem allgemeinen Verlauf von psychiatrischen Störungen bei Jungen (Esser u. Schmidt 1989), die 3/4 der Fälle von umschriebenen Entwicklungsstörungen stellen. Er kann mitbedingt sein durch den im Alter von 18 Jahren fehlenden Schuldruck, der sich besonders erleichternd für die Gruppe der schlechten Schüler unter den Fällen von umschriebenen Entwicklungsstörungen ausgewirkt haben sollte. Ungeachtet des Abfalls der Gesamtrate psychiatrischer Störungen unter den Fällen von umschriebenen Entwicklungsstörungen, stellen sie weiterhin einen erhöhten Anteil (2/5) derjenigen mit höchstem psychiatrischem Schweregrad. Dieser Befund entspricht im übrigen auch der allgemeinen Entwicklung der Jungen. Die Störungen mit höchstem psychiatrischem Schweregrad stammen vorwiegend aus dem dissozialen Bereich, der die einzige diagnostische Kategorie bleibt, in der Heranwachsende mit umschriebenen Entwicklungsstörungen vermehrt Auffälligkeiten zeigen. Die erhöhte Rate dissozialer Störungen spiegelt sich auch in einer erhöhten Rate von Jugenddelinquenz unter den Fällen von umschriebenen Entwicklungsstörungen wider. Dieser Befund entspricht den Ergebnissen von Klackenberg (1980) und widerspricht der Arbeit von Spreen (1978). Die Beantwortung der Frage, ob die vermehrte Jugenddelinquenz im Erwachsenenalter ihre Fortsetzung findet, bleibt weiterer Forschung vorbehalten.

In bezug auf die Gesamtrate psychiatrischer Störungen präsentiert sich die Gruppe der umschriebenen Entwicklungsstörungen als relativ einheitlich. Auch die Untergruppen mit gutem Schulerfolg (Störungen der Motorik und Artikulation) weisen erhöhte Raten psychiatrischer Auffälligkeit auf. Unter denen mit dem höchsten Schweregrad finden sich jedoch wieder vermehrt Fälle mit einer rezeptiven Sprachstörung und einer Lesestörung; sie bleiben damit auch in bezug auf psychiatrische Störungen die problematischsten Gruppen. Eine besonders klare dissoziale Symptomatik fand sich unter denjenigen mit einer Lesestörung. Sie wiesen auf allen Altersstufen durchschnittlich 3mal mehr dissoziale Symptome auf als die normalbegabten Kontrollkinder (Esser 1990). Wenig dissoziale Symptome weisen auch die Gruppen der motorisch Gestörten und der einfachen Artikulationsstörungen auf. Das Fehlen dissozialer Symptomatik geht damit mit einem guten Schulerfolg einher und kennzeichnet die insgesamt günstigen Verlaufsformen.

Literatur

Angermaier M (1974) Psycholinguistischer Entwicklungstest. Beltz, Weinheim

Aram DM, Ekelman B, Nation J E (1984) Preschoolers with language disorders: 10 years later. J Speech Hear Res 27:232-244

Ayres AJ (1979) Lernstörungen. Springer, Berlin

Baker L, Cantwell DP (1984b) Developmental social and behavioral characteristics of speech and language disordered children. In: Chess S, Thomas A (eds) Annual progress in child psychiatry & Child development 1983. Brunner Mazel, New York, pp 205-216

Baker L, Cantwell DP (1985) Psychiatric and learning disorders in children with speech and language disorders: A critical review. Adv Learn Behav Disabilities 4:1-28

Baker L, Cantwell DP (1987) A prospective psychiatric follow-up of children with speech/language disorders. J Am Acad Child Adol Psychiatry 26:546-553

Berger E (1981) Modellvorstellungen zum Problem der hirnfunktionellen Bedingungen von Perzeptions- und Teilleistungsstörungen. In: Frostig M , Müller H (Hrsg) Teilleistungsstörungen - Ihre Erkennung und Behandlung bei Kindern. Urban & Schwarzenberg, München, S 189-200

Bryan T (1987) Personality and situational factors in learning disabilities. In: Pavlidis G T , Fisher DF (eds) Dyslexia: Its neuropsychology and treatment. Wiley, Chichester, pp 215-230

Cantwell DP, Baker L (1983) Depression in children with speech language and learning disorders. Children Contemp Soc 15:51-59

Cantwell DP, Baker I (1985) Psychiatric and learning disorders in children with speech and language disorders: A descriptive analysis. Adv Learn Behav Disabilities 4:29-47

Corboz R, Schmidt M, Remschmidt H, Schieber PM , Göbel D (1983) Multiaxiale Klassifikation in Berlin Mannheim und Zürich - Gemeinsamkeiten und Differenzen der Inanspruchnahmepopulationen dreier Kliniken: Artefakt oder Realität? In: Remschmidt H, Schmidt MH (Hrsg) Multiaxiale Diagnostik in der Kinder- und Jugendpsychiatrie. Huber, Bern, S 77-109

Esser G (1990) Bedeutung und langfristiger Verlauf umschriebener Entwicklungsstörungen. Habilitationsschrift, Ruprecht-Karls-Universität Heidelberg

Esser G, Schmidt MH (1989) Verlauf dissozialer und nicht dissozialer Störungen vom Kindes- bis zum Erwachsenenalter Vortrag beim 3. Herbstseminar des Zentralinstituts für Seelische Gesundheit, St. Martin, 23.-25.11.89

Esser G, Blanz B, Geisel B , Laucht M (1989) Mannheimer Elterninterview. Beltz, Weinheim

Frostig M (1975) The role of perception in the integration of psychological functions. In: Cruickshank WM , Hallahan DP (eds) Perceptual and learning disabilities in children. Syracuse University Press, Syracuse, Vol 1, pp 115-146

Fundudis T, Kolvin I, Garside R (1980) A follow-up of speech retarded children. In: Hersov L, Berger M, Nicol A (eds) Language and language disorders in childhood. Pergamon Press, New York, pp 98-114

Gaddes WH (1976) Prevalence estimates and the need for definition of learning disabilities. In: Knights RM, Bakker DJ (eds) The neuropsychology of learning disorders. University Park Press, Baltimore pp 3-24

Geisel B (1978) Standardisierte Verhaltensbeurteilung VHB. Unveröffentlichter Beurteilungsbogen

Geisel B, Eisert HG, Schmidt MH , Schwarzbach H (1982) Entwicklung und Erprobung eines Screening-Verfahrens für kinderpsychiatrisch auffällige Achtjährige (SKA 8). Prax Kinderpsychol Kinderpsychiat 31:173-179

Gillberg C, Rasmussen P (1982) Perceptual motor and attentional deficits in seven-year-old children: Background factors. Dev Med Child Neurol 24:752-761

Gillberg C, Rasmussen P, Carlström G, Svenson B , Waldenström E (1982) Perceptual motor and attentional deficits in six-year-old children: Background factors. Dev Med Child Neurol 24:752-761

Graichen J (1973) Teilleistungsschwächen dargestellt an Beispielen aus dem Bereich der Sprachbenutzung. Z Kinder Jugendpsychiatrie 1:113-122

Graichen J (1979a) Zum Begriff der Teilleistungsstörungen In: Lempp R (Hrsg) Teilleistungsstörungen im Kindesalter. Huber, Bern, S 43-62

Graichen J (1979b) Teilleistungsschwächen. Sprache Stimme Gehör 3:158-166

King R, Jones C, Lasky E (1982) In retrospect a 15 year follow-up of speech-language-disordered children. Lang Speech Hear Serv Schools 13:24-32

Kiphard E-J (1979-1981) Psychomotorische Entwicklungsförderung. Bd 1 Motopädagogik, Bd 2 Mototherapie. Modernes Lernen, Dortmund

Kiphard E J, Schilling F (1974) Körper-Koordinationstest für Kinder (KTK). Beltz, Weinheim

Kirk S A (1962) Educating exceptional children. Houghton Mifflin, Boston

Klackenberg G (1980) What happens to children with retarded speech at 3? Longitudinal study of a sample of normal infants up to twenty years of age. Acta Paediatr Scand 69:681-685

Linder M, Grissemann H (1974) Zürcher Lesetest. Huber, Bern

Mc Connaughty S H, Ritter D (1985) Social competence and behavioral problems of learning disabled boys aged 6-11. J Learn Disabilities 18:547-553

Mc Gee R, Williams S, Share DL, Anderson J , Silva PA (1986) The relationship between specific reading retardation, general reading backwardness and behavioral problems in a large sample of Dunedin boys: A longitudinal study from five to eleven years. J Child Psychol Psychiatry 27:597-610

Muehl S , Forell ER (1973) A follow-up study of disabled readers: Variables related to high school reading performance. Read Res Q 9:110-123

Müller R (1983) Diagnostischer Rechtschreibtest DRT2. Beltz, Weinheim

Offord DR, Poushinsky MF, Sullivan D (1978) School performance, IQ, and delinquency. Br J Criminol 18:110-127

Preston RC, Yarrington DJ (1967) Status of fifty retarded readers 8 years after reading clinic diagnosis. J Read 11:122-124

Rathenow P, Raatz U (1973) Rechtschreibtest RST1. Beltz, Weinheim

Rawson M (1968) Developmental language disability: Adult accomplishments of dyslexic boys. Johns Hopkins University Press, Baltimore

Rourke BP, Orr RR (1977) Prediction of the reading and spelling performance of normal and retarded children: A four year follow-up. J Abnorm Child Psychol 5:9-20

Rourke BP (1984) Outstanding issues in research on learning disabilities. In: Rutter M (ed) Developmental neuropsychiatry. Churchill Livingstone, Edinburgh, pp 564-574

Rutter M, Tizard J, Yule W, Graham P, Whitmore K (1976) Research report: Isle of Wight studies 1964-1974. Psychol Med 6:313-332

Schlange H, Stein B, Boetticher I, Taneli S (1972) Göttinger Formreproduktionstest. Hogrefe, Göttingen

Schmidt MH (1977) Verbale und nichtverbale Teilleistungsschwächen und ihre Behandlung. In: Nissen G (Hrsg) Intelligenz - Lernen und Lernstörungen. Springer, Berlin Heidelberg New York, S 167-175

Schmidt MH (1979) Teilleistungsschwächen - Der Beitrag von klinischer und epidemiologischer Forschung zur Nosologie. In: Lempp R (Hrsg) Teilleistungsstörungen im Kindesalter. Huber, Bern, S 63-75

Schmidt MH (1988) Teilleistungsstörungen aufgrund von Entwicklungsstörungen. In: Kisker KP, Lauter H, Meyer J-E, Müller C, Strömgren E (Hrsg) Psychiatrie der Gegenwart, Bd 7, Kinder- und Jugendpsychiatrie. Springer, Berlin Heidelberg New York Tokyo, S 215-233

Schonhaut S, Satz P (1984) Prognosis for children with learning disabilities: A review of follow-up studies. In: Rutter M (ed) Developmental neuropsychiatry. Churchill Livingstone, Edinburgh, pp 542-563

Shaffer D, O'Connor PA, Shafer SQ , Prubis S (1984) Neurological „soft signs": Their origins and significance for behavior. In: Rutter M (ed) Developmental neuropsychiatry. Churchill Livingstone, Edinburgh, pp 144-163

Sheridan M , Peckham C (1978) Follow up to 16 years of school children who had marked speech defects a 7 years. Child Care Health Dev 4:145-157

Silver LB (1989) Learning disabilities. J Am Acad Child Adol Psychiatry 28:309-313

Silver AA, Hagin RA (1964) Specific reading disability: Follow-up studies. Am J Orthopsychiatry 34:95-102

Spreen O (1978) Learning disabled children growing up. Health and Welfare Canada, Ottawa

Spreen O (1981) The relationship between learning disability, neurological impairment and delinquency. Results of a follow-up study. J Nerv Ment Dis 169:791-799

Steinhausen HC (1986) Der langfristige Verlauf von hyperkinetischen Syndromen und Teilleistungsstörungen. In: Schmidt MH, Drömann S (Hrsg) Langzeitverlauf kinder- und jugendpsychiatrischer Erkrankungen. Enke, Stuttgart, S 34-45

Stevenson J, Richman N , Graham P (1985) Behaviour problems and language abilities at three years and behavioural deviance at eight years. J Child Psychol Psychiatry 26:215-230

Trites RL, Fiedorowicz C (1976) Follow-up study of children with specific (or primary) reading disability. In: Knights RM, Bakker DJ (eds) The neuropsychology of learning disorders, theorectical approaches. University Park Press, Baltimore, pp 41-50

Wepman JM (1975) Auditory perception and imperception. In: Cruickshank W M, Hallahan DP (eds) Perceptual and learning disabilities in children. Syracuse University Press, Syracuse, pp 259-298

WHO (1986) Document 8312 Z. WHO, Genf

Wittchen H-U, Saß H, Zaudig M, Koehler K (1989) Diagnostisches und Statistisches Manual Psychischer Störungen DSM-III-R. Beltz, Weinheim

Sachregister

Springer-Verlag und Umwelt

Als internationaler wissenschaftlicher Verlag sind wir uns unserer besonderen Verpflichtung der Umwelt gegenüber bewußt und beziehen umweltorientierte Grundsätze in Unternehmensentscheidungen mit ein.

Von unseren Geschäftspartnern (Druckereien, Papierfabriken, Verpackungsherstellern usw.) verlangen wir, daß sie sowohl beim Herstellungsprozeß selbst als auch beim Einsatz der zur Verwendung kommenden Materialien ökologische Gesichtspunkte berücksichtigen.

Das für dieses Buch verwendete Papier ist aus chlorfrei bzw. chlorarm hergestelltem Zellstoff gefertigt und im ph-Wert neutral.